iCVE 智慧职教
智能制造领域核心技术技能人才培养系列
新形态一体化规划教材

工业机
操作与编程

主　编　张春芝　钟柱培　许妍妩
副主编　朱蓓康　何　瑛　成　萍
编　委　夏建成　周正鼎　董川川

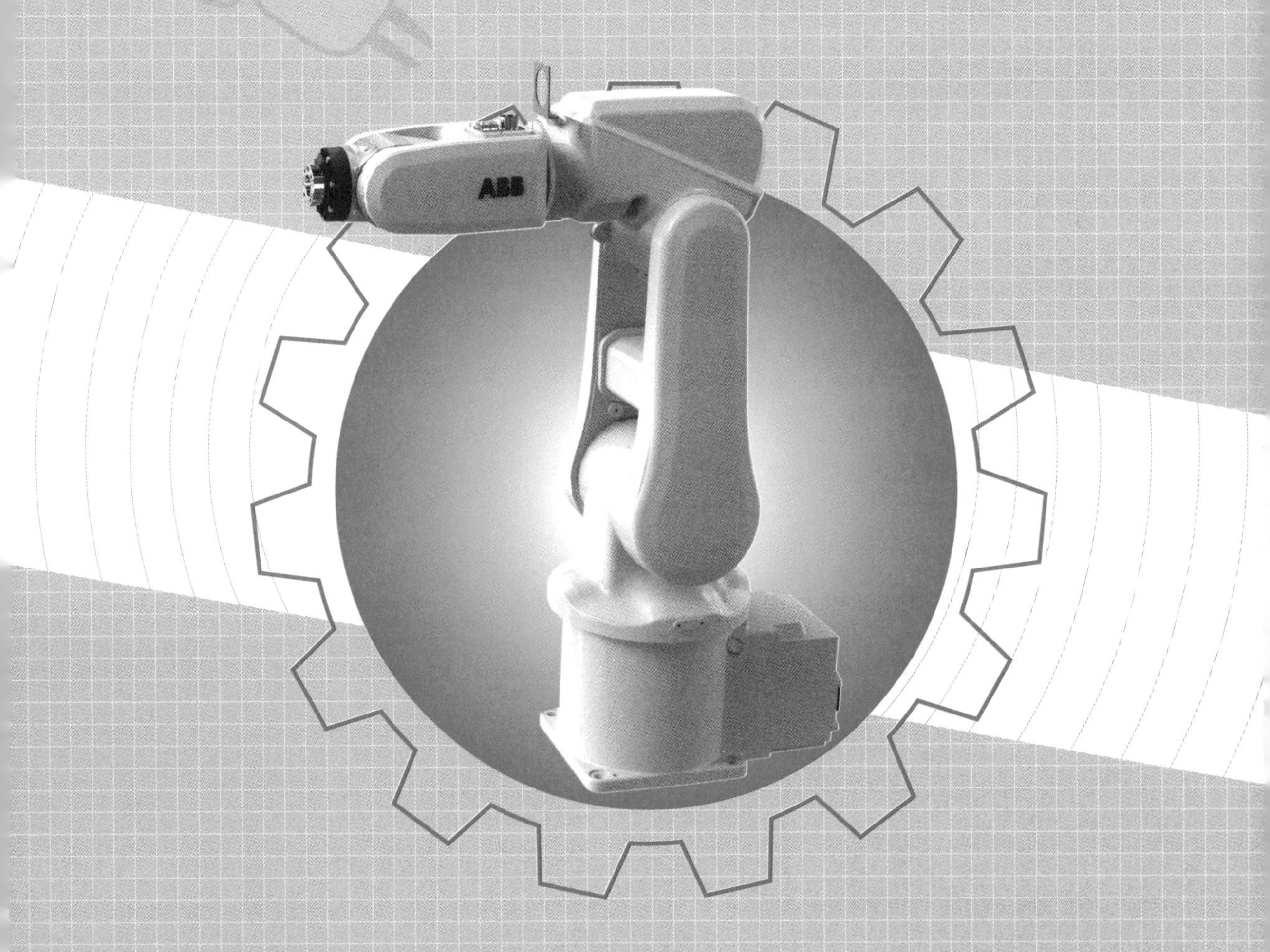

高等教育出版社·北京

内容提要

本书以 ABB IRB120 型六轴串联工业机器人(本书中简称机器人)为对象，分 7 个项目详细讲解工业机器人的系统结构、坐标系、启动与关闭、手动运行方法、I/O 通信设置、编程与调试、参数设定、程序管理方法、基础示教编程与调试、高级示教，以及日常维护等内容。各项目后均附有思考题与习题，方便知识的温习。本书实训内容对硬件的要求简单，将单独 ABB 六轴串联机器人作为实训设备展开教学，为方便编程案例的实现也可将北京华航唯实机器人科技股份有限公司的基础教学工作站作为实训载体设备进行教学工作。

本书实现了互联网与传统教育的完美融合，采用“纸质教材+数字课程”的出版形式，以新颖的留白编排方式，突出资源的导航，扫描二维码，即可观看微课等视频类数字资源，随扫随学，突破传统课堂教学的时空限制，激发学生的自主学习，打造高效课堂。教学资源的具体下载和获取方式详见“智慧职教服务指南”。

本书适合作为中高职教育工业机器人技术、电气自动化技术等相关专业的教材或企业培训用书，也可作为高职院校机电及相关专业学生的实践选修课教材，还可供从事机器人操作，尤其是刚接触工业机器人行业的工程技术人员参考。

图书在版编目（CIP）数据

工业机器人操作与编程 / 张春芝，钟柱培，许妍妩主编. -- 北京 : 高等教育出版社，2018.3（2021.8重印）
ISBN 978-7-04-049424-2

Ⅰ. ①工… Ⅱ. ①张… ②钟…③许… Ⅲ. ①工业机器人-操作-高等职业教育-教材②工业机器人-程序设计-高等职业教育-教材 Ⅳ. ①TP242.2

中国版本图书馆 CIP 数据核字(2018)第 025525 号

工业机器人操作与编程
GONGYE JIQIREN CAOZUO YU BIANCHENG

策划编辑 郭 晶　责任编辑 温鹏飞　封面设计 赵 阳　版式设计 杜微言
插图绘制 杜晓丹　责任校对 李大鹏　责任印制 赵 振

出版发行 高等教育出版社
社 址 北京市西城区德外大街 4 号
邮政编码 100120
印 刷 高教社（天津）印务有限公司
开 本 787mm×1092mm 1/16
印 张 17.75
字 数 340 千字
购书热线 010-58581118
咨询电话 400-810-0598
网 址 http://www.hep.edu.cn
http://www.hep.com.cn
网上订购 http://www.hepmall.com.cn
http://www.hepmall.com
http://www.hepmall.cn
版 次 2018 年 3 月第 1 版
印 次 2021 年 8 月第10次印刷
定 价 38.80 元

物 料 号 49424-00

智慧职教服务指南

基于“智慧职教”开发和应用的新形态一体化教材，素材丰富、资源立体，教师在备课中不断创造，学生在学习中享受过程，新旧媒体的融合生动演绎了教学内容，线上线下的平台支撑创新了教学方法，可完美打造优化教学流程、提高教学效果的“智慧课堂”。

“智慧职教”是由高等教育出版社建设和运营的职业教育数字教学资源共建共享平台和在线教学服务平台，包括职业教育数字化学习中心（www.icve.com.cn）、职教云（zjy2.icve.com.cn）和云课堂（App）三个组件。其中：

● 职业教育数字化学习中心为学习者提供包括“职业教育专业教学资源库”项目建设成果在内的大规模在线开放课程的展示学习。

● 职教云实现学习中心资源的共享，可构建适合学校和班级的小规模专属在线课程（SPOC）教学平台。

● 云课堂是对职教云的教学应用，可开展混合式教学，是以课堂互动性、参与感为重点贯穿课前、课中、课后的移动学习 App 工具。

“智慧课堂”具体实现路径如下：

1. 基本教学资源的便捷获取

职业教育数字化学习中心为教师提供了丰富的数字化课程教学资源，包括与本书配套的教学课件、视频等。未在 www.icve.com.cn 网站注册的用户，请先注册。用户登录后，在首页或“课程”频道搜索本书对应课程“工业机器人操作与编程”，即可进入课程进行在线学习或资源下载。

2. 个性化 SPOC 的重构

教师若想开通职教云 SPOC 空间，可将院校名称、姓名、院系、手机号码、课程信息、书号等发至 1377447280@qq.com，审核通过后，即可开通专属云空间。教师可根据本校的教学需求，通过示范课程调用及个性化改造，快捷构建自己的 SPOC，也可灵活调用资源库资源和自有资源新建课程。

3. 云课堂 App 的移动应用

云课堂 App 无缝对接职教云，是“互联网+”时代的课堂互动教学工具，支持无线投屏、手势签到、随堂测验、课堂提问、讨论答疑、头脑风暴、电子白板、课业分享等，帮助激活课堂，教学相长。

教育部工业机器人领域职业教育合作项目
配套教材编审委员会

主任：

金文兵

常务副主任：

许妍妩

副主任（按笔画排序）：

马明娟、王晓勇、朱蓓康、汤晓华、巫云、李曙生、杨欢、杨明辉、吴巍、宋玉红、张春芝、陈岁生、莫剑中、梁锐、蒋正炎、蔡亮、滕少锋

委员（按笔画排序）：

于雯、马海杰、王水发、王光勇、王建华、王晓熳、王益军、方玮、孔小龙、石进水、叶晖、权宁、过磊、成萍、吕玉兰、朱志敏、朱何、朱洪雷、刘泽祥、刘徽、产文良、关彤、孙忠献、孙福才、贡海旭、杜丽萍、李卫民、李峰、李烨、李彬、李慧、杨锦忠、肖谅、吴仁君、何用辉、何瑛、迟澄、张立梅、张刚三、张瑞显、陈天炎、陈中哲、尚午晟、罗梓杰、罗隆、金鑫、周正鼎、庞浩、赵振铎、钟柱培、施琴、洪应、姚蝶、夏建成、夏继军、顾德祥、党丽峰、候伯林、徐明辉、黄祥源、黄鹏程、曹红、曹婉新、常辉、常镭民、盖克荣、董川川、蒋金伟、程洪涛、曾招声、曾宝莹、楼晓春、雷红华、廉佳玲、蔡基锋、谭乃抗、滕今朝

参与院校（按笔画排序）：

上海大众工业学校、山东交通职业学院、山西机电职业技术学院、广州工程技术职业学院、广州市轻工职业技术学院、无锡机电高等职业技术学院、长沙高新技术工程学校、长春市机械工业学校、东莞理工学校、北京工业职业技术学院、吉林机械工业学校、江苏省高淳中等专业学院、安徽机电职业技术学院、安徽职业技术学院、杭州职业技术学院、金华职业技术学院、南京工业职业技术学院、南京江宁高等职业学院、威海职业学院、哈尔滨职业技术学院、顺德职业技术学院、泰州职业技术学院、徐州工业职业技术学院、浙江机电职业技术学院、黄冈职业技术学院、常州刘国钧高等职业技术学校、常州轻工职业技术学院、惠州城市职业学院、福建信息职业技术学院、福建船政交通职业学院、镇江高等专科学校、镇江高等职业技术学院、襄阳职业技术学院

参与企业：

北京华航唯实机器人科技股份有限公司

上海 ABB 工程有限公司

上海新时达机器人有限公司

前 言

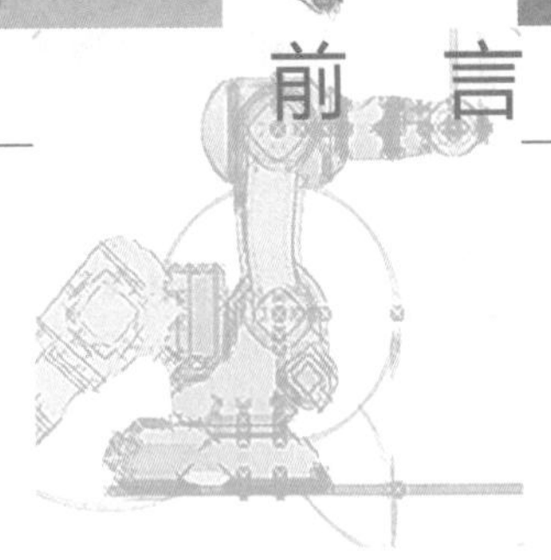

2014年6月，习近平总书记在两院院士大会上强调："机器人革命"有望成为"第三次工业革命"的一个切入点和重要增长点。在《中国制造2025》规划中，机器人是其十大重点发展方向之一。近年来，虽然多方因素推动着我国工业机器人的发展，但工业机器人专业人才的匮乏已经成为产业发展的瓶颈。2016年3月21日，工业和信息化部、发展改革委、财政部正式印发的《机器人产业发展规划（2016—2020年）》（以下简称《规划》），为"十三五"期间我国机器人产业发展描绘了清晰的蓝图，《规划》中明确了急需加强大专院校机器人相关专业学科建设，加大工业机器人职业培训教育力度，注重专业人才的培养，着力于应用型人才的队伍建设。

2016年，教育部为发挥企业在工业机器人领域中的技术优势，与北京华航唯实机器人科技股份有限公司、上海ABB工程有限公司、上海新时达机器人有限公司合作，从全国职业院校中遴选115所合作院校，共同建设15个开放式公共实训基地、100个应用人才培养中心，通过制订符合行业发展需求的工业机器人人才培养方案，促进职业院校工业机器人专业内涵建设，规范岗位课程体系和技能人才培养模式，提升教师专业技术能力。随着职业教育工业机器人专业建设的不断深入，开发适合职业教育教学需要的，具有产教融合特点的工业机器人专业教材成为辅助专业建设和教学的一项重要工作。在此背景下，工业机器人行业企业与职业院校深度合作，共同开发了以"理实一体、工学结合"为指导思路，采用"任务驱动"教学法和"细胞式"教学理念的工业机器人岗位课程系列教材。本书即为系列教材之一。

"工业机器人操作与编程"是工业机器人专业方向的核心课程。针对此门课程，根据中高职在授课时的难易程度差异，编写了包括本书在内的共三册工业机器人操作与编程学习用书（另外两册为《工业机器人工作站操作与应用》《工业机器人系统设计与应用》）。本书主要介绍工业机器人最基础的操作与编程方法，根据中高职教学特色将工业机器人操作和编程的基础理论知识和实操任务同时整合到教学活动中，理论基础与实训教学有效衔接，以培养学生的综合职业能力，非常适合工业机器人入门学习。

本书由北京工业职业技术学院、东莞理工学校、无锡科技职业学院、湖南理工职业技术学院、北京华航唯实机器人科技股份有限公司等学校、企业联合开发。北京工业职业技术学院的张春芝、东莞理工学校的钟柱培、北京华航唯实机器人科技股份有限公司的许妍妩任主编，无锡科技职业学院的朱蓓康、湖南理工职业技术学院的何瑛、北京华航唯实机器人科技股份有限公司的成萍任副主编，全书由成萍统稿。

本书编审过程中还得到了祁阳县职业中等专业学校的夏建成、武汉机电工程学校的周正鼎等编委会专家老师以及北京华航唯实机器人科技股份有限公司董川川等工程师的支持和帮助，同时还参阅了部分相关教材及技术文献内容，在此对各位专家、工程师和文献作者一并表示衷心的感谢。

北京华航唯实机器人科技股份有限公司为本书开发了丰富的配套教学资源，包括教学课件、微课和习题等，并在书中相应位置做了标记，读者可通过手机等移动终端扫码观看。

由于编者水平有限，书中难免存在不足之处，恳请广大读者批评指正。

编　者

2017年10月

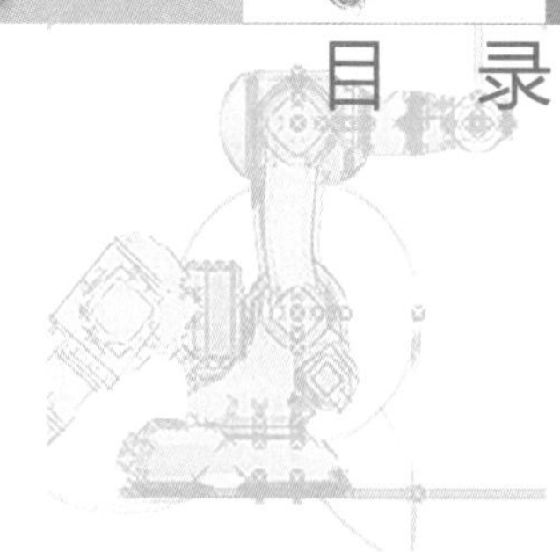

目 录

项目一　工业机器人的启动和关闭

工业机器人是面向工业领域的多关节机械手或多自由度的机器装置，它能自动执行工作任务，是靠自身动力和控制能力来实现各种功能的一种机器。它可以接受人类指挥，也可以按照预先编排的程序运行，现代的工业机器人还可以根据人工智能技术制订的原则纲领行动。工业机器人一般由主体、驱动系统和控制系统三个基本部分组成。主体即机座和执行机构，包括臂部、腕部和手部，有的机器人还有行走机构。大多数工业机器人有3~6个运动自由度，其中腕部通常有1~3个运动自由度。驱动系统包括动力装置和传动机构，用以使执行机构产生相应的动作。控制系统按照输入的程序对驱动系统和执行机构发出指令信号，并进行控制。

1954年，美国的戴沃尔最早提出了工业机器人的概念，并指出借助伺服技术控制机器人的关节，利用人手对机器人进行动作示教，机器人能实现动作的记录和再现。这就是所谓的示教再现机器人，现有的机器人差不多都采用这种控制方式。1959年，UNIMATION公司的第一台工业机器人在美国诞生，开创了机器人发展的新纪元。当今工业机器人技术正逐渐向着具有行走能力、多种感知能力和对作业环境较强的自适应能力的方向发展。

我国工业机器人起步于20世纪70年代初期，经过20多年的发展，大致经历了3个阶段：20世纪70年代的萌芽期、20世纪80年代的开发期和20世纪90年代的适用化期。1970年，世界上工业机器人应用掀起一个高潮，尤其在日本发展更为迅猛，它补充了日益短缺的劳动力。在这种背景下，我国于1972年开始研制自己的工业机器人。进入20世纪80年代后，在高技术浪潮的冲击下，随着改革开放的不断深入，我国机器人技术的开发与研究取得了较大的进步，完成了示教再现式工业机器人成套技术的开发，研制出了喷涂、点焊、弧焊和搬运机器人以及一批特种机器人。20世纪90年代初期，我国又掀起了新一轮的经济体制改革和技术进步热潮，工业机器人又在实践中迈进一大步，先后研制出了点焊、弧焊、装配、喷漆、切割、搬运、包装、码垛等各种用途的工业机器人，并实施了一批机器人应用工程，形成了一批机器人产业化基地。

工业机器人与自动化成套装备是生产过程的关键设备，可用于制造、安装、检测、物流等生产环节，并广泛应用于汽车整车及汽车零部件、工程机械、轨道交通、低压电器、电力、IC 装备、军工、烟草、金融、医药、冶金及印刷出版等众多行业，应用领域非常广泛。在本项目中将介绍工业机器人的启动和关闭，掌握如何启动工业机器人是我们操控工业机器人的第一步。

学习任务

- 任务 1.1 启动工业机器人
- 任务 1.2 关闭工业机器人

学习目标

知识目标

- 了解工业机器人的组成。
- 工业机器人的规格参数及安全操作区域。
- 认识工业机器人控制柜及示教器结构，了解其安全操作方法。

技能目标

- 掌握工业机器人开关机的操作方法。

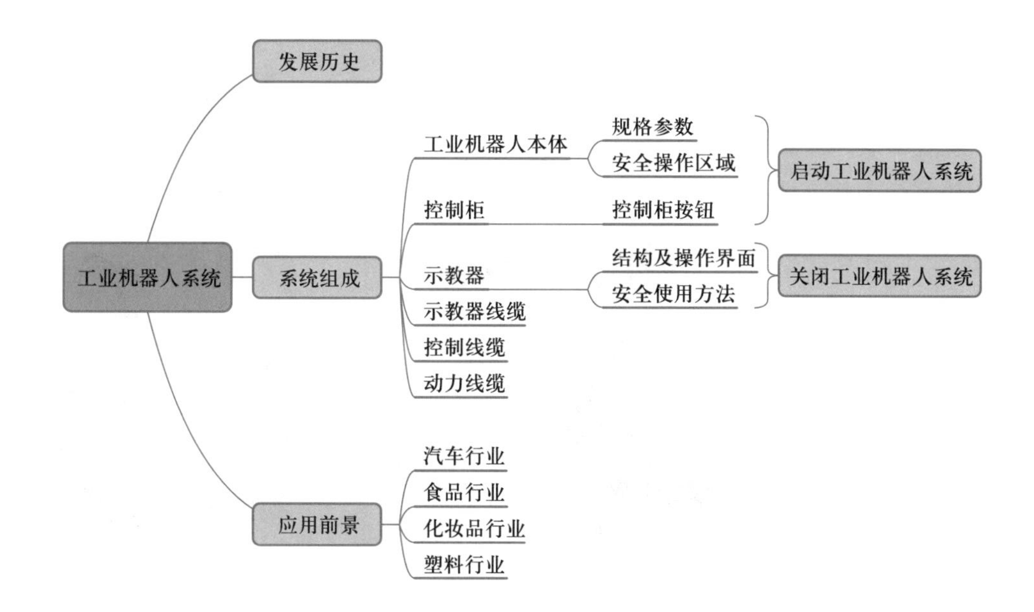
工业机器人系统
发展历史
系统组成
应用前景
工业机器人本体
控制柜
示教器
示教器线缆
控制线缆
动力线缆
规格参数
安全操作区域
控制柜按钮
结构及操作界面
安全使用方法
启动工业机器人系统
关闭工业机器人系统
汽车行业
食品行业
化妆品行业
塑料行业

任务 1.1 启动工业机器人

PPT

工业机器人概述

1.1.1 工业机器人的组成

工业机器人主要由工业机器人本体、控制柜、连接线缆和示教器组成。示教器通过示教器线缆与机器人控制柜连接，工业机器人本体通过动力线缆和控制线缆与机器人控制柜连接，机器人控制柜通过电源线缆与外部电源连接获取供电，如图 1-1 所示。

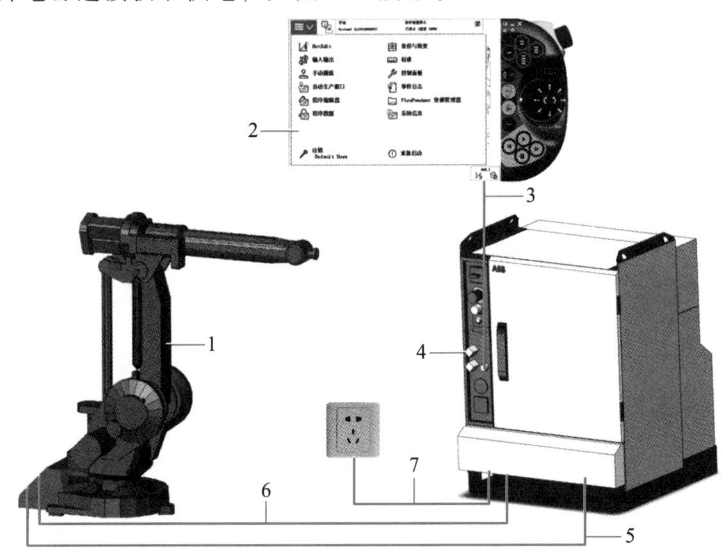

图 1-1 工业机器人的组成

1—工业机器人本体；2—示教器；3—示教器线缆；4—控制柜；
5—控制线缆；6—动力线缆；7—电源线缆

1.1.2 工业机器人的规格参数及安全操作区域

PPT

工业机器人的分类

IRB 120 型工业机器人(以下简称机器人)，如图 1-2 所示。机器人结构设计紧凑，易于集成，可以布置在机器人工作站内部、机械设备上方或生产线上其他机器人的周边，主要应用在物流搬运、装配等工作。

图 1-2 IRB 120 型工业机器人

⚠ 提示：本书以 IRB 120 型工业机器人为例介绍工业机器人操作与编程，书中机器人不做特殊说明的情况下均指 IRB 120 型工业机器人。

机器人的工作范围如图 1-3 所示，工作半径达 580 mm，底座下方拾取距离为 112 mm。机器人的规格参数如见表 1-1。

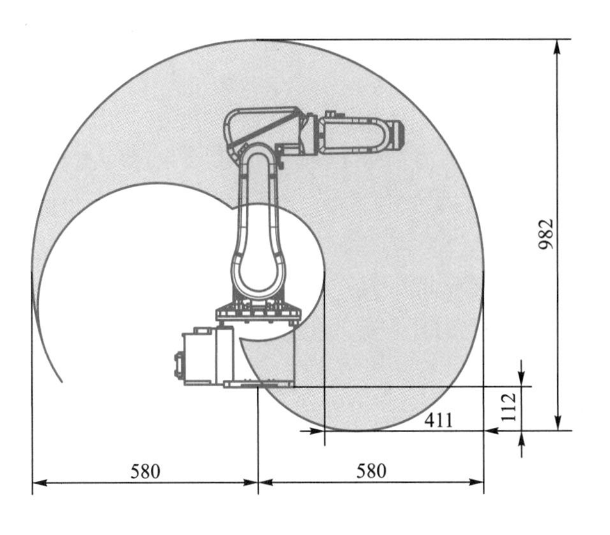

图 1-3 机器人工作范围

表 1-1 机器人规格参数

基本规格参数			
轴数	6	防护等级	IP30
有效载荷	3 kg	安装方式	地面安装/墙壁安装/悬挂
到达最大距离	0.58 m	机器人底座规格	180 mm×180 mm
机器人质量	25 kg	重复定位精度	0.01 mm

运动范围及速度		
轴序号	动作范围	最大速度
1 轴	+165 °至-165 °	250 °/s
2 轴	+110 °至-110 °	250 °/s
3 轴	+70 °至-90 °	250 °/s
4 轴	+160 °至-160 °	360 °/s
5 轴	+120 °至-120 °	360 °/s
6 轴	+400 °至-400 °	420 °/s

⚠ 提示：由机器人的工作范围可以知道，在机器人工作过程中，半径为 580 mm 的范围内均为机器人可能达到的范围。因此在机器人工作时，所有人员应在此范围以外不得进入，以免发生危险！

PPT

机器人控制柜的组成

1.1.3 工业机器人控制柜的操作面板

在工业机器人中，控制柜是很重要的设备，用于安装各种控制单元，进行数据处理及存储和执行程序，是机器人的大脑。机器人控制柜的操作面板如图 1-4 所示，下面介绍面板上按钮和开关的功能。

① 电源开关：旋转此开关，可以实现机器人系统的开启和关闭。

② 模式开关：旋转此开关，可切换机器人手动/自动运行模式。

③ 紧急停止按钮：按下此按钮，可立即停止机器人的动作，此按钮的控制操作优先于机器人任何其他的控制操作。

⚠ 提示：按下紧急停止按钮会断开机器人电动机的驱动电源，停止所有运转部件，并切断由机器人系统控制且存在潜在危险的功能部件的电源。机器人运行时，如果工作区域内有工作人员，或者机器人伤害了工作人员、损伤了机器设备，需要立即按下紧急停止按钮！

④ 松开抱闸按钮：解除电动机抱死状态，机器人姿态可以随意改变(详见 3.4.6)。

⚠ 提示：此按钮非必要情况下，不要轻易按压，否则容易造成碰撞！

⑤ 上电按钮：按下此按钮，机器人电动机上电，处于开启的状态。

图 1-4 机器人控制柜的操作面板

1—电源开关；2—模式开关；3—紧急停止按钮；
4—松开抱闸按钮；5—上电按钮

视频

启动工业机器人

1.1.4 任务操作——启动工业机器人

1. 任务要求

通过操作控制柜按钮启动工业机器人系统，使示教器显示开机界面。

2. 任务实操

序号	操作步骤	示意图
1	将电源线缆与外部电源接通，如图所示	
2	按照图示将机器人电源开关由 OFF 旋转至 ON 的位置	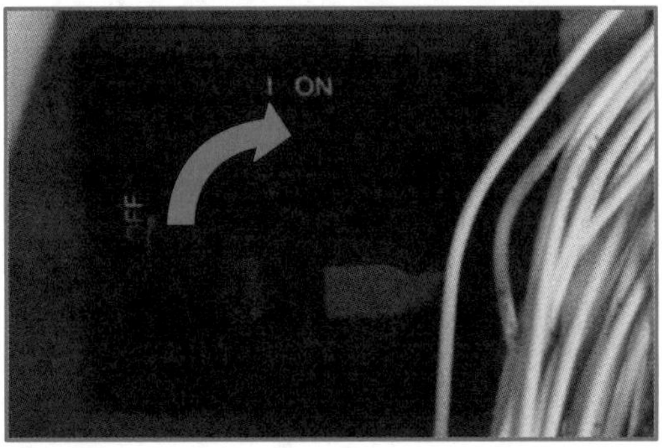
3	机器人开始启动，等待片刻观察示教器，出现图示界面则开机成功	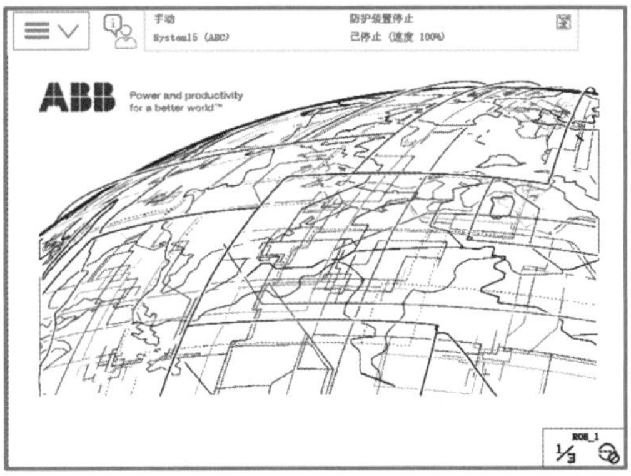

思考题

一、填空题

工业机器人主要由(　　　　　　　　)、(　　　　　　　　)、(　　　　　　　　)和(　　　　　　　　)组成。

二、判断题

1. 机器人的工作半径达 580 m。(　　)
2. 松开抱闸按钮可以实现机器人姿态的调整。(　　)

任务 1.2　关闭工业机器人

PPT
认识示教器

1.2.1　示教器的结构及操作界面

1. 示教器的结构

在机器人的使用过程中，为了方便地控制机器人，并对机器人进行现场编程调试，机器人厂商一般都会配有自己品牌的手持式编程器，作为用户与机器人之间的人机对话工具。机器人手持式编程器常被称为示教器。示教器的结构如图 1-5 所示，下面介绍各组成部分的功能。

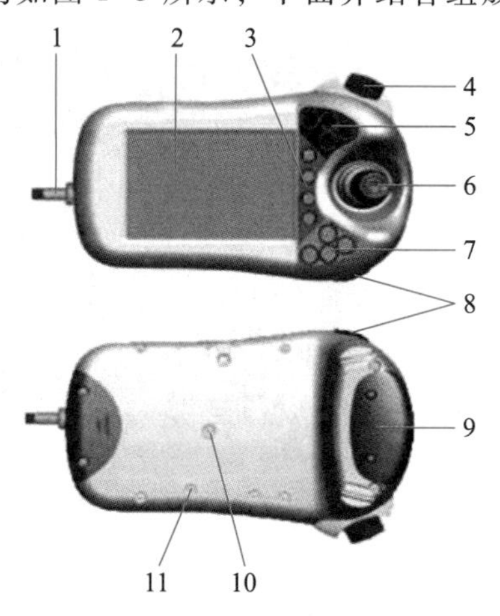

图 1-5　示教器的结构

1—示教器线缆；2—触摸屏；3—机器人手动运行的快捷按钮；
4—紧急停止按钮；5—可编程按键；6—手动操纵杆；
7—程序调试控制按钮；8—数据备份用 USB 接口；
9—使能器按钮；10—示教器复位按钮；11—触摸屏用笔

① 示教器线缆：与机器人控制柜连接，实现机器人动作控制。

② 触摸屏：示教器的操作界面显示屏。

③ 机器人手动运行的快捷按钮：机器人手动运行时，运动模式的快速切换按钮(具体使用方法见 3.2.4)。

④ 紧急停止按钮：此按钮功能与控制柜的紧急停止按钮功能相同。

⑤ 可编程按键：该按键功能可根据需要自行配置，常用于配置数字量信号切换的快捷键(具体使用方法见 4.2.7)，不配置功能的情况下该按键无功能，按键按下没有任何效果。

⑥ 手动操纵杆：在机器人手动运行模式下，拨动操纵杆可操纵机器人运动。

⑦ 程序调试控制按钮：可控制程序单步/连续调试，以及程序调试的开始和停止(具体使用方法见 5.2.2)。

⑧ 数据备份用 USB 接口：用于外接 U 盘等存储设备，传输机器人

备份数据。

⚠ 提示：在没有连接 USB 存储设备时，需要盖上 USB 接口的保护盖，如果接口暴露到灰尘中，机器人可能会发生中断或故障！

⑨ 使能器按钮：机器人手动运行时，按下使能器按钮，并保持在电动机上电开启的状态，才可对机器人进行手动的操纵与程序的调试(具体使用方法见 1.2.2)。

⑩ 示教器复位按钮：使用此按钮可以解决示教器死机或是示教器本身硬件引起的其他异常情况。

⑪ 触摸屏用笔：操作触摸屏的工具。

⚠ 提示：触摸屏只可以用触摸笔或手指指尖进行操作，其他工具(如写字笔的笔尖、螺丝刀尖部等)都不能操作触摸屏，否则会使触摸屏损坏！

2. 示教器的主菜单操作界面

机器人开机后的示教器默认界面如图 1-6 所示，点击左上角标出的主菜单按键，示教器界面切换为主菜单操作界面，如图 1-7 所示。

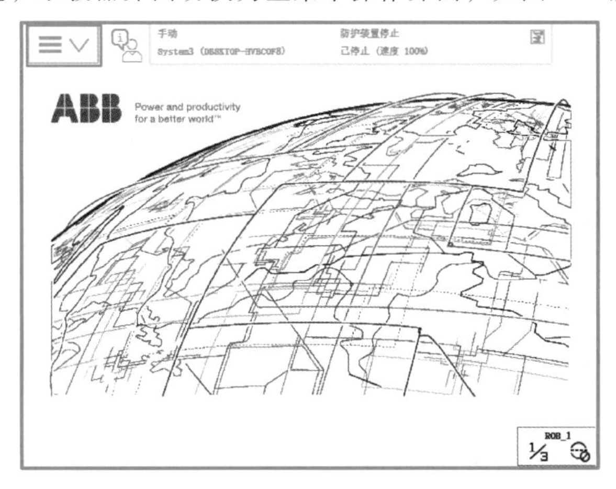

图 1-6　开机后示教器默认界面

手动　bianjijiaocai (LIYULONG-PC)　防护装置停止　已停止 (速度 100%)

HotEdit　备份与恢复
输入输出　校准
手动操纵　控制面板
自动生产窗口　事件日志
程序编辑器　FlexPendant 资源管理器
程序数据　系统信息

注销 Default User　重新启动

ROB_1　1/3

图 1-7　主菜单操作界面

操作界面比较常用的选项包括输入输出、手动操纵、程序编辑器、程序数据、校准和控制面板，操作界面各选项功能说明见表 1-2。

表 1-2 操作界面各选项功能说明

选项名称	说明
HotEdit	程序模块下轨迹点位置的补偿设置窗口
输入输出	设置及查看 I/O 视图窗口
手动操纵	动作模式设置、坐标系选择、操纵杆锁定及载荷属性的更改窗口，也可显示实际位置
自动生产窗口	在自动模式下，可直接调试程序并运行
程序编辑器	建立程序模块及例行程序的窗口
程序数据	选择编程时所需程序数据的窗口
备份与恢复	可备份和恢复系统
校准	进行转数计数器和电动机校准的窗口
控制面板	进行示教器的相关设定
事件日志	查看系统出现的各种提示信息
FlexPendant 资源管理器	查看当前系统的系统文件
系统信息	查看控制柜及当前系统的相关信息
注销	注销用户，可进行用户的切换
重新启动	机器人的关机和重启窗口

视频

示教器的安全使用方法

1.2.2 示教器的安全使用方法

1. 手持示教器的正确姿势

手持示教器的正确方法为左手握示教器，四指穿过示教器绑带，松弛地按在使能器按钮上，如图 1-8 所示，右手进行屏幕和按钮的操作。

图 1-8 手持示教器的正确姿势

2. 使能器按钮的使用方法

使能器按钮是工业机器人为保证操作人员人身安全而设置的。当发生危险时，人会本能地将使能器按钮松开或抓紧，因此使能器按钮设置为两挡。

轻松按下使能器按钮时为使能器第一挡位，机器人将处于电动机上电开启状态，示教器界面显示如图 1-9 所示；用力按下使能器按钮时为使能器第二挡位，机器人处于电动机断电的防护状态，示教器界面显示如图 1-10 所示，机器人会马上停下来，保证安全。

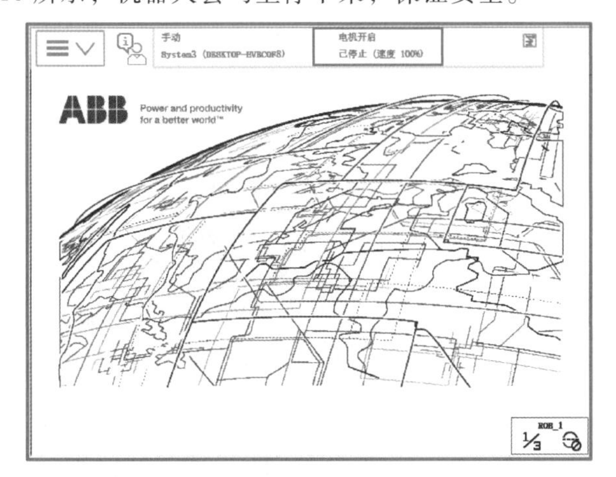

图 1-9　按下使能器按钮第一挡位后电动机状态显示

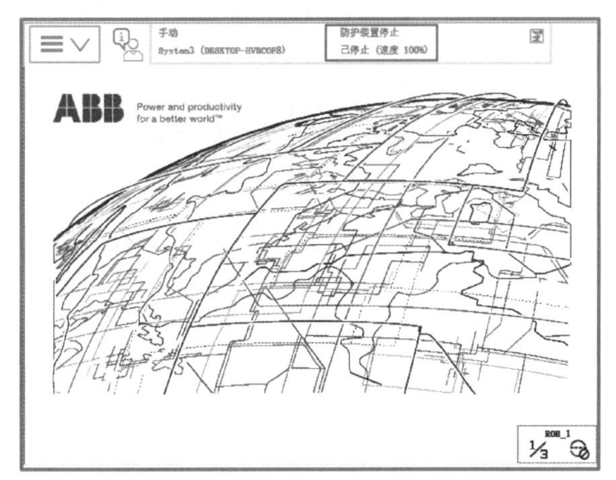

图 1-10　按下使能器按钮第二挡位后电动机状态显示

正常使用机器人时只需在正确手持示教器的前提下，轻松按下使能器按钮即可，如图 1-11 所示。

图 1-11　使能器按钮的正常使用方法

视频

关闭工业机器人

1.2.3 任务操作——关闭工业机器人

1. 任务要求

通过操作示教器界面和控制柜按钮关闭机器人系统。

2. 任务实操

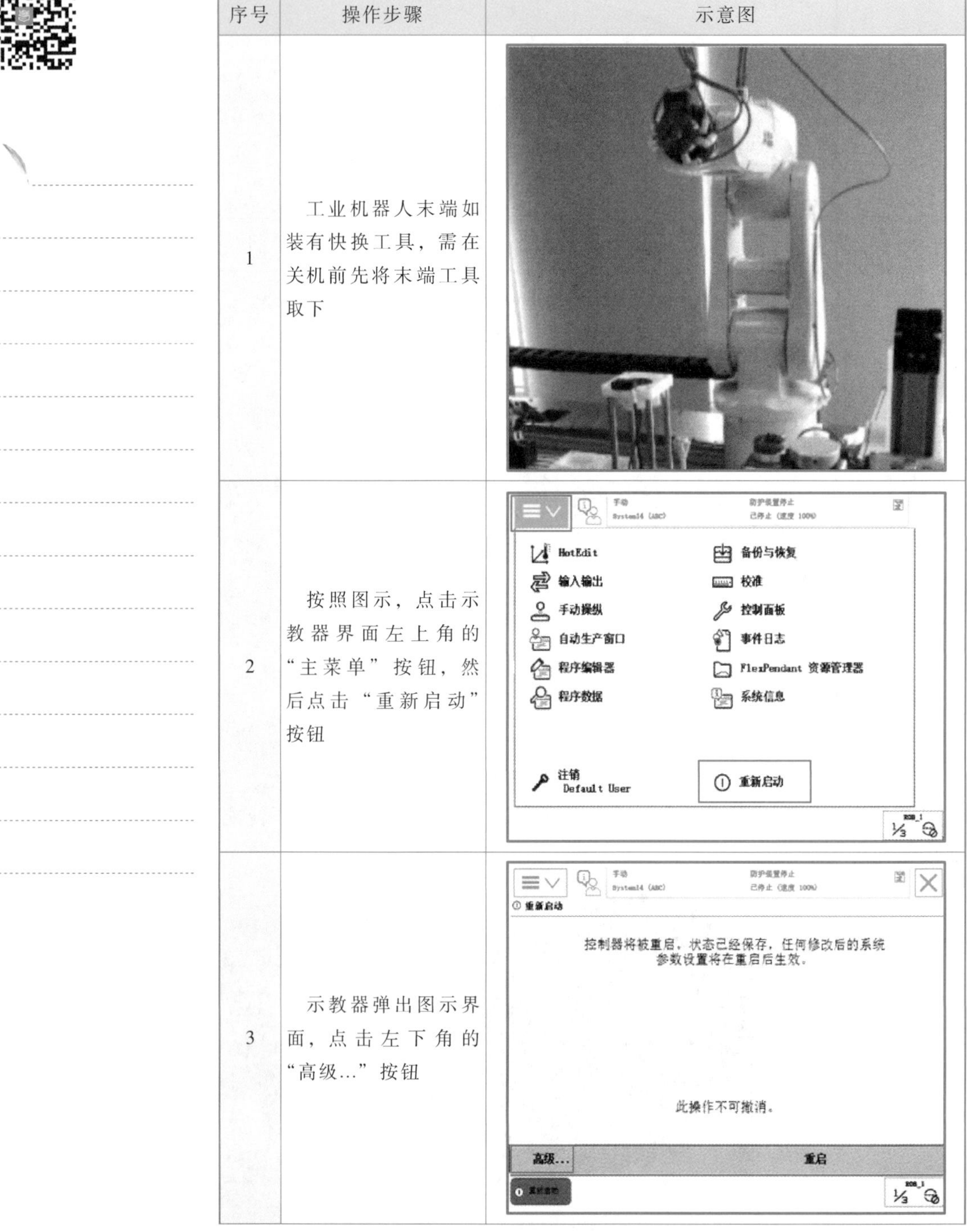

序号	操作步骤	示意图
1	工业机器人末端如装有快换工具，需在关机前先将末端工具取下	
2	按照图示，点击示教器界面左上角的“主菜单”按钮，然后点击“重新启动”按钮	
3	示教器弹出图示界面，点击左下角的“高级...”按钮	

续表

序号	操作步骤	示意图
4	在弹出的图示“高级重启”界面中，点击“关闭主计算机”单选按钮，然后点击“下一个”按钮，再次点击“关闭主计算机”单选按钮	
5	待示教器屏幕显示“controller has shut down”后，将控制柜电源开关由 ON 旋转至 OFF 的位置，如图所示。至此，工业机器人彻底关闭	

思考题

一、判断题

1. 示教器复位按钮可以使机器人复位。（　　）
2. 使能器按钮设置为两挡，可以有效地保护操作人员的安全。（　　）

二、填空题

操作界面常用的选项包括(　　　　)、(　　　　)、(　　　　)、(　　　　)、(　　　　)和(　　　　)。

习题

1. 工业机器人由哪几部分组成？
2. 控制柜有几个按钮，分别有什么功能？
3. 示教器的主要组成部分以及正确的手持方法是什么？

项目二　示教器操作环境的基本配置

示教器在工业机器人中是必不可少的一部分，也是在日常编程与操作中不可或缺的部件。在项目一中介绍了示教器的结构即操作界面，接下来的项目二中，将介绍如何配置示教器的操作环境。

学习任务

- 任务 2.1　配置示教器的操作环境
- 任务 2.2　查看工业机器人的常用信息

学习目标

■ 知识目标

- 了解机器人常用信息在示教器上的显示位置及含义。

■ 技能目标

- 掌握示教器操作界面显示语言的设置方法。
- 掌握机器人系统时间的设置方法。
- 掌握示教器上机器人的常用信息和事件日志的查看方法。

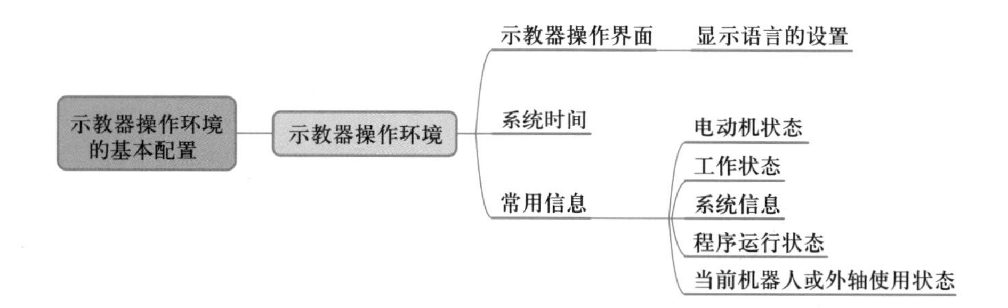
示教器操作环境的基本配置
示教器操作环境
示教器操作界面
显示语言的设置
系统时间
常用信息
电动机状态
工作状态
系统信息
程序运行状态
当前机器人或外轴使用状态

PPT
示教器的基本配置

视频
示教器语言设置

任务 2.1 配置示教器的操作环境

由于示教器出厂时，默认的显示语言为英语，将示教器的显示语言设定为中文既方便又能满足日常操作的需求。在进行各种操作之前先将机器人的系统时间设定为本地时区的时间，方便进行文件的管理和故障查阅。

⚠ 提示：使用示教器进行的所有参数设置和基础操作，都需在手动运行模式下进行，否则会出现“无法操作”的提示。

2.1.1 任务操作——设置示教器操作界面的显示语言

1. 任务要求

通过使用触摸屏用笔，在示教器上完成示教器操作界面显示语言的设置。

2. 任务实操

序号	操作步骤	示意图
1	在手动运行模式下，点击示教器主界面左上角“主菜单”按钮，如图所示	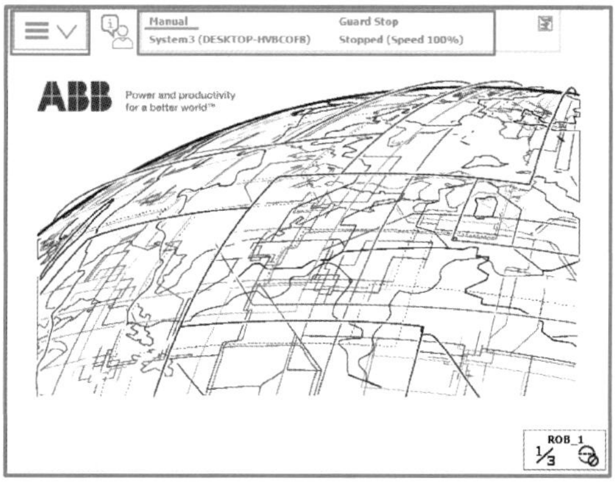
2	在“主菜单”界面，点击“Control Panel”，如图所示	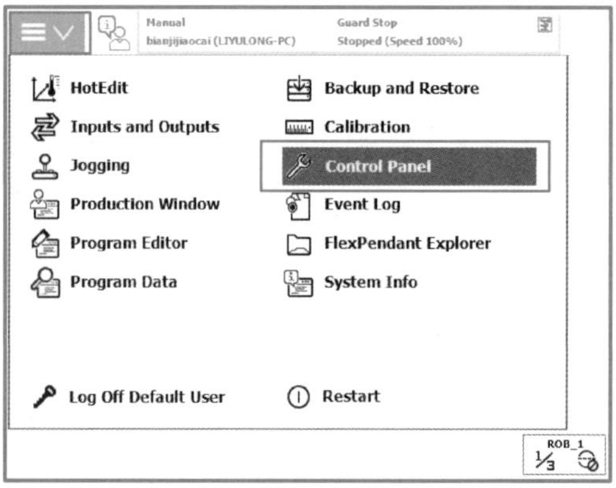

续表

序号	操作步骤	示意图
3	按照图示进入“Control Panel”界面，点击示教器界面上的“Language”选项	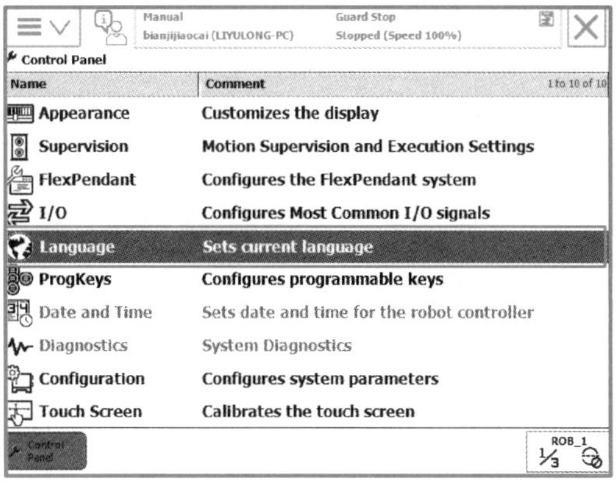 Manual bianjijiaocai (LIYULONG-PC) Guard Stop Stopped (Speed 100%) Control Panel Name　Comment　1 to 10 of 10 Appearance　Customizes the display Supervision　Motion Supervision and Execution Settings FlexPendant　Configures the FlexPendant system I/O　Configures Most Common I/O signals Language　Sets current language ProgKeys　Configures programmable keys Date and Time　Sets date and time for the robot controller Diagnostics　System Diagnostics Configuration　Configures system parameters Touch Screen　Calibrates the touch screen Control Panel ROB_1 1/3
4	示教器弹出图示界面，选择“Chinese”，点击右下角的“OK”按钮	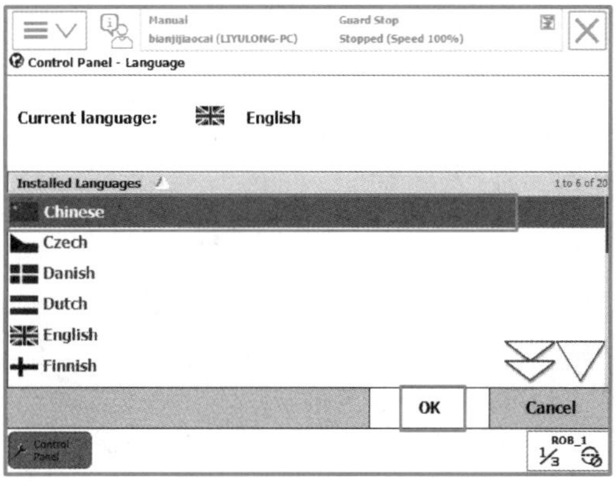 Manual bianjijiaocai (LIYULONG-PC) Guard Stop Stopped (Speed 100%) Control Panel - Language Current language:　English Installed Languages　1 to 6 of 20 Chinese Czech Danish Dutch English Finnish OK　Cancel Control Panel ROB_1 1/3
5	在图示弹出的提示框中，点击“Yes”按钮，示教器重新启动	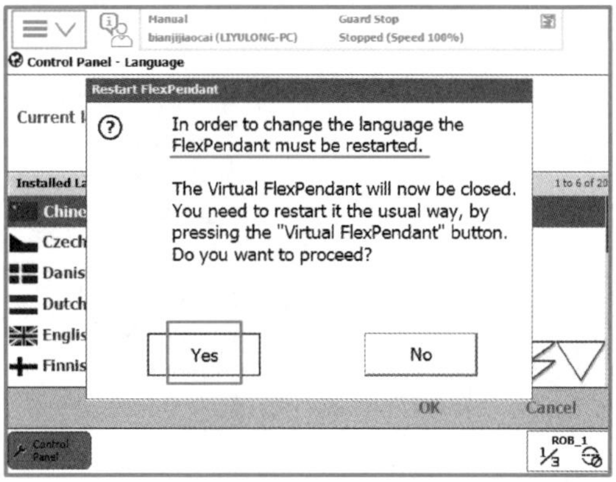 Manual bianjijiaocai (LIYULONG-PC) Guard Stop Stopped (Speed 100%) Control Panel - Language Restart FlexPendant In order to change the language the FlexPendant must be restarted. The Virtual FlexPendant will now be closed. You need to restart it the usual way, by pressing the "Virtual FlexPendant" button. Do you want to proceed? Yes　No Current l Installed La　1 to 6 of 20 Chine Czech Danis Dutch Englis Finnis OK　Cancel Control Panel ROB_1 1/3

续表

序号	操作步骤	示意图
6	示教器重新启动后，点击示教器界面左上角的“主菜单”按钮，“主菜单”界面(如图所示)显示为中文	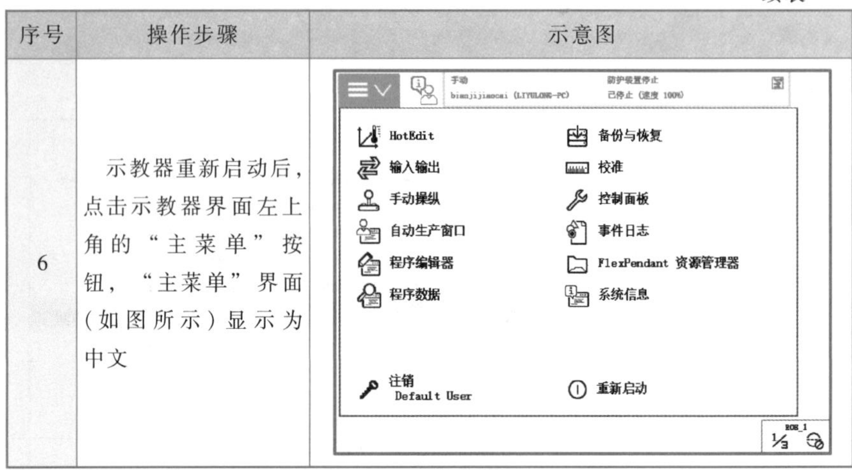

2.1.2 任务操作——设置工业机器人的系统时间

视频

系统时间的设置

1. 任务要求

通过使用触摸屏用笔，在示教器上完成机器人系统时间的设置。

2. 任务实操

序号	操作步骤	示意图
1	按照图示，点击示教器界面左上角的“主菜单”按钮	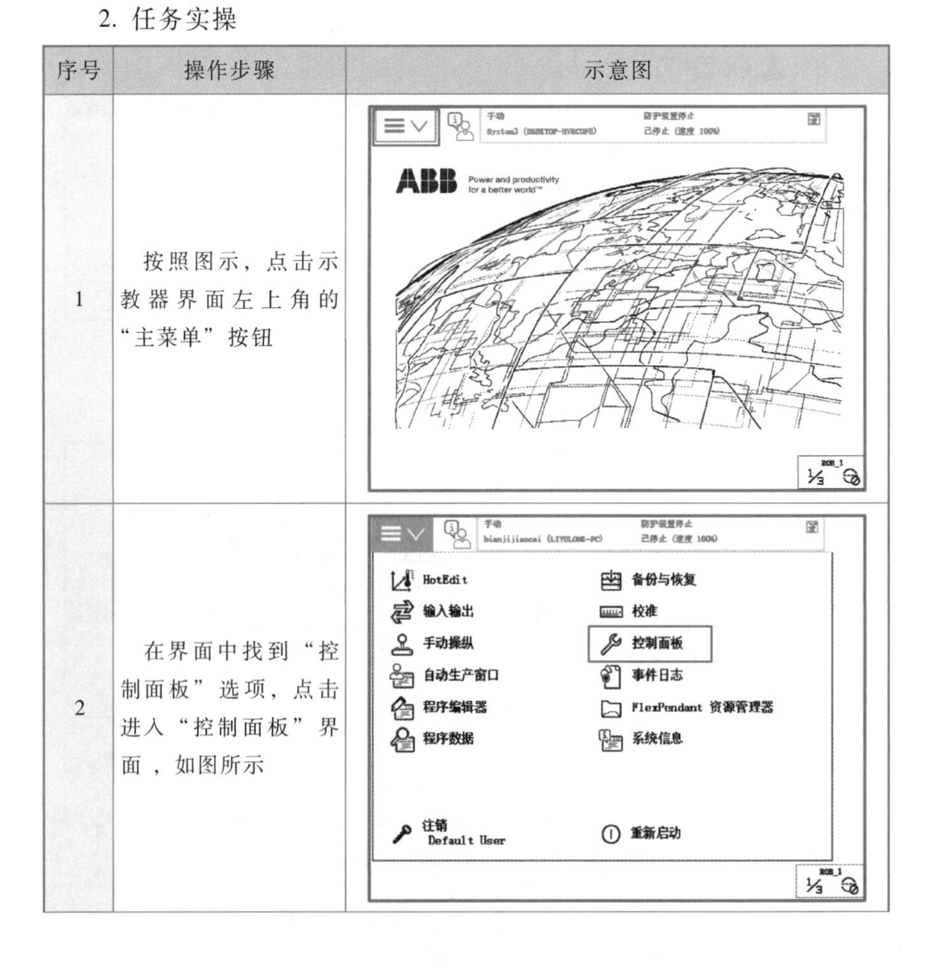
2	在界面中找到“控制面板”选项，点击进入“控制面板”界面，如图所示	

续表

序号	操作步骤	示意图
3	在“控制面板”界面中选择“日期和时间”，进行日期和时间的修改，如图所示	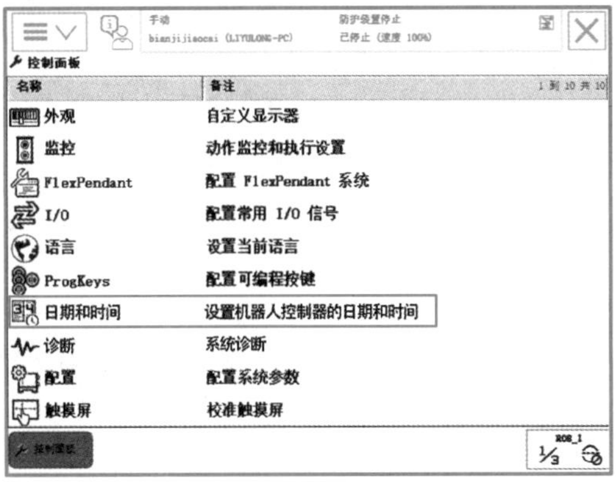
4	点击“日期和时间”选项，进入“控制面板-日期和时间”界面进行设置，如图所示	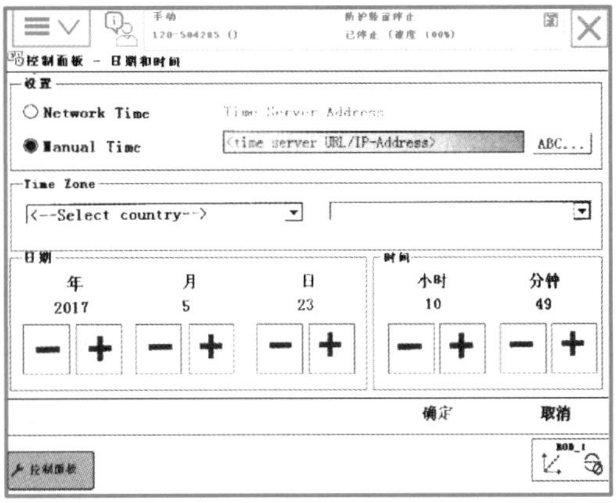

思考题

1. 示教器共有多少种操作语言？
2. 工业机器人如何选择合适的地域和时区，完成系统时间的设置？
3. 工业机器人的环境配置是进入到主菜单界面的哪个选项进行设置的？

任务 2.2　查看工业机器人的常用信息

2.2.1　工业机器人工作状态的显示

PPT
机器人常用信息与事件日志的查看

示教器操作界面上的状态栏（图 2-1）显示机器人工作状态的信息，在操作过程中可以通过查看这些信息了解机器人当前所处的状态以及存在的一些问题。常用信息如下：

① 机器人的运行模式，会显示有手动、自动两种状态。

② 机器人系统信息。

③ 机器人电动机状态，按下使能键第一挡会显示电动机开启，松开或按下第二挡会显示防护装置停止。

④ 机器人程序运行状态，显示程序的运行或停止。

⑤ 当前机器人或外轴的使用状态。

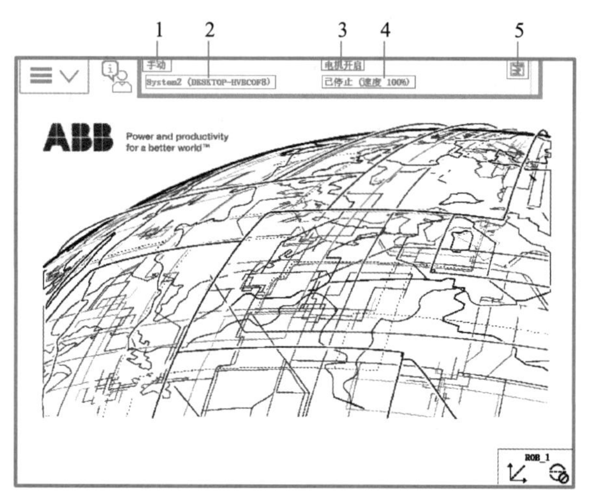

图 2-1 示教器操作界面上的状态栏

1—机器人的工作状态；2—机器人系统信息；3—机器人电动机状态；4—机器人程序运行状态；5—当前机器人或外轴的使用状态

2.2.2 任务操作——查看工业机器人的事件日志

视频

机器人事件日志的查看

1. 任务要求

通过使用触摸屏用笔，在示教器上查看机器人的常用信息和事件日志。

2. 任务实操

序号	操作步骤	示意图
1	按照图示，点击示教器界面上方的“状态栏”	

续表

序号	操作步骤	示意图
2	点击“状态栏”之后即可进入到“事件日志—公用”界面，该界面会显示出机器人运行的事件记录，包括时间日期等，为分析相关事件和问题提供准确的信息，如图所示	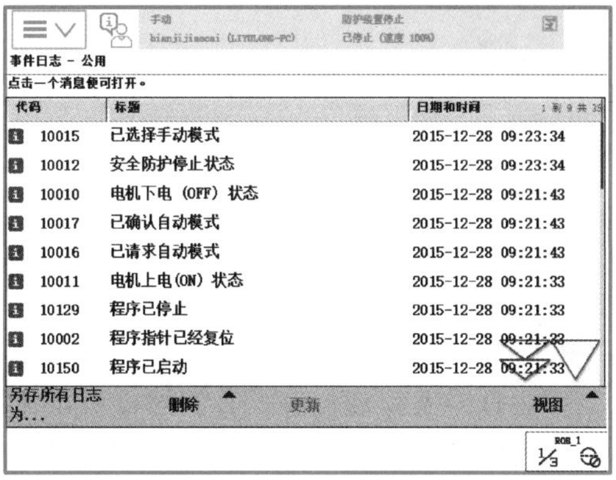

思考题

一、 判断题

1. 工业机器人示教器操作界面上的状态栏可以显示机器人程序运行状态。 （ ）

2. 示教器操作界面上的状态栏显示的“手动”，是指可以手动移动机器人。 （ ）

二、 简答题

查看机器人的事件日志有什么作用？

习题

一、 填空题

1. 机器人状态栏能够显示（ ）、（ ）、（ ）、（ ）和（ ）。

2. 示教器操作界面上的状态栏可以显示机器人的状态，分别为（ ）和（ ）两种状态。

二、 简答题

示教器操作界面的初始语言是什么？如何设置成中文或其他语言？

项目三　工业机器人的手动运行

工业机器人的运行模式有多种，可以在各运行模式下设置不同的手动运行速度操纵机器人。在本项目中介绍如何手动操纵工业机器人运动，如何手动操纵工业机器人进行单轴运动、线性运动和重定位运动，包括在遇到紧急停止的情况下，如何恢复机器人系统。

学习任务

- 任务 3.1　设置工业机器人的运行模式
- 任务 3.2　设置工业机器人的手动运行速度
- 任务 3.3　工业机器人的单轴运动
- 任务 3.4　工业机器人的线性运动和重定位运动

学习目标

知识目标

- 了解工业机器人的不同运行模式和运行模式的选择依据。
- 了解工业机器人手动运行的快捷设置菜单和快捷按钮。
- 了解六轴工业机器人的关节轴和坐标系。
- 了解线性运动和重定位运动。
- 了解工业机器人紧急停止后的恢复方法。
- 了解工具坐标系的定义方法和工具数据(tooldata)。

技能目标

- 掌握工业机器人手动/自动运行模式的切换，增量模式的开/关快捷切换。
- 掌握操纵杆速率的设置，能使用增量模式调整机器人的步进速度。
- 掌握手动操作工业机器人单轴运动的方法，能进行单轴运动模式的快捷切换。
- 掌握手动操作工业机器人线性运动和重定位运动的方法。
- 掌握线性运动与重定位运动的快捷切换。
- 掌握 TCP 和 Z，X 法($N=4$)设定工具坐标系并测试准确性的方法。
- 掌握工具数据(tooldata)的编辑方法。

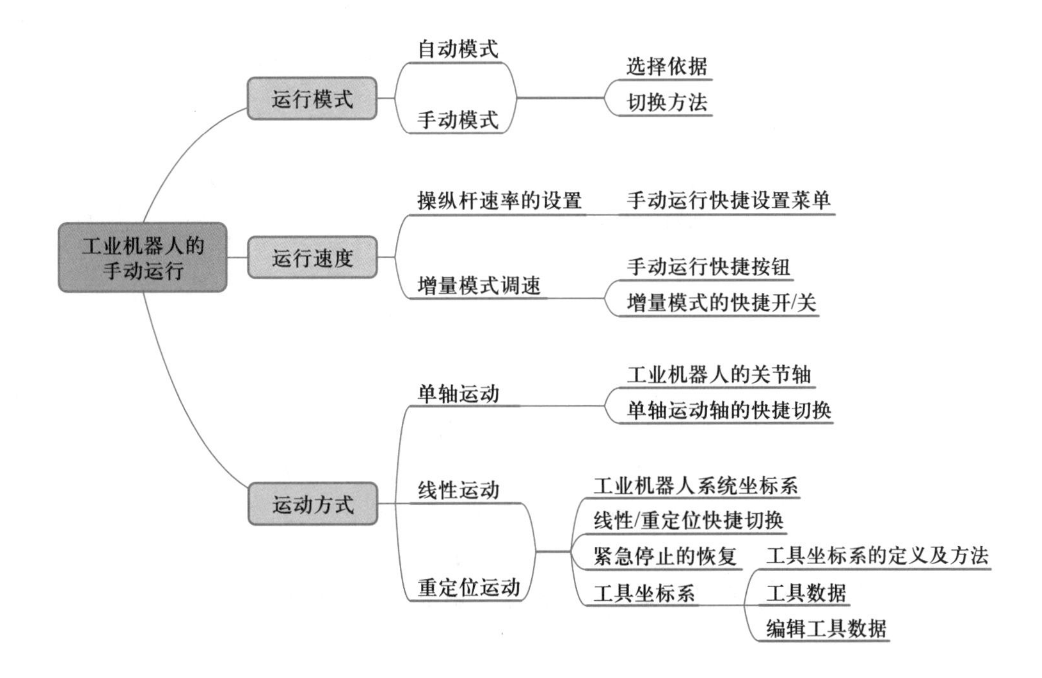
工业机器人的手动运行
运行模式
自动模式
手动模式
选择依据
切换方法
运行速度
操纵杆速率的设置
手动运行快捷设置菜单
增量模式调速
手动运行快捷按钮
增量模式的快捷开/关
运动方式
单轴运动
工业机器人的关节轴
单轴运动轴的快捷切换
线性运动
重定位运动
工业机器人系统坐标系
线性/重定位快捷切换
紧急停止的恢复
工具坐标系
工具坐标系的定义及方法
工具数据
编辑工具数据

任务 3.1　设置工业机器人的运行模式

PPT
工业机器人的不同运行模式

3.1.1　工业机器人的运行模式

本教材所述工业机器人的运行模式有两种，分别为手动模式和自动模式。另有部分工业机器人的手动模式细分为手动减速模式和手动全速模式。

本教材所述机器人手动减速模式下机器人的运行速度最高只能达到 250 mm/s；手动全速模式下，机器人将按照程序设置的运行速度 v 进行移动。在手动模式下，既可以单步运行例行程序，又可以连续运行例行程序，运行程序时需一直手动按下使能器按钮。

在自动模式下，按下机器人控制柜上电按钮后无须再手动按下使能器按钮，机器人依次自动执行程序语句并且以程序语句设定的速度进行移动。

3.1.2　工业机器人运行模式的选择

在手动模式下，可以进行机器人程序的编写、调试，示教点的重新设置等。机器人在示教编程的过程中，只能采用手动模式。在手动模式下，可以有效地控制机器人的运行速度和范围。在手动全速模式下运行程序时，应确保所有人员均处于安全保护空间(机器人运动范围之外)。

机器人程序编写完成，在手动模式下例行程序调试正确后，方可选择使用自动模式。在生产中大多采用自动模式。

3.1.3　任务操作——工业机器人手动/自动运行模式的切换

1. 任务要求

掌握工业机器人运行模式的切换方法。

2. 任务实操

序号	操作步骤	示意图
1	在手动模式下调试好的程序，可以在自动模式下进行运行(图示为手动模式下机器人的状态信息)	手动 电机开启 已停止 (速度 100%) ABB Power and productivity for a better world™

续表

序号	操作步骤	示意图
2	在手动模式下，模式开关状态如图所示（此时上电指示灯闪亮）	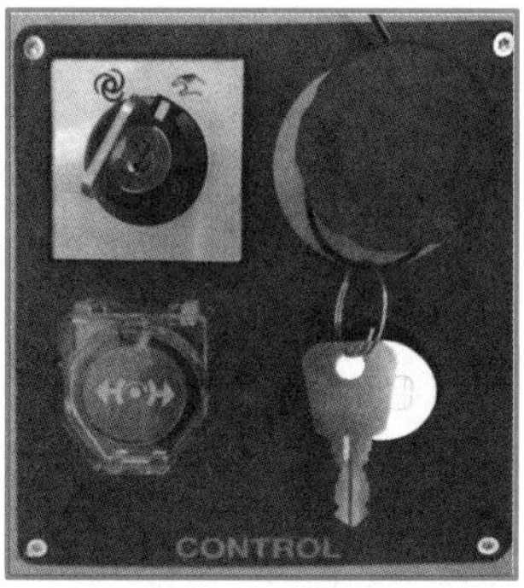
3	转动模式开关到自动模式，如图所示	
4	在示教器显示的图示界面，点击“确定”按钮	
5	按下上电按钮，电动机上电后即可运行程序（此时上电指示灯常亮），如图所示	

续表

序号	操作步骤	示意图
6	在自动运行模式下，机器人的状态信息如图所示	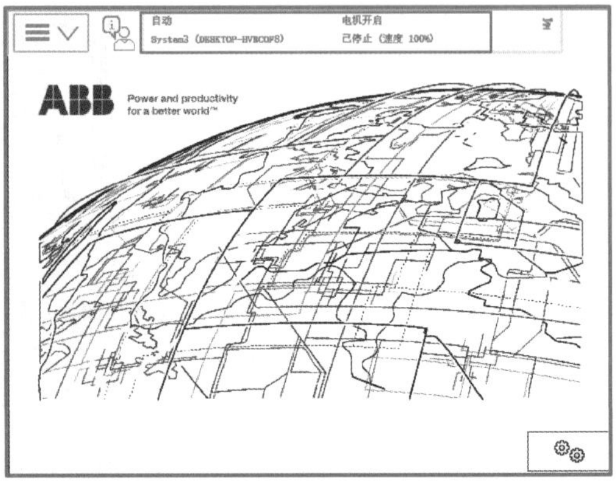
7	自动运行模式下切换到手动模式(如图所示)，只需将模式开关转回手动模式(此时上电指示灯闪亮)	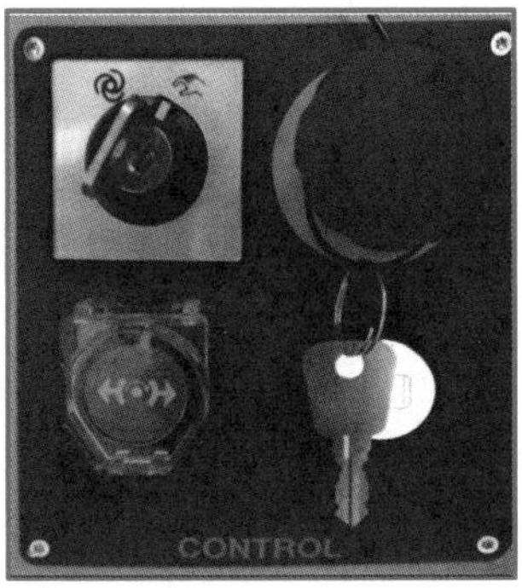

思考题

一、填空题

1. 工业机器人的运行模式主要分为(　　　　　　)和(　　　　　　)两大类。

2. 在手动模式下，可以进行机器人程序的(　　　　　　　　　)、(　　　　　　　　　)和(　　　　　　　　　)等。

二、简答题

工业机器人运行模式的选择依据是什么？

任务 3.2　设置工业机器人的手动运行速度

机器人在手动运行模式下移动时有两种运动模式：默认模式和增量模式。

在默认模式下，手动操纵杆的拨动幅度越小，则机器人的运动速度越慢；幅度越大，则机器人的运动速度越快，默认模式的机器人最大运行速度的高低可以在示教器上进行调节。由于在默认模式下，如果使用手动操纵杆控制机器人运动速度不熟练，会致使机器人运动速度过快而造成示教位置不理想，甚至与周边设备发生碰撞。所以建议初学者在手动运行默认模式操作机器人时应将机器人最大运行速度调低，具体方法见 3.2.2。

在增量模式下，操纵杆每偏转一次，机器人移动一步(一个增量)；如果操纵杆偏转持续一秒或数秒，机器人将持续移动且速率为每秒 10 步。可以采用增量模式对机器人位置进行微幅调整和精确的定位操作。增量移动幅度(见表 3-1)在小、中、大之间选择，也可以自定义增量运动幅度。增量模式的设置方法见 3.2.3。

表 3-1 增量移动幅度

增量	距离	角度
小	0.05mm	0.006°
中	1mm	0.023°
大	5mm	0.143°
用户	自定义	自定义

3.2.1 工业机器人手动运行快捷设置菜单按钮

工业机器人手动运行快捷设置菜单按钮如图 3-1 所示，位于示教器右下角，点击此按钮则系统进入如图 3-2 所示界面。此快捷设置菜单方便机器人操作时快速地对手动运行状态下的常用参数进行修改设置。

图 3-1 手动运行快捷设置菜单按钮

① 手动操纵：点击手动操纵按钮，可以对机器人、坐标系(如工具坐标系、基坐标系、工件坐标系等)、增量的大小、杆速率以及运动方式

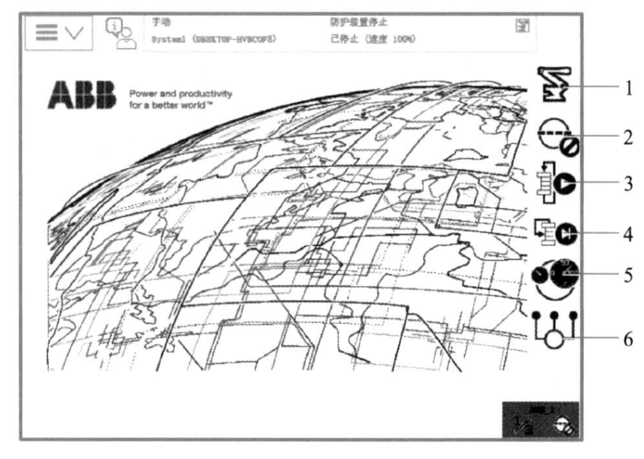

图 3-2　快捷设置菜单按钮界面

1—手动操纵；2—增量；3—运行模式；4—步进模式；
5—速度；6—停止/启动任务

进行修改和设置。

② 增量：点击增量按钮可修改增量的大小，自定义增量的数值大小以及控制增量的开/关。

③ 运行模式：设置例行程序运行的运行方式，分别为单周/连续。

④ 步进模式：设置例行程序以及指令的执行方式，分别为步进入、步进出、跳过和下一移动指令。

⑤ 速度：设置机器人的运行速度。

⑥ 停止/启动任务：要停止和启动的任务(多机器人协作处理任务时)。

3.2.2　任务操作——操纵杆速率的设置

1. 任务要求

通过使用触摸屏用笔，在示教器上对操纵杆速率进行设置。

2. 任务实操

序号	操作步骤	示意图
1	按照图示，点击示教器界面右下角的手动运行快捷设置菜单按钮	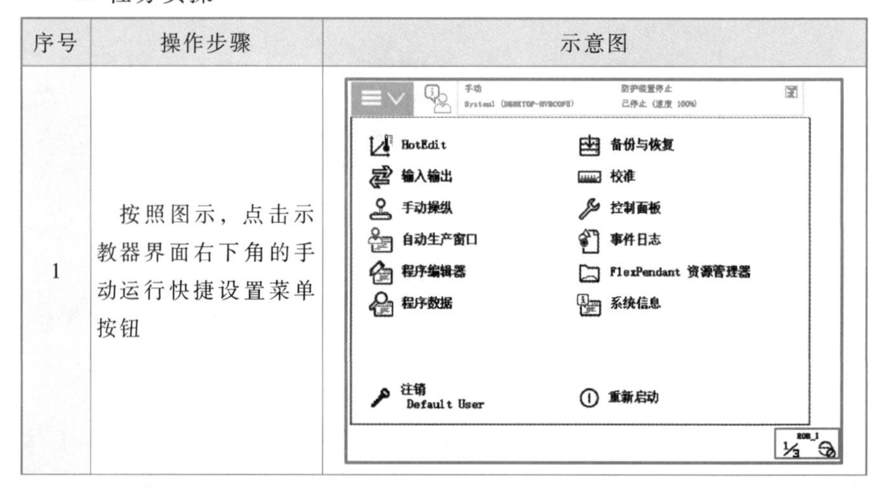

续表

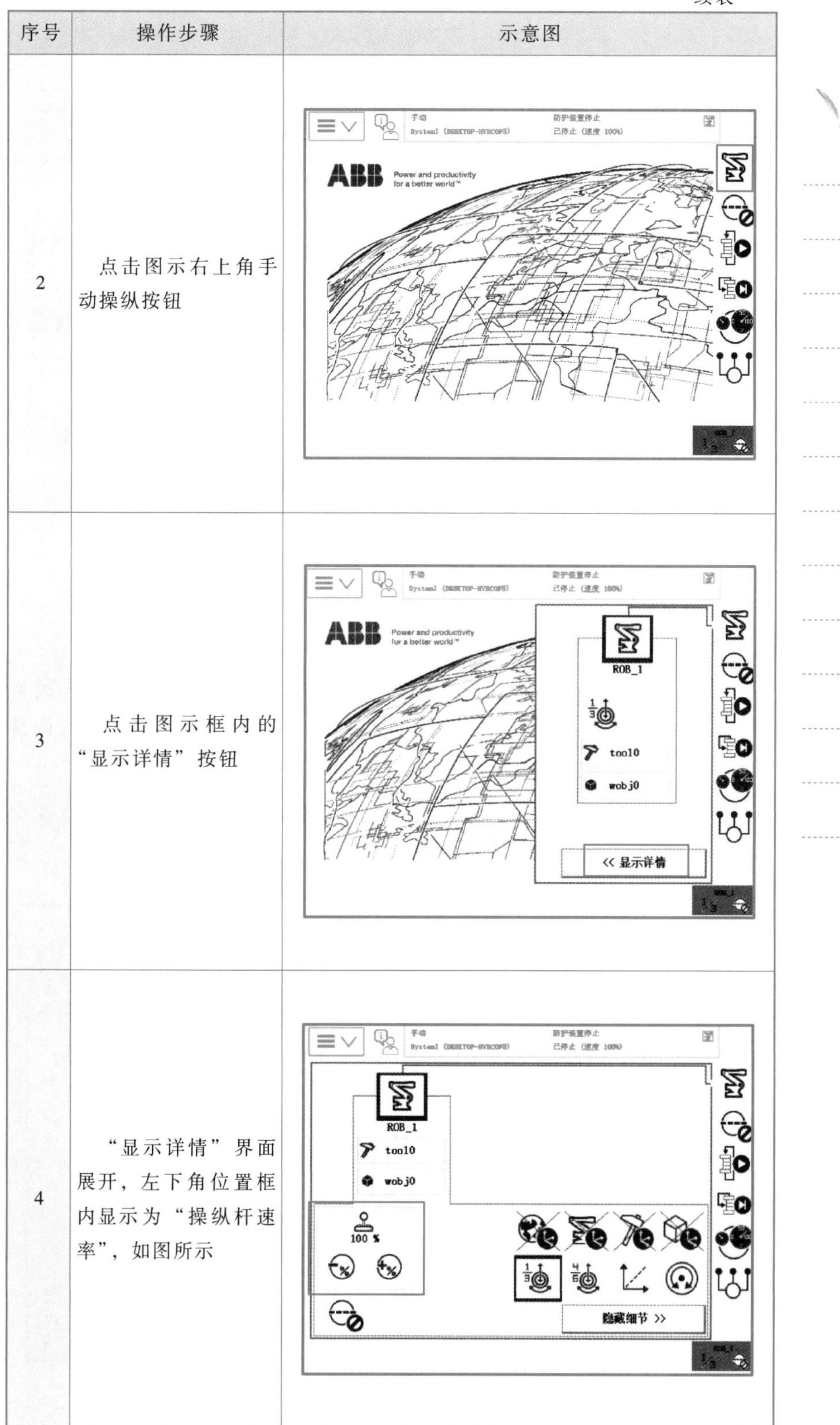

序号	操作步骤	示意图
2	点击图示右上角手动操纵按钮	
3	点击图示框内的“显示详情”按钮	
4	“显示详情”界面展开，左下角位置框内显示为“操纵杆速率”，如图所示	

续表

序号	操作步骤	示意图
5	使用触摸屏用笔点击“+”“-”号可以加快/减慢操纵杆速率，如图所示	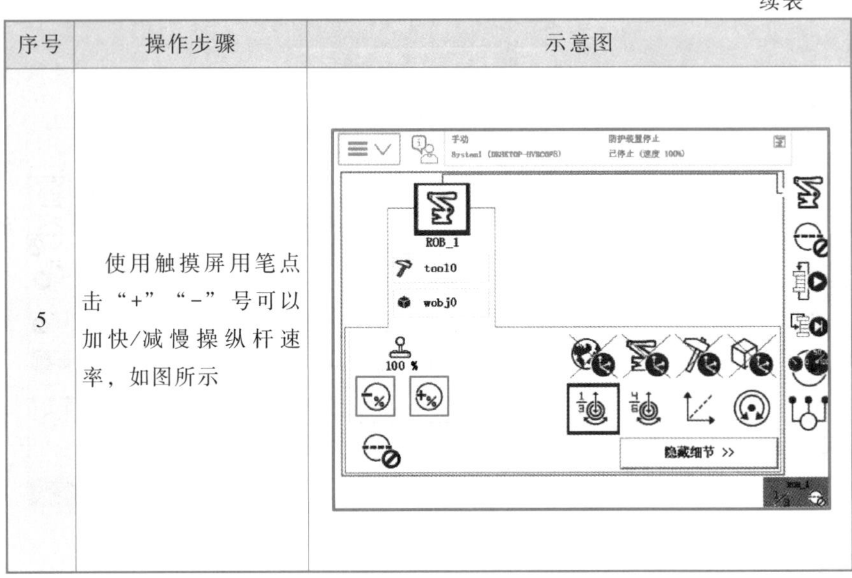

视频

使用增量模式调整机器人步进速度

3.2.3 任务操作——使用增量模式调整步进速度

1. 任务引入

当增量模式选择“无”时，工业机器人运行速度与手动操纵杆的幅度成正比；选择增量的大小后，运行速度是稳定的，所以可以通过调整增量大小来控制机器人的步进速度。

2. 任务要求

通过设置增量模式下增量的大小，调整工业机器人步进速度。

3. 任务实操

序号	操作步骤	示意图
1	按照图示，点击示教器界面右下角的手动运行快捷设置菜单按钮	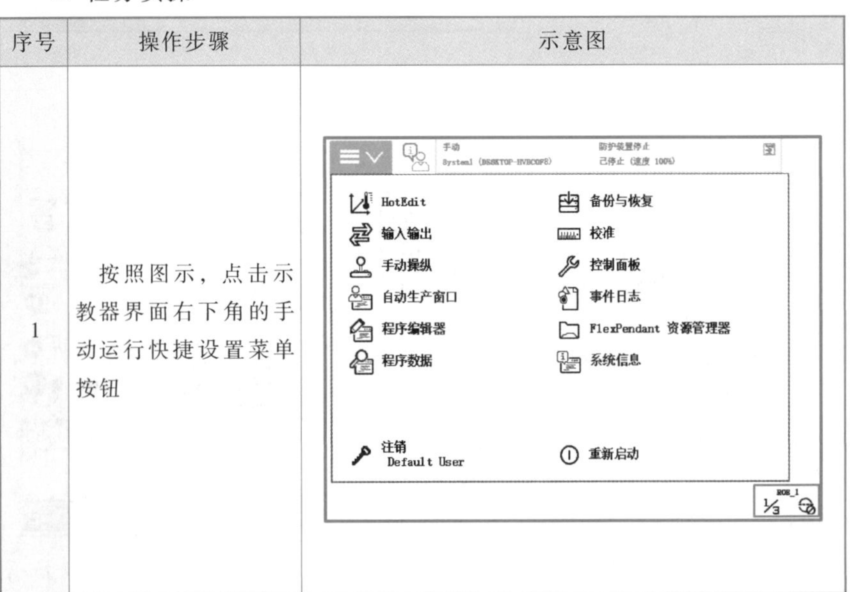

续表

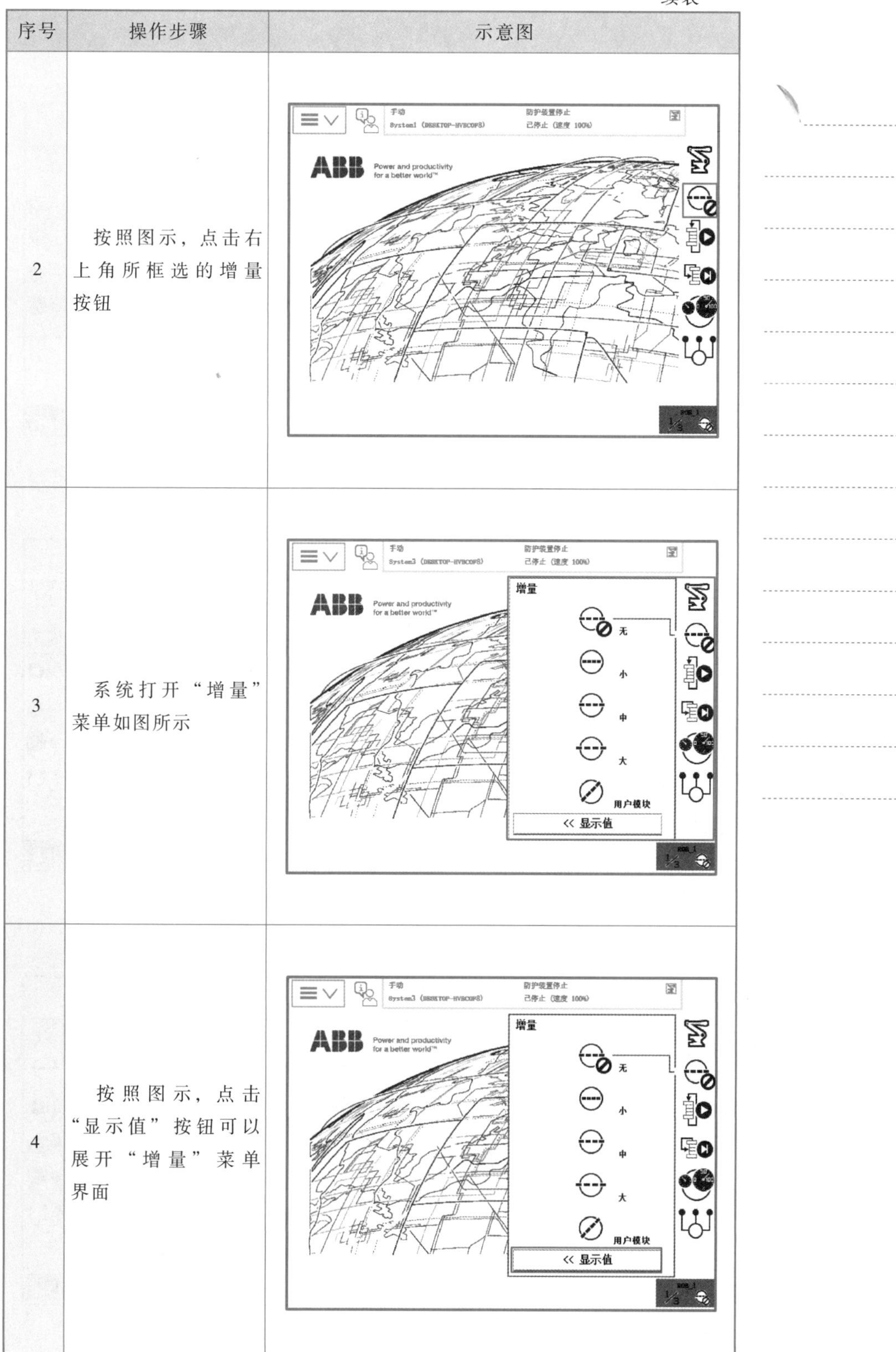

序号	操作步骤	示意图
2	按照图示，点击右上角所框选的增量按钮	
3	系统打开“增量”菜单如图所示	
4	按照图示，点击“显示值”按钮可以展开“增量”菜单界面	

续表

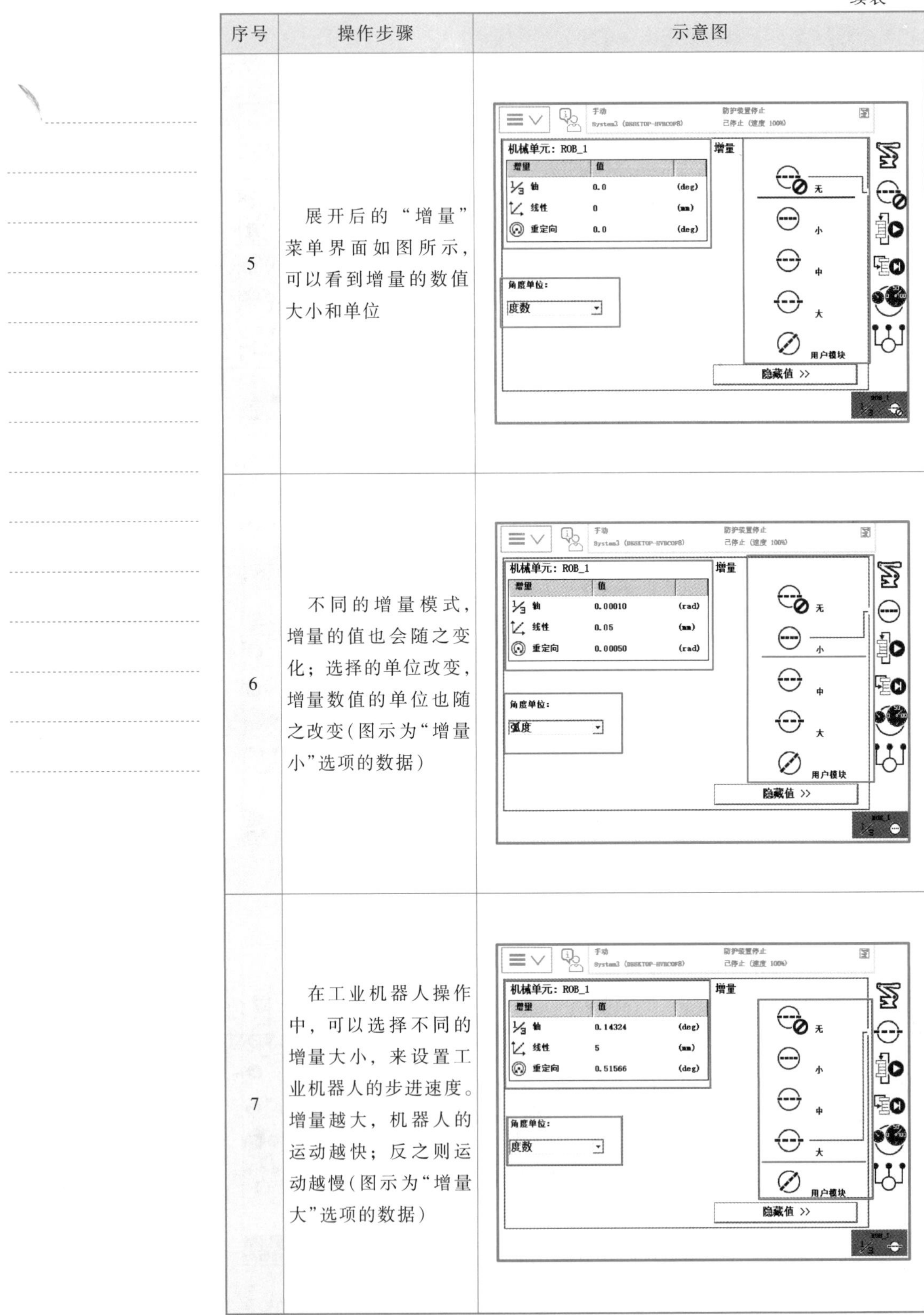

序号	操作步骤	示意图
5	展开后的“增量”菜单界面如图所示，可以看到增量的数值大小和单位	
6	不同的增量模式，增量的值也会随之变化；选择的单位改变，增量数值的单位也随之改变(图示为“增量小”选项的数据)	
7	在工业机器人操作中，可以选择不同的增量大小，来设置工业机器人的步进速度。增量越大，机器人的运动越快；反之则运动越慢(图示为“增量大”选项的数据)	

3.2.4　工业机器人手动运行快捷按钮

与手动运行的快捷设置菜单相类似，机器人生产厂商通常会将一些非常常用的功能集成到某些按钮上。手动运行快捷按钮(图 3-3)集成了机器人手动运行状态下，十分常用的 4 个参数修改设置功能。下面介绍这 4 个按钮的具体功能。

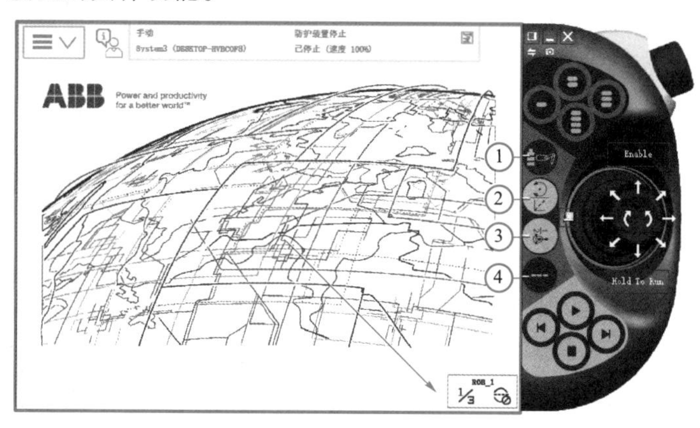

图 3-3　手动运行快捷按钮

① 选择机械单元按钮：按一次该按钮将更改到下一机械单元，是循环的步骤。

② 线性/重定位运动快捷切换按钮：按压此按钮可以实现线性运动与重定位运动之间的快捷切换(具体操作见 3.4.5)。

③ 单轴运动轴 1-3/轴 4-6 快捷切换按钮：按压此按钮可以实现轴 1-3 与轴 4-6 之间的快捷切换(具体操作见 3.3.3)。

④ 增量开/关快捷切换按钮：按压此按钮可以实现增量模式的开/关快捷切换(具体操作见 3.2.5)。

3.2.5　任务操作——增量模式的开/关快捷切换

1. 任务要求

使用快捷键，实现增量模式与默认模式间的切换。

2. 任务实操

序号	操作步骤	示意图
1	在示教器显示屏幕一侧的手动运行快捷按钮中找到增量开/关快捷切换按钮，如图所示	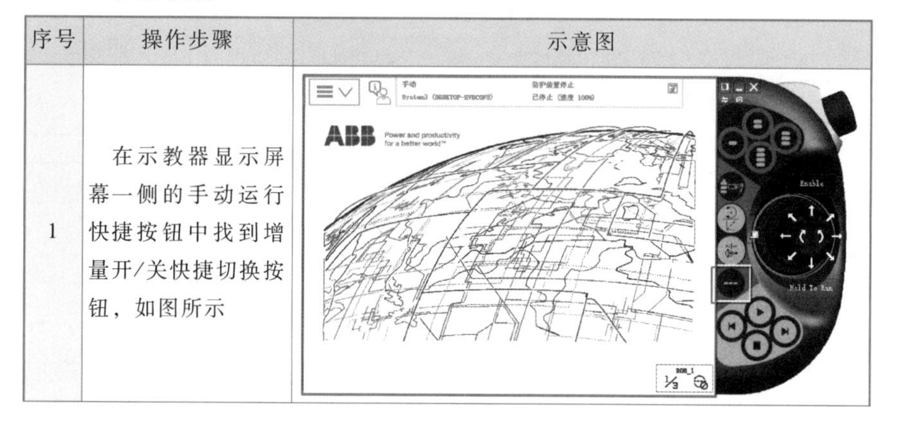

续表

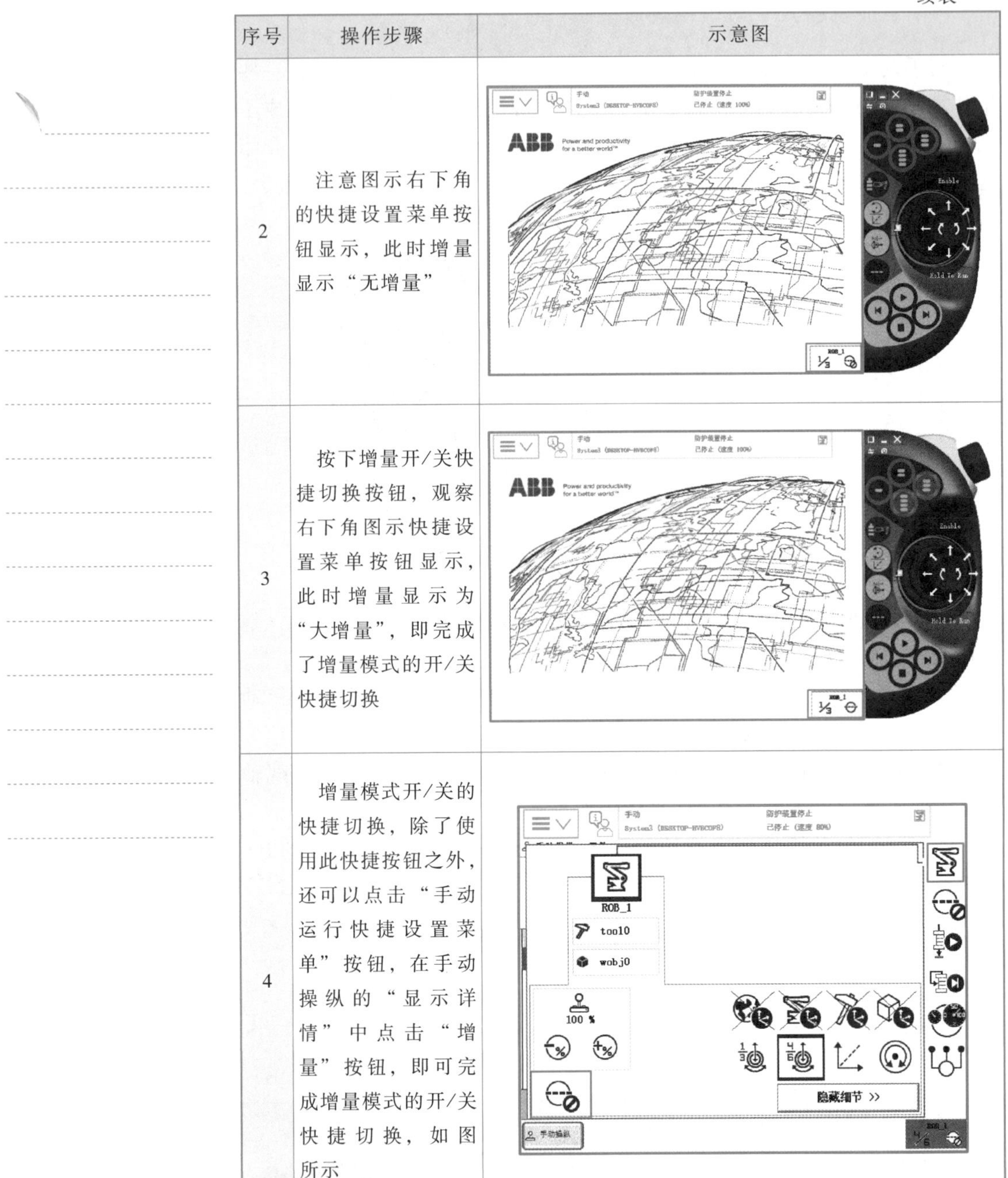

序号	操作步骤	示意图
2	注意图示右下角的快捷设置菜单按钮显示，此时增量显示“无增量”	
3	按下增量开/关快捷切换按钮，观察右下角图示快捷设置菜单按钮显示，此时增量显示为“大增量”，即完成了增量模式的开/关快捷切换	
4	增量模式开/关的快捷切换，除了使用此快捷按钮之外，还可以点击“手动运行快捷设置菜单”按钮，在手动操纵的“显示详情”中点击“增量”按钮，即可完成增量模式的开/关快捷切换，如图所示	

思考题

一、判断题

1. 手动操纵按钮可以对机器人、坐标系、增量的大小、杆速率以

及运动方式进行修改和设置。 ( )

2. 操纵杆的速率是稳定的，不能进行调节。 ( )

二、简答题

工业机器人手动运行的快捷设置菜单按钮有什么作用？

任务 3.3 工业机器人的单轴运动

3.3.1 六轴工业机器人的关节轴

机器人本体分为六个关节轴，如图 3-4 所示。机器人通过六个伺服电动机分别驱动机器人的六个关节轴，每根轴是可以单独运动的，且每根轴都有一规定的运动正方向。机器人各个关节轴运动方向示意，如图 3-5 所示。工业机器人在出厂时，对各关节轴的机械零点进行了设定，对应着机器人本体上六个关节轴同步标记，该零点作为各关节轴运动的基准。机器人的关节坐标系是各关节独立运动时的参考坐标系，以各关节轴的机械零点和规定的运动方向为基准。

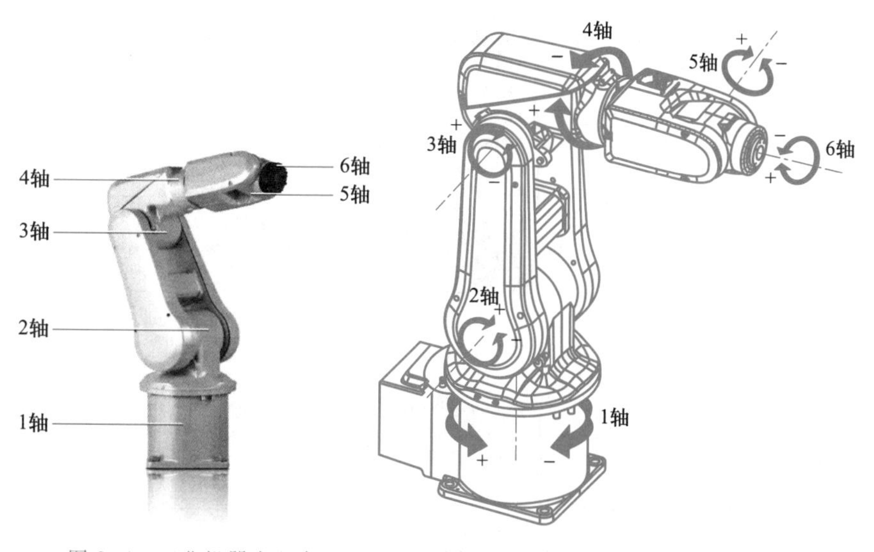

图 3-4 工业机器人六个关节轴示意图

图 3-5 关节轴的运动方向示意图

3.3.2 任务操作——手动操纵工业机器人单轴运动

1. 任务要求

使用手动操纵杆，操作机器人进行单轴运动。

2. 任务实操

PPT

单轴运动的手动操纵

视频

手动操纵工业机器人单轴运动

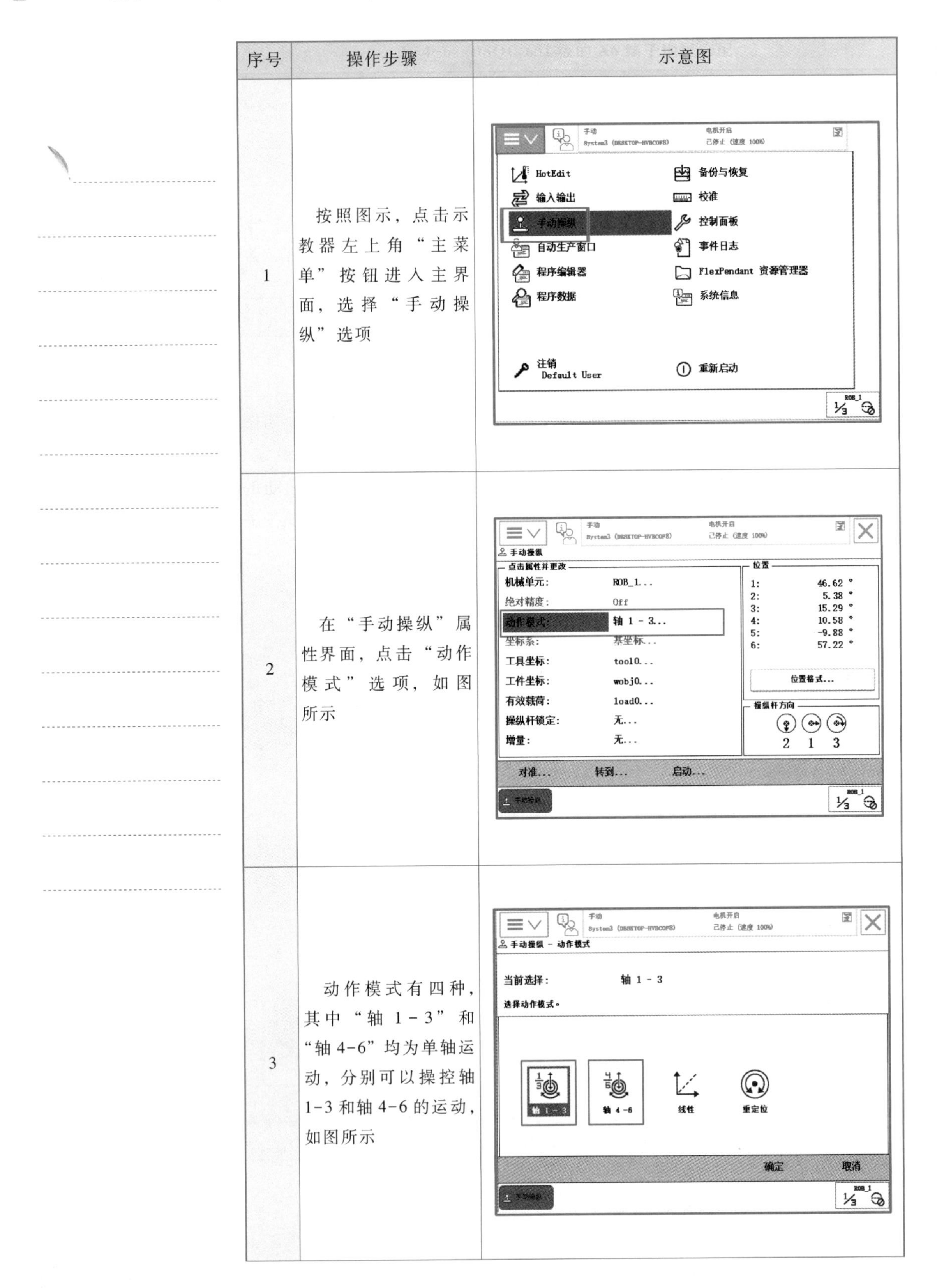

序号	操作步骤	示意图
1	按照图示，点击示教器左上角“主菜单”按钮进入主界面，选择“手动操纵”选项	
2	在“手动操纵”属性界面，点击“动作模式”选项，如图所示	
3	动作模式有四种，其中“轴 1－3”和“轴 4-6”均为单轴运动，分别可以操控轴 1-3 和轴 4-6 的运动，如图所示	

续表

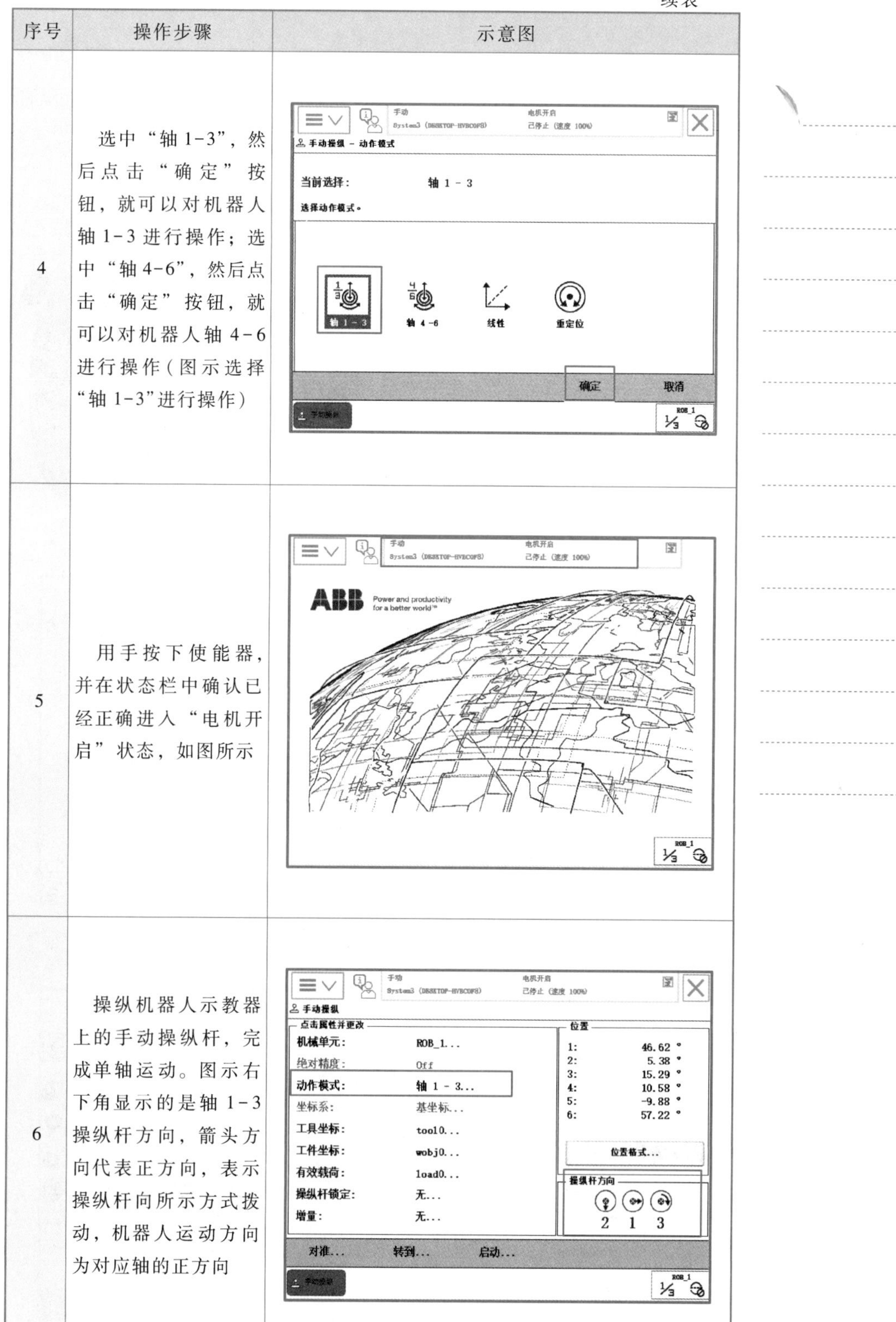

序号	操作步骤	示意图
4	选中“轴 1-3”，然后点击“确定”按钮，就可以对机器人轴 1-3 进行操作；选中“轴 4-6”，然后点击“确定”按钮，就可以对机器人轴 4-6 进行操作（图示选择“轴 1-3”进行操作）	
5	用手按下使能器，并在状态栏中确认已经正确进入“电机开启”状态，如图所示	
6	操纵机器人示教器上的手动操纵杆，完成单轴运动。图示右下角显示的是轴 1-3 操纵杆方向，箭头方向代表正方向，表示操纵杆向所示方式拨动，机器人运动方向为对应轴的正方向	

视频

单轴运动轴1-3与轴4-6的快捷切换

3.3.3 任务操作——单轴运动轴1-3与轴4-6的快捷切换

1. 任务要求

使用手动运行快捷按钮，完成单轴运动轴1-3与轴4-6的快捷切换。

2. 任务实操

序号	操作步骤	示意图
1	在示教器主界面侧边的手动运行快捷按钮中找到单轴运动轴1-3/轴4-6快捷切换按钮，此时右下角“手动运行快捷设置菜单”显示为“轴1-3”，如图所示	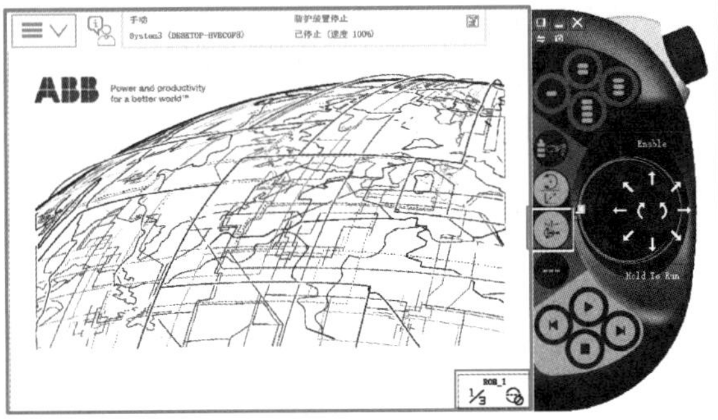
2	按压单轴运动轴1-3/轴4-6快捷切换按钮，完成单轴运动的切换。此时右下角显示的“1/3”变换为“4/6”，完成单轴运动“轴1-3”到“轴4-6”的快捷切换，如图所示。再次按压此快捷键，则切换到“轴1-3”	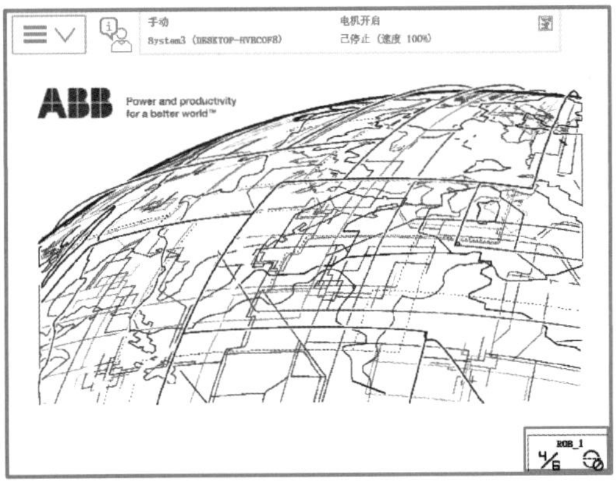
3	“轴1-3”与“轴4-6”动作模式之间的切换，除了使用此快捷按钮之外，还可以点击“手动运行快捷设置菜单”按钮，在手动操纵的“显示详情”中进行选择，完成轴1-3”与“轴4-6”动作模式之间的切换，如图所示	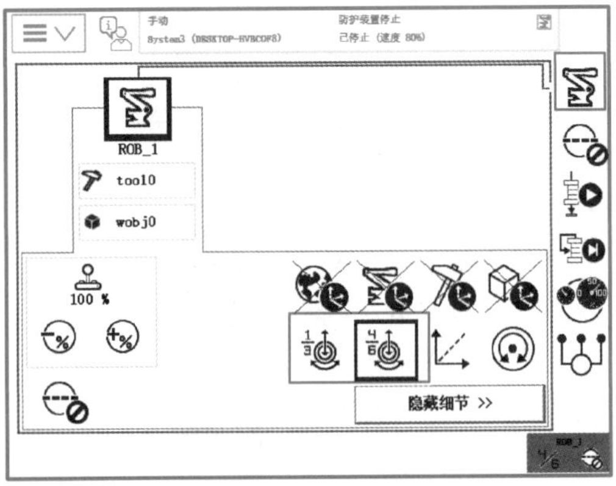

思考题

一、 判断题

1. 工业机器人由六个关节轴组成，每个关节轴都能独立运动。

(　　)

2. 手动操纵机器人单轴运动时，有对应的按钮对各关节轴进行操纵。

(　　)

二、 简答题

不同关节轴之间的运动如何实现快速切换？

PPT 坐标系的定义及机器人坐标系的分类

任务 3.4　工业机器人的线性运动和重定位运动

3.4.1　工业机器人使用的坐标系

坐标系是从一个被称为原点的固定点通过轴定义的平面或空间。机器人目标和位置是通过沿坐标系轴的测量来定位。在机器人系统中可使用若干坐标系，每一坐标系都适用于特定类型的控制或编程。机器人系统常用的坐标系有大地坐标系、基坐标系、工具坐标系和工件坐标系，它们均属于笛卡尔坐标系。

1. 大地坐标系

大地坐标系在机器人的固定位置有其相应的零点，是机器人出厂默认的，一般情况下，位于机器人底座上。大地坐标系有助于处理多个机器人或由外轴移动的机器人。

2. 基坐标系

基坐标系一般位于机器人基座，是便于机器人本体从一个位置移动到另一个位置的坐标系(常应用于机器人扩展轴)。在默认情况下，大地坐标系与基坐标系是一致的，如图 3-6 所示。一般地，当操作人员正向面对机器人并在基坐标系下进行线性运动时，操纵杆向前和向后使机器人沿 X 轴移动；操纵杆向两侧使机器人沿 Y 轴移动；旋转操纵杆使机器人沿 Z 轴移动。

3. 工具坐标系

工具坐标系(Tool Center Point Frame,缩写为 TCPF)将机器人第六轴法兰盘上携带工具的参照中心点设为坐标系原点，创建一个坐标系，该参照点称为 TCP(Tool Center Point)，即工具中心点。TCP 与机器人所携带的工具有关，机器人出厂时末端未携带工具，此时机器人默认的 TCP 为第六轴法兰盘中心点。

工具坐标系的方向也与机器人所携带的工具有关，一般定义为，坐标系的 X 轴与工具的工作方向一致。

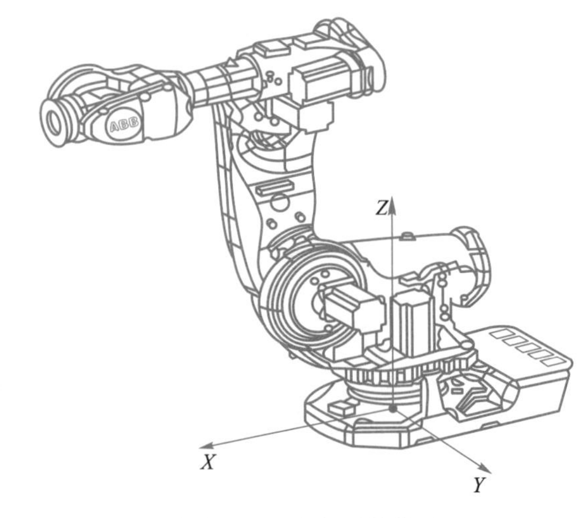

图 3-6 基坐标系的位置

机器人出厂时末端未携带工具，机器人出厂默认的工具坐标系如图3-7 所示。新工具坐标系(图 3-8)的位置是默认工具坐标系的偏移值。

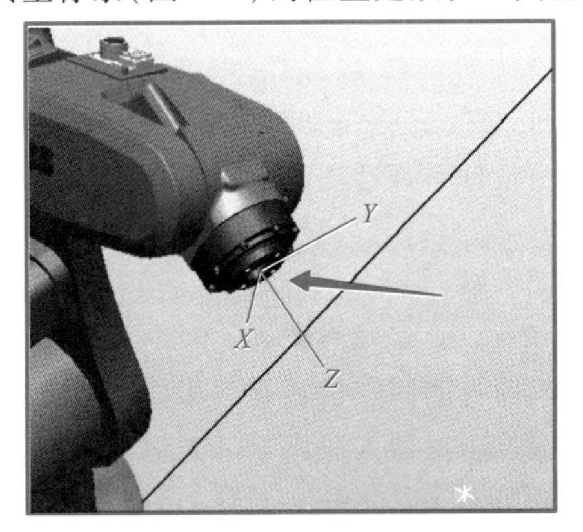

图 3-7 默认工具坐标系

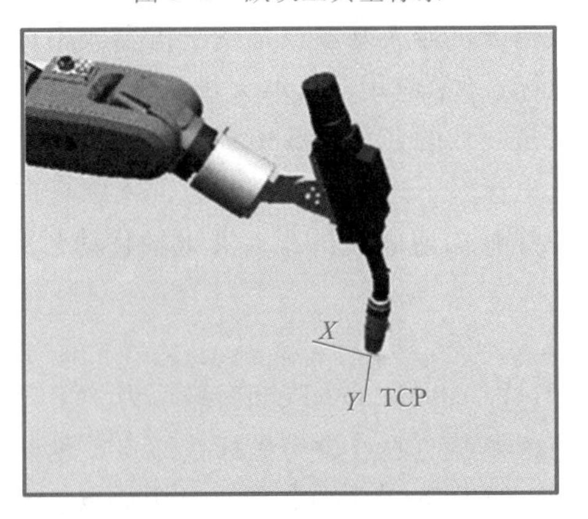

图 3-8 新工具坐标系

3.4.2 线性运动与重定位运动

机器人的线性运动是指 TCP 在空间中沿坐标轴做线性运动。当需

要 TCP 在直线上移动时，选择线性运动是最为快捷方便的。

机器人的重定位运动是指 TCP 点在空间中绕着坐标轴旋转的运动，也可以理解为机器人绕着工具 TCP 点做姿态调整的运动。所以机器人在某一平面上进行机器人的姿态调整时，选择重定位运动是最为方便快捷的。

PPT

线性运动的手动操纵

3.4.3　任务操作——手动操纵工业机器人线性运动

视频

手动操纵工业机器人线性运动

1. 任务引入

在手动操纵机器人进行线性运动过程中，可以根据需求选择不同工具对应的坐标系。在默认情况下，坐标系选择基坐标系作为 TCP 移动方向的基准，在机器人末端没有工具（没有新建工具坐标系）的情况下，工具坐标默认为机器人出厂默认的工具坐标系“tool0”。

2. 任务要求

操作手动操纵杆，操作工业机器人进行线性运动。

3. 任务实操

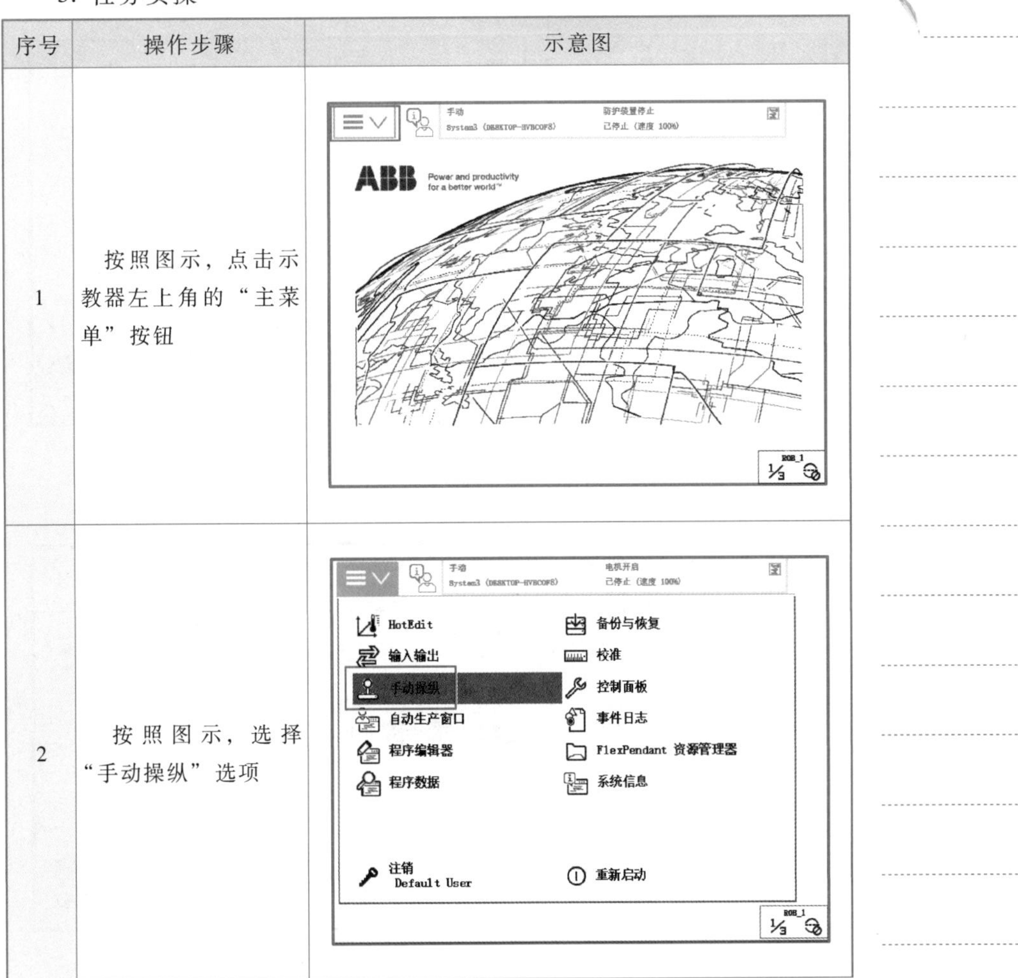

序号	操作步骤	示意图
1	按照图示，点击示教器左上角的“主菜单”按钮	
2	按照图示，选择“手动操纵”选项	

续表

序号	操作步骤	示意图
3	按照图示，点击“动作模式”选项	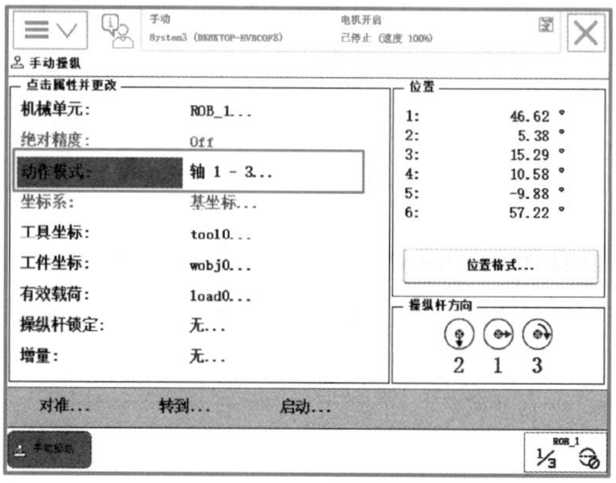
4	在图示动作模式中选择“线性”，然后点击“确定”按钮	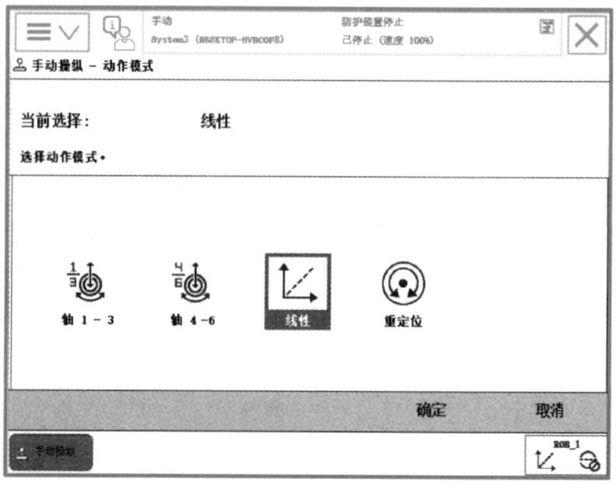
5	机器人的线性运动首先在“坐标系”中选择坐标系，再在“工具坐标”中指定对应的工具的坐标（没有安装工具时，使用系统默认的“tool0”），点击“工具坐标”选项，如图所示	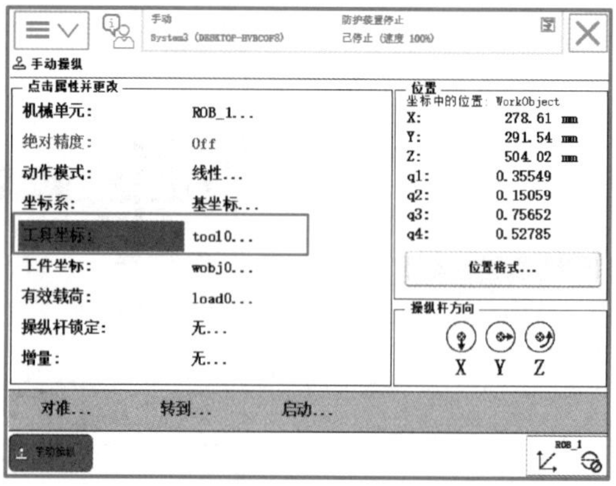

续表

序号	操作步骤	示意图
6	如果机器人末端装有工具，需选中对应的工具。本任务中按照图示，选择工具“tool1”（工具坐标系新建方法见 3.4.9），点击“确定”按钮	
7	用手按下使能器，并在状态栏中确认已正确进入“电机开启”状态，如图所示；手动操纵机器人控制手动操纵杆，完成所选坐标系轴 *X*、*Y*、*Z* 方向上的线性运动	

3.4.4　任务操作——手动操纵工业机器人重定位运动

1. 任务引入

在手动操纵机器人进行重定位运动过程中，可以根据需求选择不同工具对应的坐标系。在没有选择更改坐标系的情况下，系统默认为工具坐标系。在机器人末端没有工具（没有新建工具坐标系）的情况下，工具坐标默认为机器人出厂默认的工具坐标系“tool0”。

2. 任务要求

操作手动操纵杆，操作工业机器人进行重定位运动。

3. 任务实操

PPT 

重定位运动的手动操纵

视频

手动操纵工业机器人重定位运动

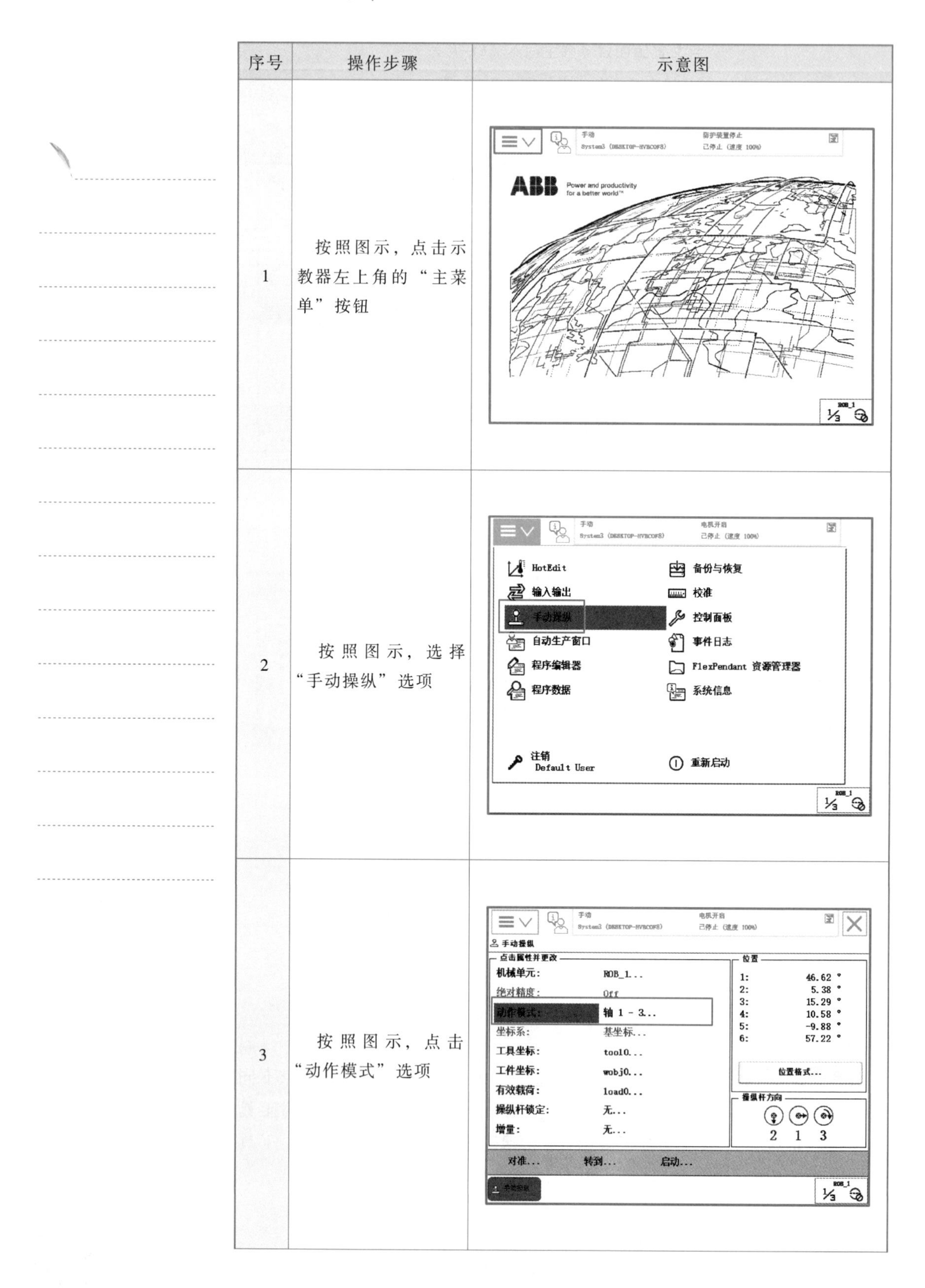

序号	操作步骤	示意图
1	按照图示，点击示教器左上角的“主菜单”按钮	
2	按照图示，选择“手动操纵”选项	
3	按照图示，点击“动作模式”选项	

续表

序号	操作步骤	示意图
4	按照图示，在“手动操纵－动作模式”界面中选择“重定位”，然后点击“确定”按钮	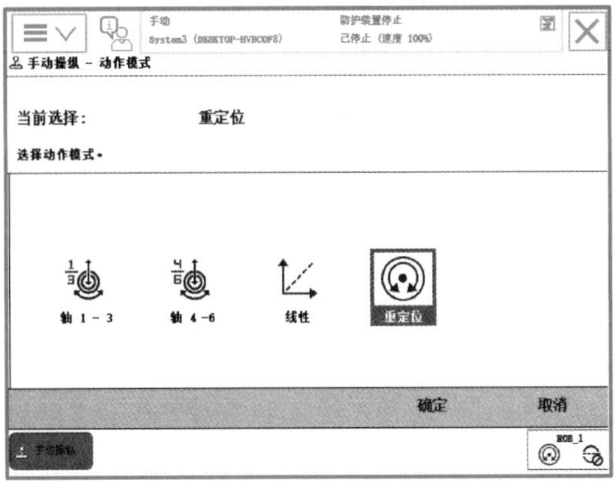
5	机器人的重定位运动，首先在“坐标系”中选择所需坐标系，再在“工具坐标”中指定对应的工具，如图所示	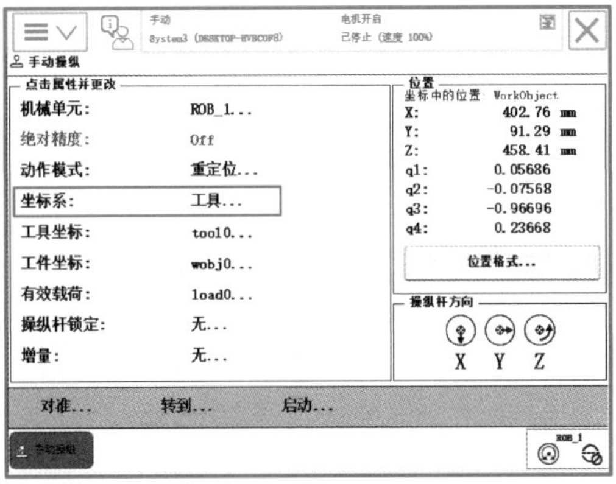
6	如果机器人末端装有工具，需选中对应的工具。本任务中选择工具“tool1”（没有安装工具时，使用系统默认的“tool0”），点击“确定”按钮，如图所示	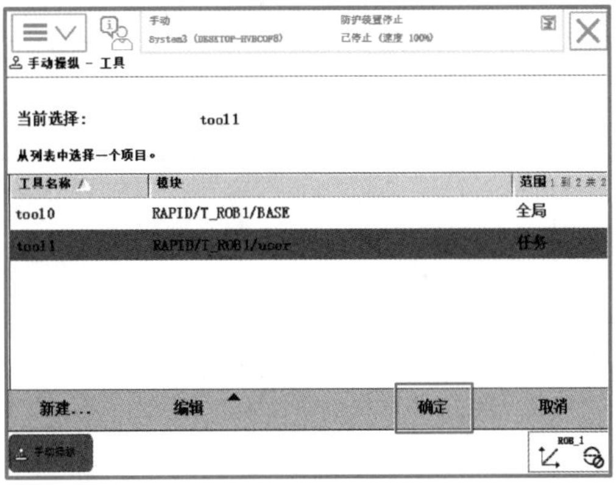

续表

序号	操作步骤	示意图
7	用手按下使能器，并在状态栏中确认已正确进入“电机开启”状态，如图所示，手动操纵机器人控制手动操纵杆，完成所选坐标系轴 X、Y、Z 方向上的重定位运动	手动 电机开启 System3 (DESKTOP-HVBCOF8) 已停止（速度 100%） 手动操纵 点击属性并更改 机械单元: ROB_1... 绝对精度: Off 动作模式: 重定位... 坐标系: 工具... 工具坐标: tool0... 工件坐标: wobj0... 有效载荷: load0... 操纵杆锁定: 无... 增量: 无... 位置 坐标中的位置: WorkObject X: 402.76 mm Y: 91.29 mm Z: 458.41 mm q1: 0.05686 q2: -0.07568 q3: -0.96696 q4: 0.23668 位置格式... 操纵杆方向 X Y Z 对准... 转到... 启动... ROB_1

3.4.5 任务操作——线性运动与重定位运动的快捷切换

1. 任务要求

使用手动运行快捷按钮，实现线性运动与重定位运动的快捷切换。

2. 任务实操

序号	操作步骤	示意图
1	按照图示，在示教器显示屏幕一侧的手动运行快捷按钮中，找到线性/重定位运动快捷切换按钮	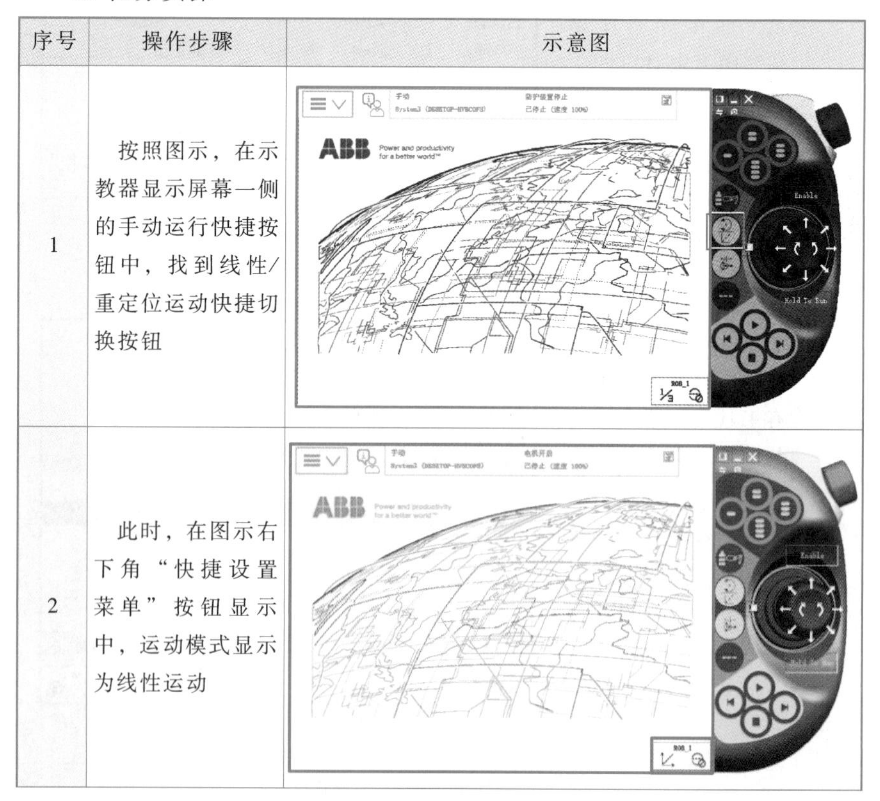
2	此时，在图示右下角“快捷设置菜单”按钮显示中，运动模式显示为线性运动	

续表

序号	操作步骤	示意图
3	按下线性/重定位运动快捷切换按钮，观察右下角“快捷设置菜单”按钮显示，此时运动模式显示为重定位运动，即完成了线性/重定位运动的快捷切换，如图所示	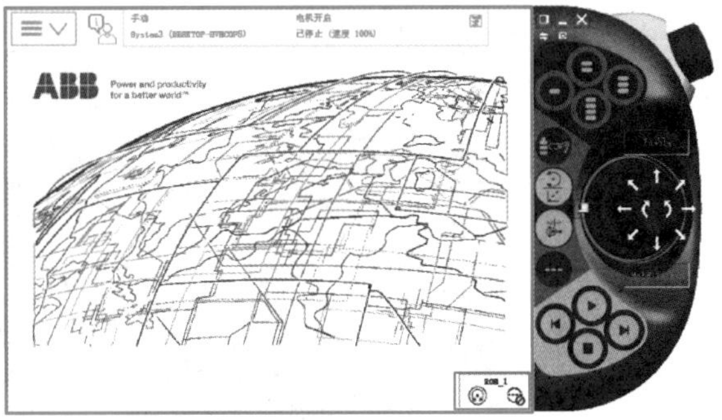
4	线性运动/重定位运动的快捷切换，除了使用此快捷按钮之外，还可以点击“手动运行快捷设置菜单”按钮，在手动操纵的“显示详情”中点击相应运动模式的按钮，即可完成线性/重定位运动的快捷切换，如图所示	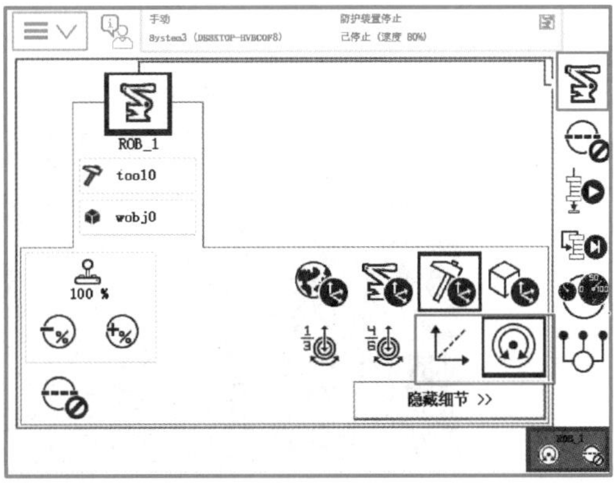

3.4.6 工业机器人紧急停止后的恢复方法

在机器人的手动操纵过程中，操作者因为操作不熟练引起碰撞或者发生其他突发状况时，会选择按下紧急停止按钮，启动机器人安全保护机制，停止机器人。在紧急停止机器人后，机器人停止的位置可能会处于空旷区域，也有可能被堵在障碍物之间。如果机器人处于空旷区域，可以选择手动操纵机器人运动到安全位置。如果机器人被堵在障碍物之间，在障碍物容易移动的情况下，可以直接移开周围的障碍物，再手动操纵机器人运动至安全位置。如果周围障碍物不易移动，也很难直接通过手动操纵机器人到达安全位置，那么可以选择按“松开抱闸”按钮，手动移动机器人到安全位置。操作方法为：一人先托住机器人(图3-9)，另一人按住“松开抱闸”按钮(图3-10)，电动机抱死状态解除后，托住机器人移动到安全位置后松开“松开抱闸”按钮。然后松开急停按钮，按下上电按钮，机器人系统恢复到正常工作状态。

PPT 机器人的停止机制

⚠ 提示：此操作需要两人协作，在机器人移动到安全位置过程中，需一直按住“松开抱闸”按钮。

在此需要注意的是，在紧急停止按钮按下的状态下，机器人处于急停状态中无法执行动作。在操纵其动作前，需要复位紧急停止按钮。急停复位后，便可手动操纵机器人到达安全位置。

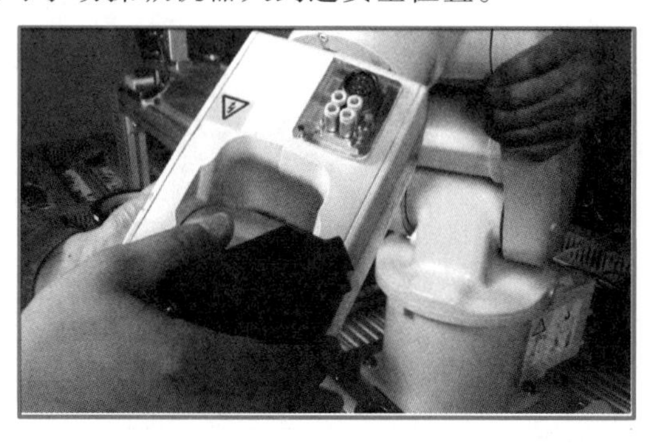

图 3-9 机器人的托扶

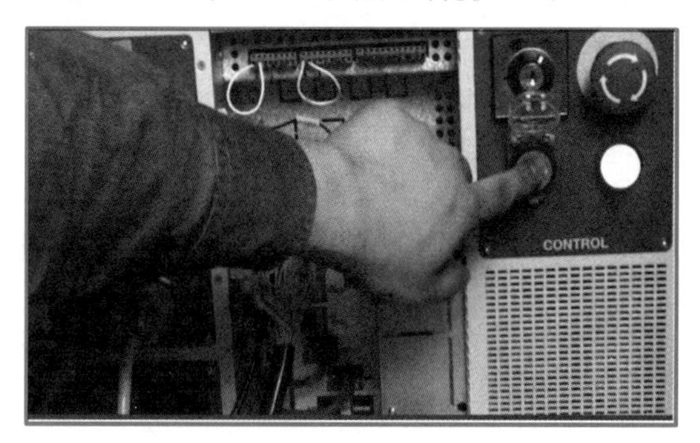

图 3-10 按住“松开抱闸”按钮

3.4.7 工具坐标系的定义方法

为了让机器人以用户所需要的坐标系原点和方向为基准进行运动，用户可以自由定义工具的坐标系。工具坐标系（参考 3.4.1）定义即定义工具坐标系的中心点 TCP 及坐标系各轴方向，其设定方法包括 $N(3\leqslant N\leqslant 9)$点法、TCP 和 Z 法、TCP 和 Z，X 法。

① $N(3\leqslant N\leqslant 9)$点法：机器人工具的 TCP 通过 N 种不同的姿态同参考点接触，得出多组解，通过计算得出当前工具 TCP 与机器人安装法兰中心点（默认 TCP）相对位置，其坐标系方向与默认工具坐标系（tool0）一致。

② TCP 和 Z 法：在 N 点法基础上，增加 Z 点与参考点的连线为坐标系 Z 轴的方向，改变了默认工具坐标系的 Z 方向。

③ TCP 和 Z，X 法：在 N 点法基础上，增加 X 点与参考点的连线为坐标系 X 轴的方向，Z 点与参考点的连线为坐标系 Z 轴的方向，改变了默认工具坐标系的 X 和 Z 方向。

本书所述机器人设定工具坐标系的方法通常采用 TCP 和 Z，X 法（N=4）。其设定方法如下：

① 首先在机器人工作范围内找一个精确的固定点作为参考点。

② 然后在工具上确定一个参考点（此点作为工具坐标系的 TCP，最好是工具的中心点）。

③ 手动操纵机器人，以四种不同的姿态将工具上的参考点尽可能与固定点刚好重合接触。机器人前三个点的姿态相差尽量大些，这样有利于 TCP 精度的提高。为了获得更准确的 TCP，第四点是用工具的参考点垂直于固定点，第五点是工具参考点从固定点向将要设定为 TCP 的 X 方向移动，第六点是工具参考点从固定点向将要设定为 TCP 的 Z 方向移动。

④ 机器人通过这几个位置点的位置数据确定工具坐标系 TCP 的位置和坐标系的方向数据，然后将工具坐标系的这些数据保存在数据类型为 tooldata 的程序数据中，被程序进行调用。

在后文 3.4.9 中详细介绍了使用六点法即 TCP 和 Z，X 法（N=4）进行工具坐标系的设定操作方法。

3.4.8　工具数据

工具数据（tooldata）是机器人系统的一个程序数据类型，用于定义机器人的工具坐标系，出厂默认的工具坐标系数据被存储在命名为"tool0"的工具数据中，编辑工具数据可以对相应的工具坐标系进行修改（具体操作见 3.4.10）。如图 3-11 所示是设定 tooldata 的示教器界面，其中对应的设置参数见表 3-2。使用预定义方法，即 3.4.7 介绍的几种方法设定工具坐标系时，在操纵机器人过程中，系统自动将表中数值填写到示教器中。如果已知工具的测量值，则可以在设定 tooldata 的示教器界面中对应的设置参数下输入这些数值，以设定工具坐标系。

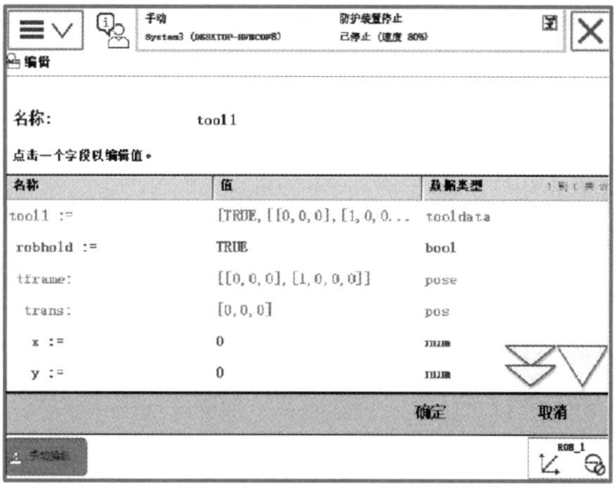

图 3-11　设定 tooldata 的示教器界面

表 3-2 tooldata 参数 tframe 数值表

名称	参数	单位
工具中心点的笛卡尔坐标	tframe. trans. x	mm
	tframe. trans. y	
	tframe. trans. z	
工具的框架定向（必要情况下需要）	tframe. rot. q1	无
	tframe. rot. q2	
	tframe. rot. q3	
	tframe. rot. q4	
工具质量	tload. mass	kg
工具重心坐标（必要情况下需要）	tload. cog. x	mm
	tload. cog. y	
	tload. cog. z	
力矩轴的方向（必要情况下需要）	tload. aom. q1	无
	tload. aom. q2	
	tload. aom. q3	
	tload. aom. q4	
工具的转动惯量（必要情况下需要）	tload. ix	kgm^2
	tload. iy	
	tload. iz	

3.4.9 任务操作——建立工具坐标系并测试准确性

1. 任务引入

工具坐标系的设定

在工业机器人的编程中，可以根据需求选择不同工具对应的坐标系。在没有选择更改坐标系的情况下，系统默认为工具坐标系。在机器人末端没有工具（没有新建工具坐标系）的情况下，工具坐标默认为机器人出厂初始的工具坐标系“tool0”。在本任务操作中，介绍工具坐标系的新建和 TCP 和 Z，X 法（$N=4$）的标定，并检测新工具坐标系的准确性。

2. 任务要求

操作手动操纵杆，选择合适的运动方式，完成六点法设定工具坐标系以及准确性的测试。

3. 任务实操

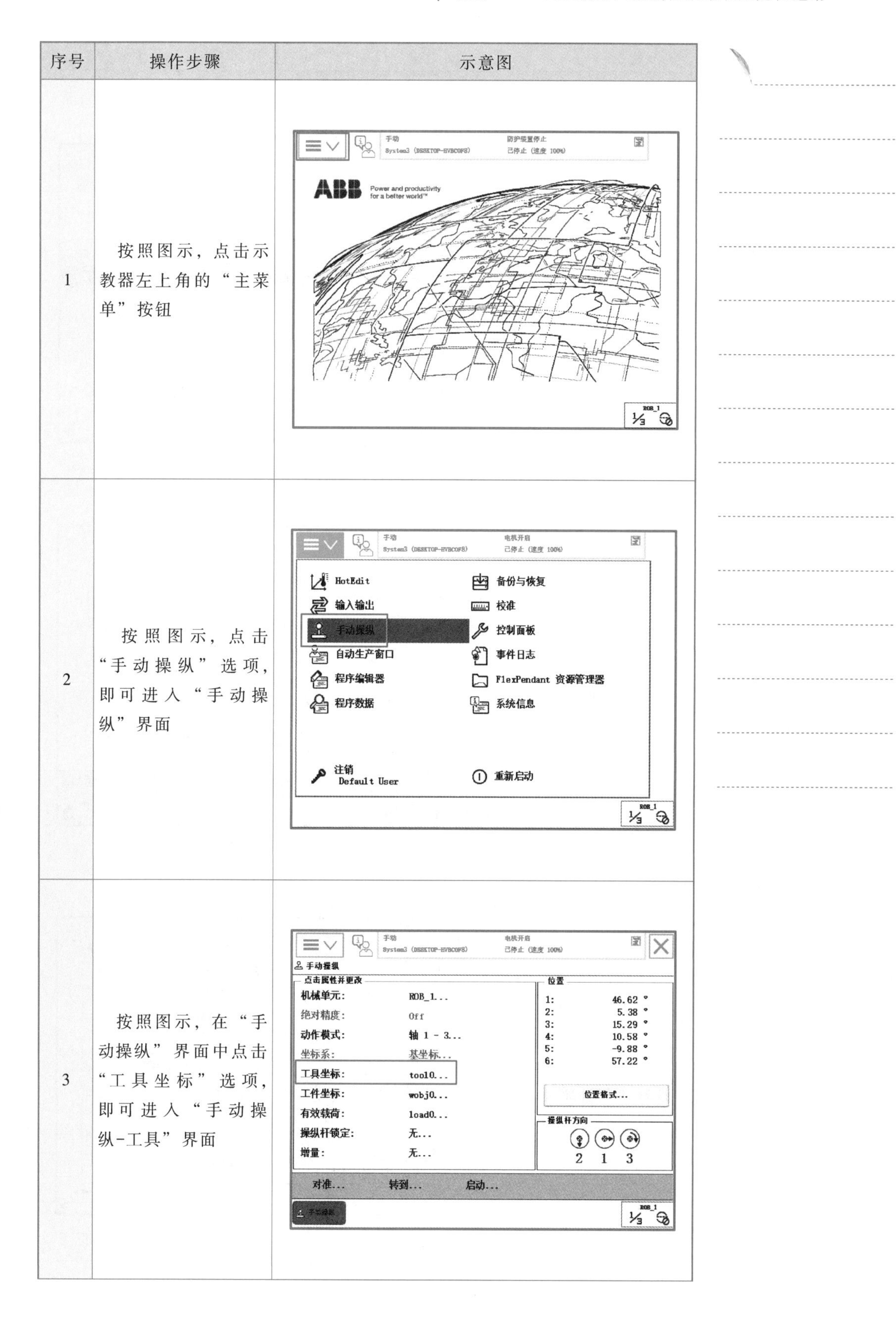

序号	操作步骤	示意图
1	按照图示，点击示教器左上角的“主菜单”按钮	
2	按照图示，点击“手动操纵”选项，即可进入“手动操纵”界面	
3	按照图示，在“手动操纵”界面中点击“工具坐标”选项，即可进入“手动操纵-工具”界面	

续表

序号	操作步骤	示意图
4	按照图示点击“新建...”按钮，即可进入“新数据声明”界面，新建工具坐标系	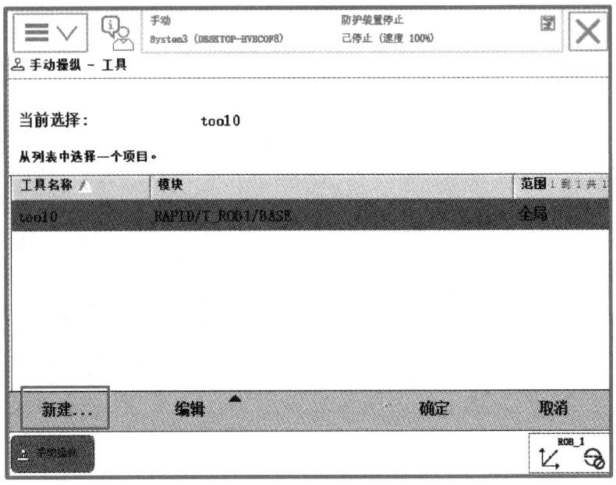 手动 System3 (DESKTOP-HVBCOF8) 防护装置停止 已停止（速度 100%） 手动操纵 - 工具 当前选择： tool0 从列表中选择一个项目。 工具名称 模块 范围 tool0 RAPID/T_ROB1/BASE 全局 新建... 编辑 确定 取消 手动操纵 ROB_1
5	如图所示，在“新数据声明”界面中，如需更改名称，点击后面的“...”按钮，系统会弹出键盘，用户可自行定义名称，然后根据需求对工具数据属性进行设定（一般为默认，无须更改），最后点击右下角的“确定”按钮即可建立工具坐标系	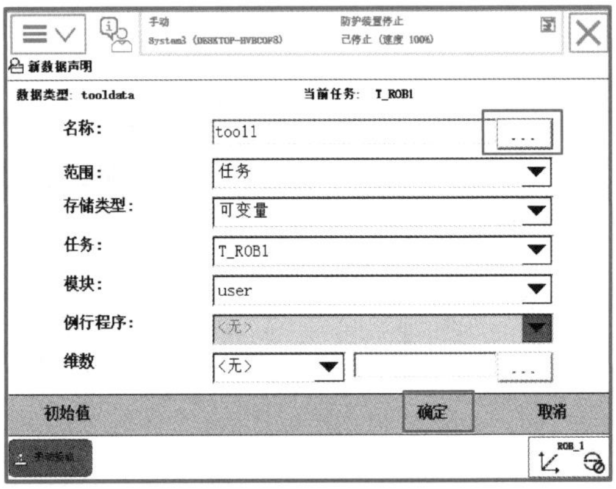 手动 System3 (DESKTOP-HVBCOF8) 防护装置停止 已停止（速度 100%） 新数据声明 数据类型：tooldata 当前任务： T_ROB1 名称： tool1 ... 范围： 任务 存储类型： 可变量 任务： T_ROB1 模块： user 例行程序： <无> 维数 <无> ... 初始值 确定 取消 手动操纵 ROB_1
6	新建工具坐标系，还可以点击“主菜单”按钮。在主界面点击“程序数据”选项，即可进入“程序数据-已用数据类型”界面	 手动 System3 (DESKTOP-HVBCOF8) 防护装置停止 已停止（速度 80%） HotEdit 备份与恢复 输入输出 校准 手动操纵 控制面板 自动生产窗口 事件日志 程序编辑器 FlexPendant 资源管理器 程序数据 系统信息 注销 Default User 重新启动 ROB_1

续表

序号	操作步骤	示意图
7	选择“tooldata”，点击“显示数据”按钮，系统进入“数据类型：tooldata”界面	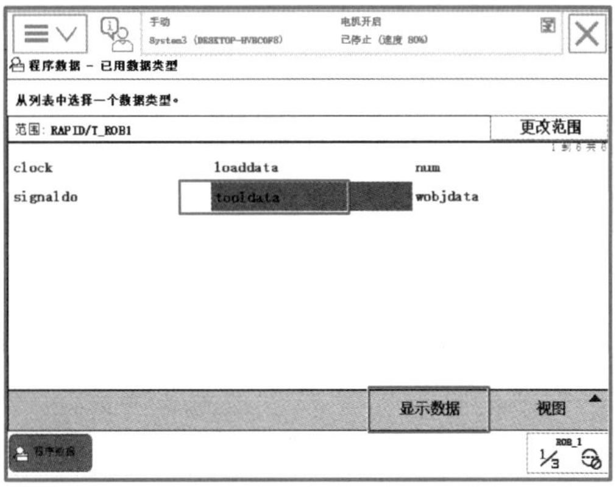
8	点击图示“新建…”按钮，系统弹出“新数据声明”界面，如需更改名称，点击后面的“…”按钮，系统会弹出键盘，可自行定义名称，然后对工具数据属性进行设定，最后点击“确定”按钮建立工具坐标系	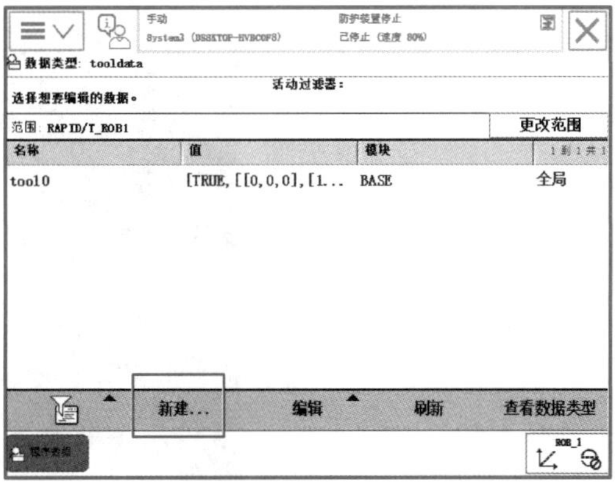
9	选中新建的“tool1”，点击“编辑”菜单，然后点击“定义…”命令，进入下一步，如图所示	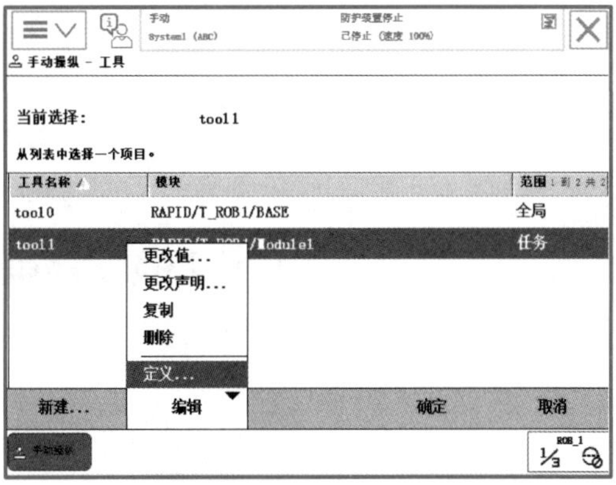

续表

序号	操作步骤	示意图
10	按照图示，在定义方法中选择“TCP 和 *Z*，*X*”6点法来设定TCP，其中“TCP（默认方向）”即为4点法设定TCP，“TCP 和 *Z*”即为5点法设定TCP	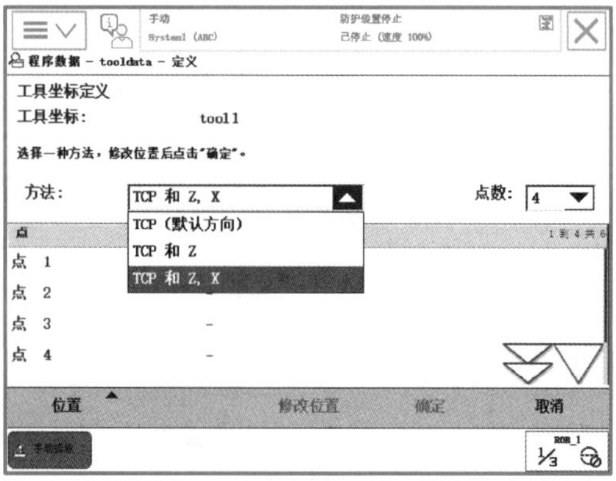 手动 System1 (ABC) 防护装置停止 已停止（速度 100%） 程序数据 - tooldata - 定义 工具坐标定义 工具坐标： tool1 选择一种方法，修改位置后点击“确定”。 方法： TCP 和 Z, X 点数： 4 TCP（默认方向） TCP 和 Z TCP 和 Z, X 点 1 到 4 共 6 点 1 点 2 点 3 - 点 4 - 位置 修改位置 确定 取消 ROB_1 1/3
11	按下示教器使能器，操控机器人以任意姿态使工具参考点（即笔尖）靠近并接触放置于3D轨迹板上的TCP参考点（即尖锥尖端），然后把当前位置作为第1点，如图所示	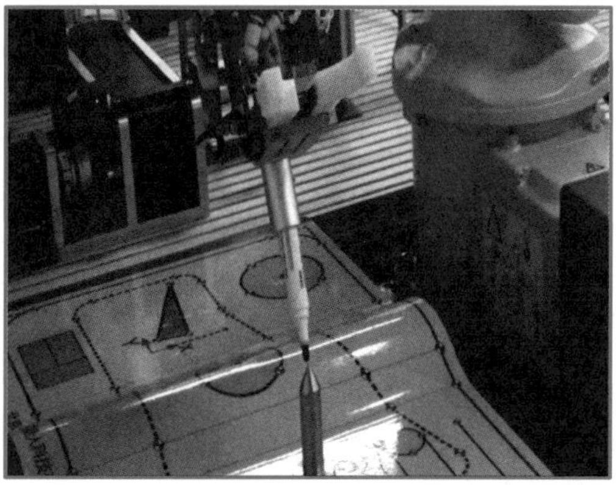
12	按照图示在示教器操作界面，选中“点1”，然后点击“修改位置”按钮保存当前位置	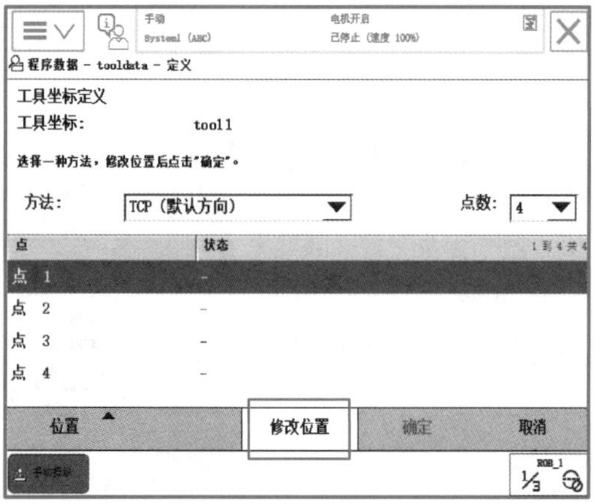 手动 System1 (ABC) 电机开启 已停止（速度 100%） 程序数据 - tooldata - 定义 工具坐标定义 工具坐标： tool1 选择一种方法，修改位置后点击“确定”。 方法： TCP（默认方向） 点数： 4 点 状态 1 到 4 共 4 点 1 - 点 2 - 点 3 - 点 4 - 位置 修改位置 确定 取消 ROB_1 1/3

续表

序号	操作步骤	示意图
13	操控机器人变换另一种姿态使工具参考点(即笔尖)靠近并接触放置于 3D 轨迹板上的 TCP 参考点(即尖锥尖端)，把当前位置作为第 2 点，如图所示。注意：机器人姿态变化越大，则越有利于 TCP 点的标定	
14	按照图示在示教器界面，选中“点 2”，然后点击“修改位置”按钮保存当前位置	
15	操控机器人再变换一种姿态，使工具参考点(即笔尖)靠近并接触上放置于 3D 轨迹板上的 TCP 参考点(即尖锥尖端)，如图所示，把当前位置作为第 3 点(注意:机器人姿态变化越大,则越有利于 TCP 点的标定)。点击“修改位置”按钮，保存当前位置，如图所示	

续表

序号	操作步骤	示意图
16	操控机器人使工具的参考点接触上并垂直于固定参考点，如图所示，把当前位置作为第 4 点	
17	按照图示在示教器操作界面选中“点4”，然后点击“修改位置”按钮保存当前位置。注意：前 3 个点姿态为任取，第 4 点最好为垂直姿态，方便第 5 点和第 6 点的获取	
18	以点 4 的姿态和位置为起始点，在线性模式下，操控机器人向前移动一定距离，作为 X 轴的负方向，即 TCP 到固定参考点的方向为 $+X$，如图所示	

续表

序号	操作步骤	示意图
19	按照图示选中“延伸器点 X”，然后点击“修改位置”按钮保存当前位置（使用 4 点法、5 点法设定 TCP 时不用设定此点）	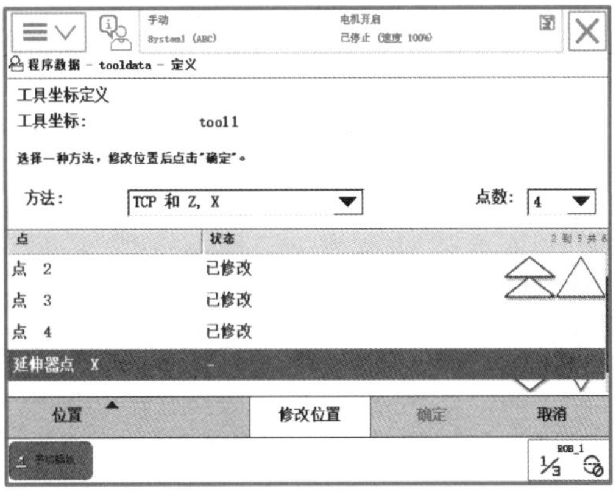 手动 System (ABC) 电机开启 已停止（速度 100%） 程序数据 - tooldata - 定义 工具坐标定义 工具坐标： tool1 选择一种方法，修改位置后点击“确定”。 方法： TCP 和 Z, X 点数： 4 点 状态 2 到 5 共 6 点 2 已修改 点 3 已修改 点 4 已修改 延伸器点 X - 位置 修改位置 确定 取消 ROB_1 1/3
20	以点 4 为固定点，在线性模式下，操控机器人向上移动一定距离，作为 Z 轴负方向，即 TCP 到固定参考点的方向为 $+Z$，如图所示	
21	按照图示选中“延伸器点 Z”，然后点击“修改位置”按钮保存当前位置（使用 4 点法、5 点法设定 TCP 时不用设定此点）	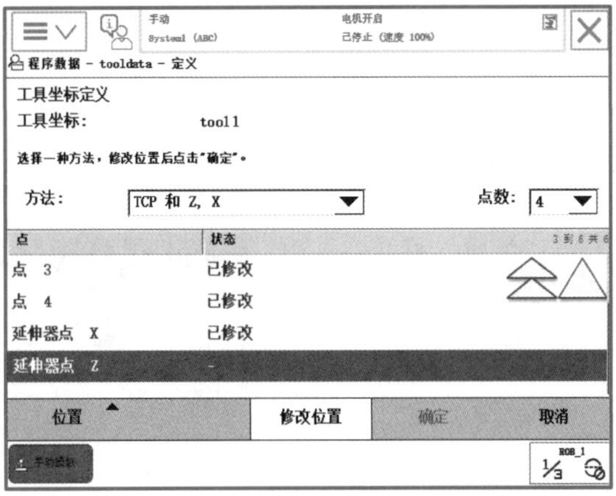 手动 System (ABC) 电机开启 已停止（速度 100%） 程序数据 - tooldata - 定义 工具坐标定义 工具坐标： tool1 选择一种方法，修改位置后点击“确定”。 方法： TCP 和 Z, X 点数： 4 点 状态 3 到 6 共 6 点 3 已修改 点 4 已修改 延伸器点 X 已修改 延伸器点 Z - 位置 修改位置 确定 取消 ROB_1 1/3

续表

序号	操作步骤	示意图
22	按照图示，点击“确定”按钮完成TCP点定义	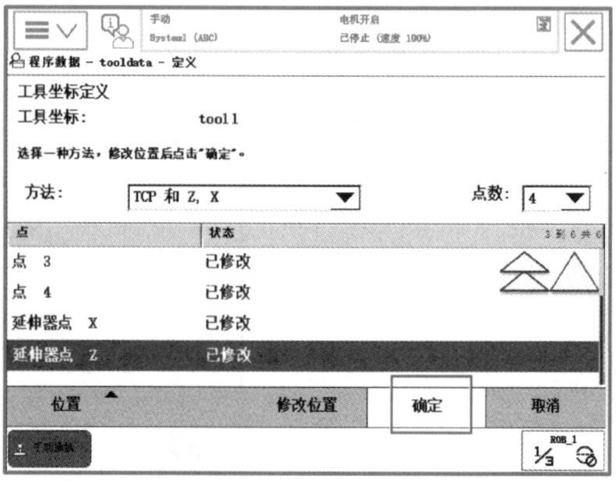 手动 System1 (ABC) 电机开启 已停止（速度 100%） 程序数据 - tooldata - 定义 工具坐标定义 工具坐标： tool1 选择一种方法，修改位置后点击“确定”。 方法： TCP 和 Z, X 点数： 4 点 状态 3 到 6 共 6 点 3 已修改 点 4 已修改 延伸器点 X 已修改 延伸器点 Z 已修改 位置 修改位置 确定 取消
23	机器人自动计算TCP的标定误差，当平均误差(如图所示)在0.5 mm以内时，才可点击“确定”按钮进入下一步，否则需要重新标定TCP	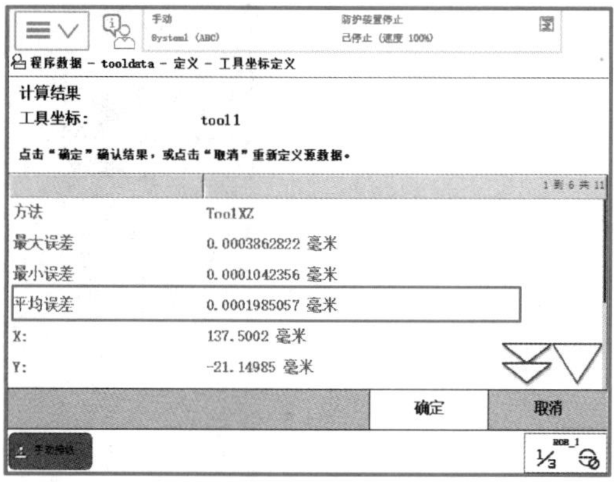 手动 System1 (ABC) 防护装置停止 已停止（速度 100%） 程序数据 - tooldata - 定义 - 工具坐标定义 计算结果 工具坐标： tool1 点击“确定”确认结果，或点击“取消”重新定义源数据。 1 到 6 共 11 方法 ToolXZ 最大误差 0.0003862822 毫米 最小误差 0.0001042356 毫米 平均误差 0.0001985057 毫米 X: 137.5002 毫米 Y: -21.14985 毫米 确定 取消
24	按照图示选中“tool1”，接着点击“编辑”菜单，然后点击“更改值…”命令进入下一步	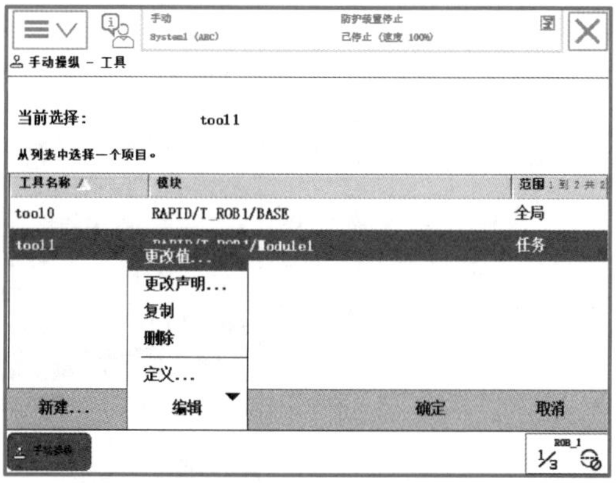 手动 System1 (ABC) 防护装置停止 已停止（速度 100%） 手动操纵 - 工具 当前选择： tool1 从列表中选择一个项目。 工具名称 模块 范围 1 到 2 共 2 tool0 RAPID/T_ROB1/BASE 全局 tool1 RAPID/T_ROB1/Module1 任务 更改值… 更改声明… 复制 删除 定义… 新建… 编辑 确定 取消

续表

序号	操作步骤	示意图
25	点击图示右下角三角形按钮，可进行翻页(单三角翻行,双三角翻页)找到名称“mass”，其含义为对应工具的质量(参考3.4.5)，单位为 kg，本任务中将“mass”的值更改为“0.5”，点击“mass”选项，在弹出的键盘中输入 0.5，点击“确定”按钮	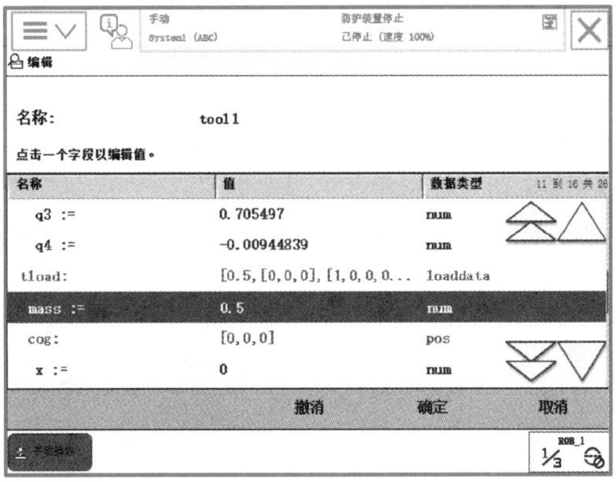
26	tload.cog.x、tload.cog.y、tload.cog.z 数值(参考 3.4.4)是工具重心基于 tool0 的偏移量，单位为 mm。在本任务中(如图所示)，将 z 的值更改为“38”，然后点击“确定”按钮，返回到工具坐标系界面	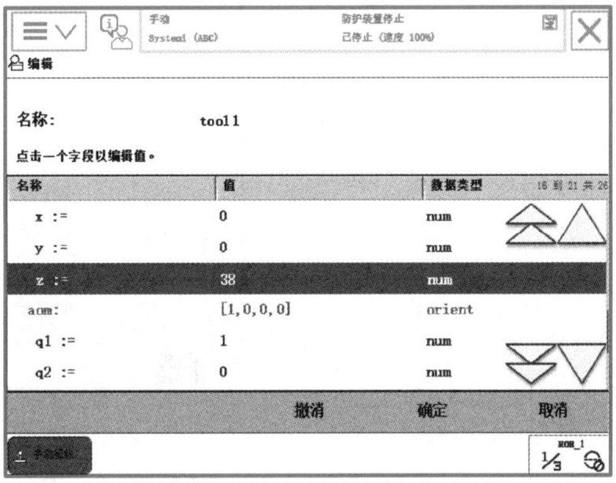
27	按照图示，选中新标定的工具坐标“tool1”，点击“确定”按钮，返回手动操纵界面，完成工业机器人工具坐标系 TCP 的设定	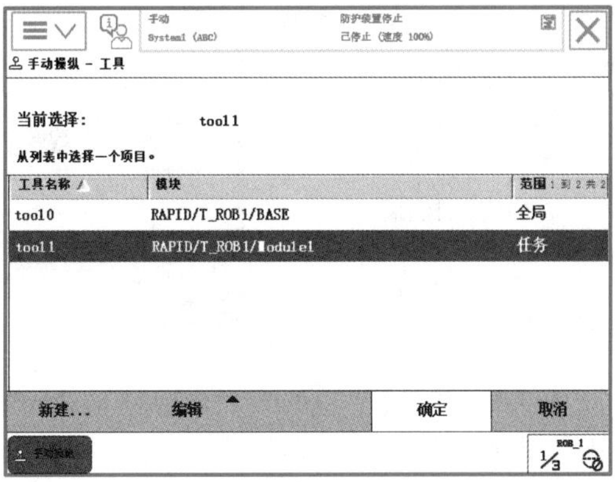

续表

序号	操作步骤	示意图
28	在手动操纵界面，点击“动作模式”选项，进入下一步，如图所示	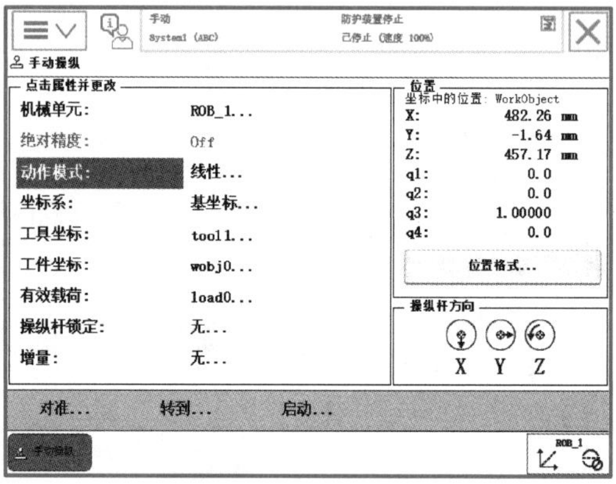 手动 System1 (ABC) 防护装置停止 已停止 (速度 100%) 手动操纵 点击属性并更改 机械单元: ROB_1... 绝对精度: Off 动作模式: 线性... 坐标系: 基坐标... 工具坐标: tool1... 工件坐标: wobj0... 有效载荷: load0... 操纵杆锁定: 无... 增量: 无... 位置 坐标中的位置: WorkObject X: 482.26 mm Y: -1.64 mm Z: 457.17 mm q1: 0.0 q2: 0.0 q3: 1.00000 q4: 0.0 位置格式... 操纵杆方向 X Y Z 对准... 转到... 启动... 手动操纵 ROB_1
29	按照图示在动作模式中选择“重定位”，然后点击“确定”按钮	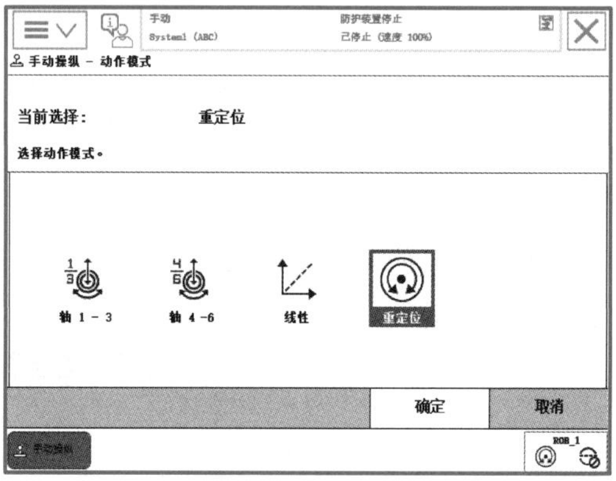 手动 System1 (ABC) 防护装置停止 已停止 (速度 100%) 手动操纵 - 动作模式 当前选择: 重定位 选择动作模式。 轴 1 - 3 轴 4 - 6 线性 重定位 确定 取消 手动操纵 ROB_1
30	点击“坐标系”选项，进入坐标系选择窗口（如图所示），在坐标系选项中点击“工具”，然后点击“确定”按钮	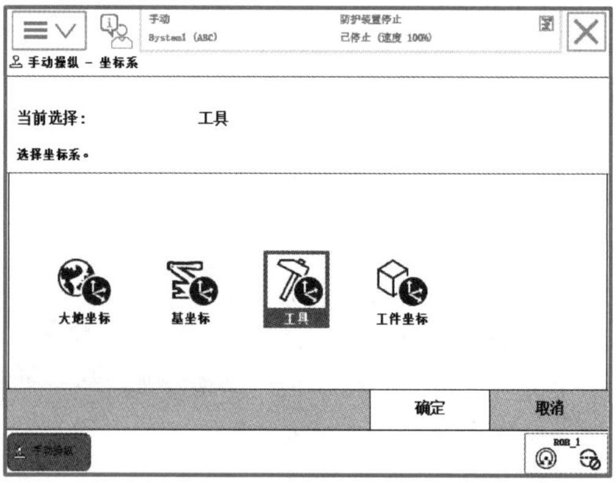 手动 System1 (ABC) 防护装置停止 已停止 (速度 100%) 手动操纵 - 坐标系 当前选择: 工具 选择坐标系。 大地坐标 基坐标 工具 工件坐标 确定 取消 手动操纵 ROB_1
31	按下使能器，用手拨动机器人手动操纵杆，检测机器人是否围绕新标定的 TCP 点运动。如果机器人围绕新标定的 TCP 点运动，则 TCP 标定成功；如果没有围绕新标定的 TCP 点运动，则需要重新进行标定	

3.4.10　任务操作——编辑工具数据

1. 任务要求

掌握如何手动编辑工具数据(tooldata)。

2. 任务实操

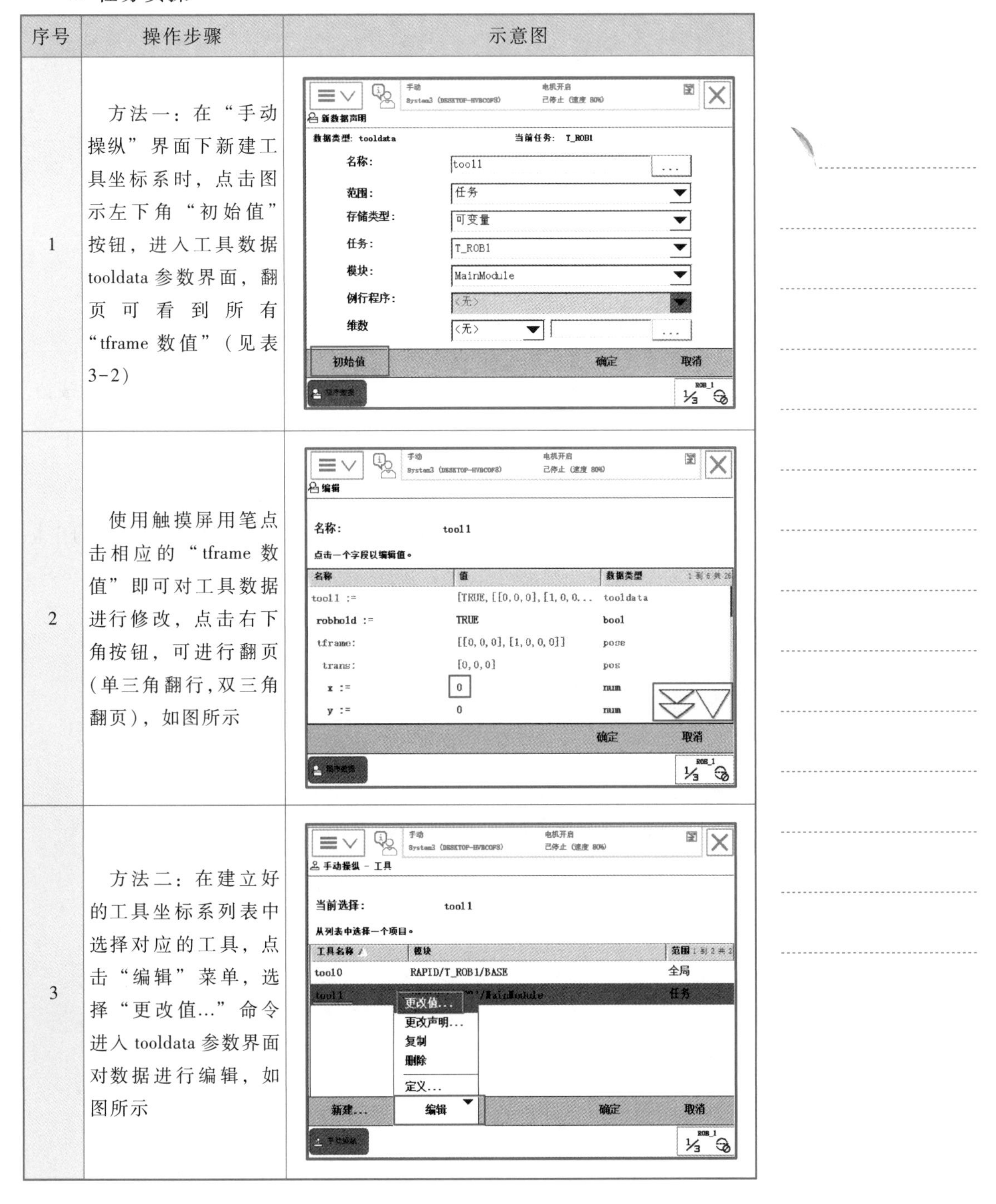

序号	操作步骤	示意图
1	方法一：在“手动操纵”界面下新建工具坐标系时，点击图示左下角“初始值”按钮，进入工具数据tooldata参数界面，翻页可看到所有“tframe数值”（见表3-2）	
2	使用触摸屏用笔点击相应的“tframe数值”即可对工具数据进行修改，点击右下角按钮，可进行翻页(单三角翻行,双三角翻页)，如图所示	
3	方法二：在建立好的工具坐标系列表中选择对应的工具，点击“编辑”菜单，选择“更改值...”命令进入tooldata参数界面对数据进行编辑，如图所示	

思考题

一、填空题

1. 机器人系统常用的坐标系有(　　　　　　)、(　　　　　　)、(　　　　　　)和(　　　　　　)。

2. 设定工具坐标系的方法有 $N(3 \leqslant N \leqslant 9)$ 点法、TCP 和 Z 法、TCP 和 Z，X 法，其中最常用的方法是(　　　　　　)。

二、问答题

线性运动和重定位运动在机器人的运行中有什么区别?

习题

一、选择题

机器人紧急停止后，进行恢复操作时需要用到(　　)。

A. 手动操纵按钮　　B. 松开抱闸按钮　　C. 手动运行快捷按钮

二、简答题

1. 如何实现不同运行模式之间的切换?

2. 手动模式下如何设置工业机器人的步进速度?

3. 工业机器人可以实现哪几种运动方式? 工业机器人常用的坐标系有哪些?

项目四　工业机器人的 I/O 通信设置

工业机器人配有丰富的 I/O 通信接口，可以轻松地实现与周边设备进行通信。机器人和 PLC 之间通过这些丰富的 I/O 通信接口进行信号的传递。本项目中将介绍接口定义，配置接口以实现机器人与外部的通信，信号的置位以及信号控制快捷键的设置。

学习任务

- 任务 4.1　配置工业机器人的标准 I/O 板
- 任务 4.2　I/O 信号的定义及监控

学习目标

■ 知识目标

- 了解工业机器人 I/O 通信的种类。
- 了解工业机器人 DSQC 652 的标准 I/O 板。

■ 技能目标

- 掌握 DSQC 652 标准 I/O 板的配置。
- 掌握数字量输入/输出信号的定义。
- 掌握数字量输入/输出组信号的定义。
- 掌握 I/O 信号的监控查看、强制置位和快捷键设置。

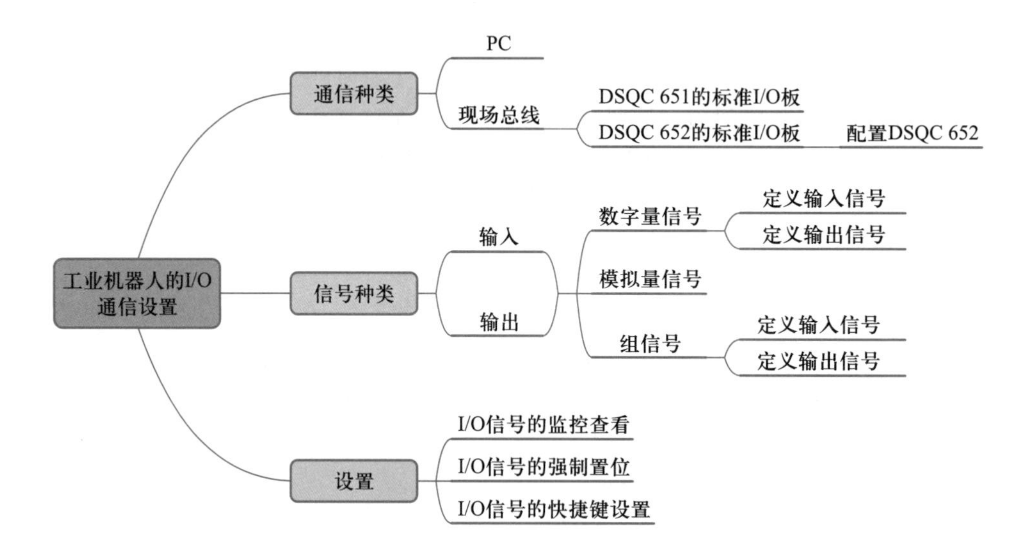
工业机器人的I/O通信设置
通信种类
PC
现场总线
DSQC 651的标准I/O板
DSQC 652的标准I/O板
配置DSQC 652
信号种类
输入
输出
数字量信号
定义输入信号
定义输出信号
模拟量信号
组信号
定义输入信号
定义输出信号
设置
I/O信号的监控查看
I/O信号的强制置位
I/O信号的快捷键设置

任务 4.1 配置工业机器人的标准 I/O 板

PPT
工业机器人的
IO 通信

4.1.1 工业机器人 I/O 通信的种类

机器人拥有丰富的 I/O 通信接口，可以轻松地实现与周边设备进行通信，其具备的 I/O 通信方式见表 4-1，其中 RS232 通信、OPC server、Socket Message 是与 PC 通信时的通信协议，与 PC 进行通信时需在 PC 端下载 PC SDK，添加“PC-INTERFACE”选项方可使用；DeviceNet、Profibus、Profibus-DP、Profinet、EtherNet IP 则是不同厂商推出的现场总线协议，根据需求进行选配使用合适的现场总线；如果使用机器人标准 I/O 板，就必须有 DeviceNet 的总线。

关于机器人 I/O 通信接口的说明：

① 标准 I/O 板提供的常用信号有数字输入 DI、数字输出 DO、模拟输入 AI、模拟输出 AO，以及输送链跟踪(如 DSQC 377A)，常用的标准 I/O 板有 DSQC 651 和 DSQC 652。

② 机器人可以选配标准的 PLC(本体同厂家的 PLC)，既省去了与外部 PLC 进行通信的设置，又可以直接在机器人的示教器上实现与 PLC 相关的操作。

表 4-1 机器人 I/O 通信方式

PC 通信协议	现场总线协议	机器人标准
RS232 通信(串口外接条形码读取及视觉捕捉等)	Device Net	标准 I/O 板
OPC server	Profibus	PLC
Socket Message(网口)	Profibus-DP	……
—	Profinet	……
—	EtherNet IP	……

4.1.2 DSQC 651 的标准 I/O 板

机器人常用的标准 I/O 板(表 4-2)有 DSQC651、DSQC652、DSQC653、DSQC355A、DSQC377A 五种，除分配地址不同外，其配置方法基本相同。

表 4-2 常用的标准 I/O 板

序号	型号	说明
1	DSQC651	分布式 I/O 模块，di8、do8、ao2
2	DSQC652	分布式 I/O 模块，di16、do16
3	DSQC653	分布式 I/O 模块，di8、do8 带继电器
4	DSQC355A	分布式 I/O 模块，ai4、ao4
5	DSQC377A	输送链跟踪单元

DSQC 651板，主要提供8个数字输入信号、8个数字输出信号和2个模拟输出信号的处理。DSQC 651板如图4-1所示，包括数字信号输出指示灯、X1数字输出接口、X3数字输入接口、X5 DeviceNet接口、X6模拟输出接口、模块状态指示灯和数字输入信号指示灯。

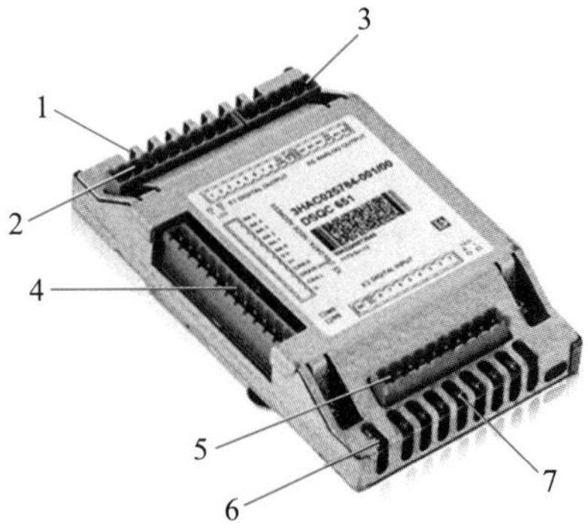

图4-1 DSQC 651板

1—数字信号输出指示灯；2—X1数字输出接口；3—X6模拟输出接口；4—X5 DeviceNet接口；5—X3数字输入接口；6—模块状态指示灯；7—数字输入信号指示灯

DSQC 651板的X1、X3、X5、X6模块接口连接说明如下：

1. X1端子

X1端子接口包括8个数字输出，地址分配见表4-3。

表4-3 DSQC 651板的X1端子地址分配

X1端子编号	使用定义	地址分配
1	OUTPUT CH1	32
2	OUTPUT CH2	33
3	OUTPUT CH3	34
4	OUTPUT CH4	35
5	OUTPUT CH5	36
6	OUTPUT CH6	37
7	OUTPUT CH7	38
8	OUTPUT CH8	39
9	0V	—
10	24V	—

2. X3端子

X3端子接口包括8个数字输入，地址分配见表4-4。

表 4-4 DSQC 651 板的 X3 端子地址分配

X3 端子编号	使用定义	地址分配
1	INPUT CH1	0
2	INPUT CH2	1
3	INPUT CH3	2
4	INPUT CH4	3
5	INPUT CH5	4
6	INPUT CH6	5
7	INPUT CH7	6
8	INPUT CH8	7
9	0V	—
10	未使用	—

3. X5 端子

X5 端子是 DeviceNet 接口，地址分配见表 4-5。

表 4-5 DSQC 651 板的 X5 端子地址分配

X5 端子编号	使用定义
1	0V BLACK
2	CAN 信号线 low BLUE
3	屏蔽线
4	CAN 信号线 high WHITE
5	24V RED
6	GND 地址选择公共端
7	模块 ID bit0(LSB)
8	模块 ID bit1(LSB)
9	模块 ID bit2(LSB)
10	模块 ID bit3(LSB)
11	模块 ID bit4(LSB)
12	模块 ID bit5(LSB)

4. X6 端子

X6 端子接口包括 2 个模拟输出，地址分配见表 4-6。

表 4-6 DSQC 651 板的 X6 端子地址分配

X6 端子编号	使用定义	地址分配
1	未使用	—
2	未使用	—
3	未使用	—
4	0V	—
5	模拟输出 ao1	0~15
6	模拟输出 ao2	16~31

4.1.3 DSQC 652 的标准 I/O 板

DSQC 652 板主要提供 16 个数字输入信号和 16 个数字输出信号的处理，如图 4-2 所示，其中包括信号输出指示灯、X1 和 X2 数字输出接口、X5 DeviceNet 接口、模块状态指示灯、X3 和 X4 数字输入接口、数字输入信号指示灯。

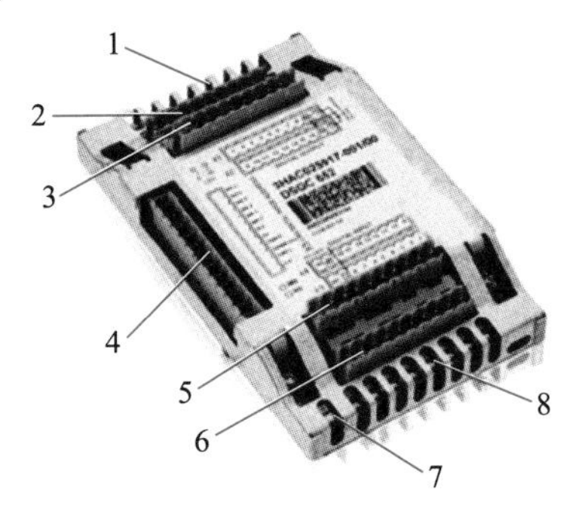

图 4-2 DSQC 652 板

1—信号输出指示灯；2—X1 数字输出接口；3—X2 数字输出接口；
4—X5 DeviceNet 接口；5—X4 数字输入接口；6—X3 数字输入接口；
7—模块状态指示灯；8—数字输入信号指示灯

DSQC 652 板的 X1、X2、X3、X4、X5 模块接口连接说明如下：

1. X1 端子

X1 端子接口包括 8 个数字输出，地址分配见表 4-7。

表 4-7 DSQC 652 板的 X1 端子地址分配

X1 端子编号	使用定义	地址分配
1	OUTPUT CH1	0
2	OUTPUT CH2	1
3	OUTPUT CH3	2
4	OUTPUT CH4	3
5	OUTPUT CH5	4

续表

X1 端子编号	使用定义	地址分配
6	OUTPUT CH6	5
7	OUTPUT CH7	6
8	OUTPUT CH8	7
9	0V	—
10	24V	—

2. X2 端子

X2 端子接口包括 8 个数字输出，地址分配见表 4-8。

表 4-8　DSQC 652 板的 X2 端子地址分配

X2 端子编号	使用定义	地址分配
1	OUTPUT CH1	8
2	OUTPUT CH2	9
3	OUTPUT CH3	10
4	OUTPUT CH4	11
5	OUTPUT CH5	12
6	OUTPUT CH6	13
7	OUTPUT CH7	14
8	OUTPUT CH8	15
9	0V	—
10	24V	—

3. X3 端子

X3 端子接口包括 8 个数字输入，地址分配见表 4-9。

表 4-9　DSQ C652 板的 X3 端子地址分配

X3 端子编号	使用定义	地址分配
1	INPUT CH1	0
2	INPUT CH2	1
3	INPUT CH3	2
4	INPUT CH4	3
5	INPUT CH5	4
6	INPUT CH6	5
7	INPUT CH7	6

续表

X3端子编号	使用定义	地址分配
8	INPUT CH8	7
9	0V	—
10	未使用	—

4. X4端子

X4端子接口包括8个数字输入，地址分配见表4-10。

表4-10 DSQC 652板的X4端子地址分配

X4端子编号	使用定义	地址分配
1	INPUT CH9	8
2	INPUT CH10	9
3	INPUT CH11	10
4	INPUT CH12	11
5	INPUT CH13	12
6	INPUT CH14	13
7	INPUT CH15	14
8	INPUT CH16	15
9	0V	—
10	未使用	—

5. X5端子

DSQC 652标准I/O板是下挂在DeviceNet现场总线下的设备，通过X5端口与DeviceNet现场总线进行通信，端子使用定义见表4-11。

表4-11 X5端子使用定义

X5端子编号	使用定义
1	0V BLACK
2	CAN信号线 low BLUE
3	屏蔽线
4	CAN信号线 high WHITE
5	24V RED
6	GND 地址选择公共端
7	模块 ID bit0(LSB)
8	模块 ID bit1(LSB)

续表

X5 端子编号	使用定义
9	模块 ID bit2(LSB)
10	模块 ID bit3(LSB)
11	模块 ID bit4(LSB)
12	模块 ID bit5(LSB)

如图 4-3 所示，X5 为 DeviceNet 通信端子，其中 1~5 为 DeviceNet 接线端子，其上的编号 6~12 跳线用来决定模块(I/O 板)在总线中的地址，可用范围为 10~63。7~12 跳线剪断，地址分别对应 1、2、4、8、16、32。图中跳线 8 和跳线 10 剪断，对应数值相加得 10，即为 DSQC 652 总线地址。定义 DSQC 652 标准 I/O 板总线连接参数见表 4-12。

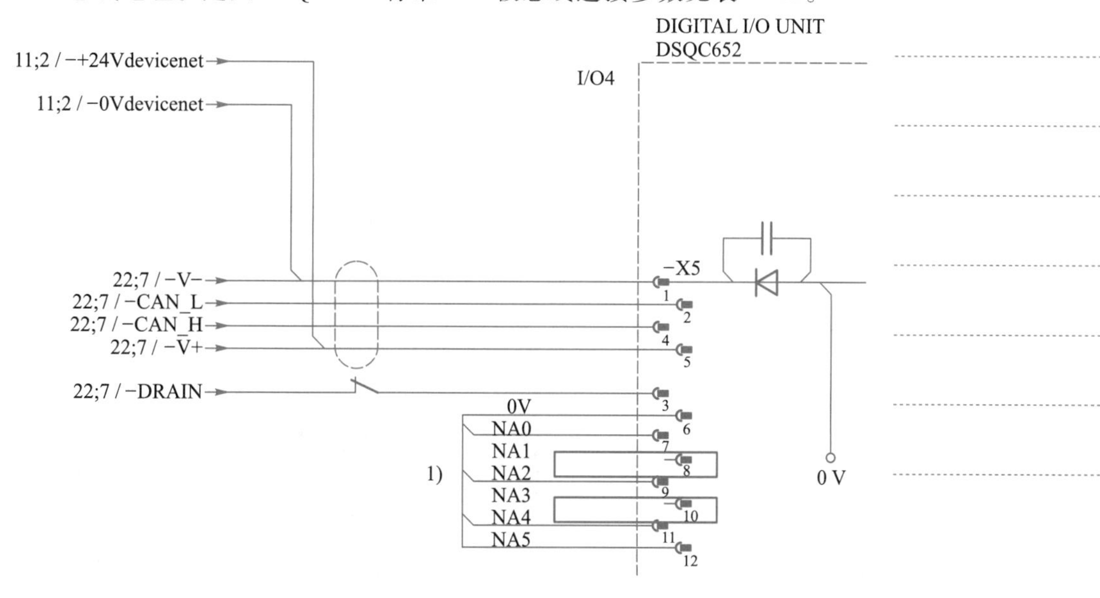

图 4-3　X5 端口接线图

表 4-12　DSQC 652 标准 I/O 板总线连接参数

参数名称	设定值	说明
Name	d652	设定 I/O 板在系统中的名字
Type of Device	DSQC 652	设定 I/O 板的类型
DeviceNet Address	10	设定 I/O 板在总线中的地址

视频 

配置标准 I/O 板 DSQC 652

4.1.4　任务操作——配置标准 I/O 板 DSQC 652

1. 任务要求

掌握如何配置标准 I/O 板 DSQC 652。

2. 任务实操

序号	操作步骤	示意图
1	进入主菜单，在示教器操作界面中点击“控制面板”，如图所示	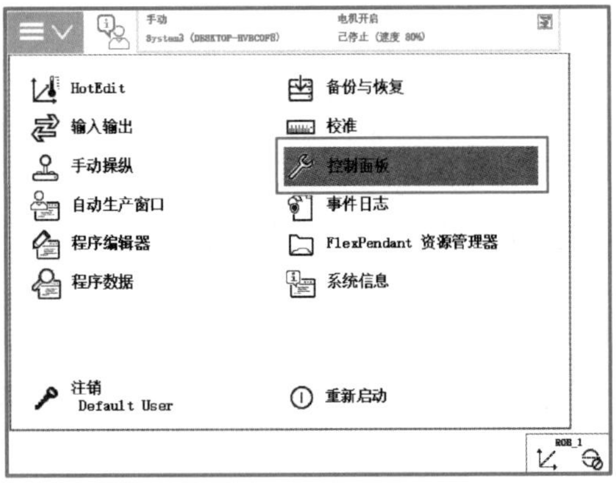
2	点击“控制面板”界面中的“配置”选项，如图所示	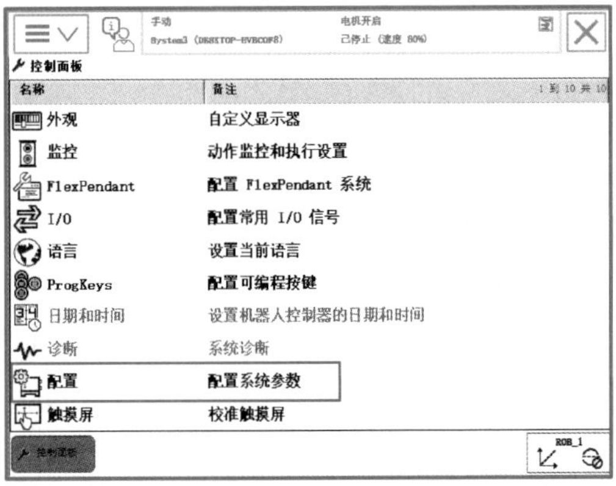
3	进入到配置系统参数界面后，双击“DeviceNet Device”，进行DSQC 652模块的选择及其地址设定，如图所示	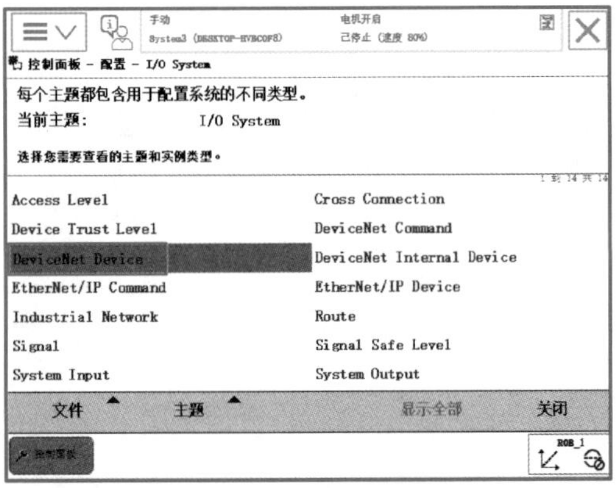

续表

序号	操作步骤	示意图
4	按照图示，点击“添加”按钮，然后进行编辑	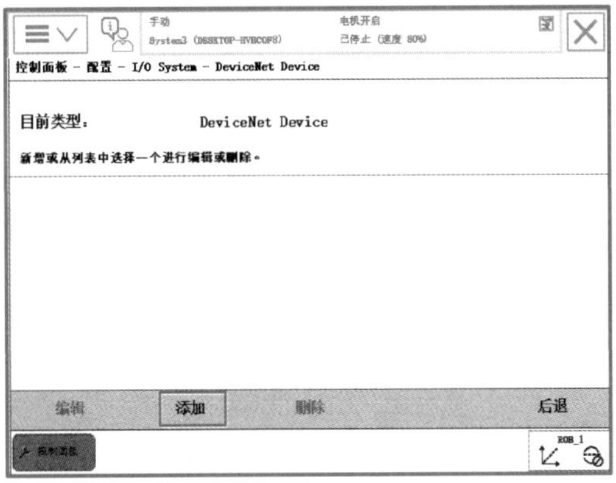
5	在进行编辑时可以选择图示“使用来自模板的值”，点击右上方下拉箭头图标，就能选择使用的 I/O 板类型	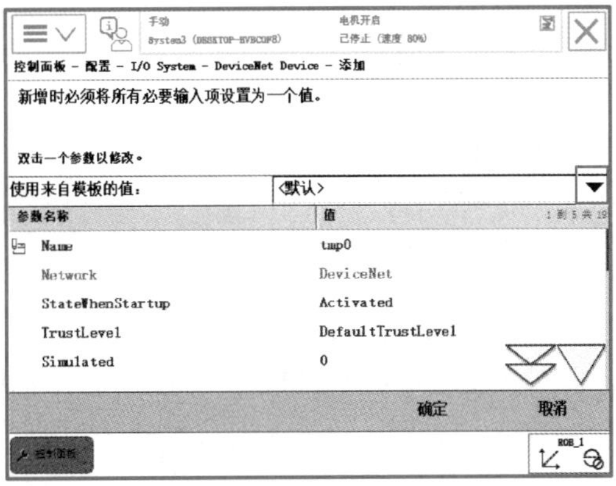
6	在模板中选择 DSQC 652 I/O 板，其参数值会自动生成默认值，如图所示	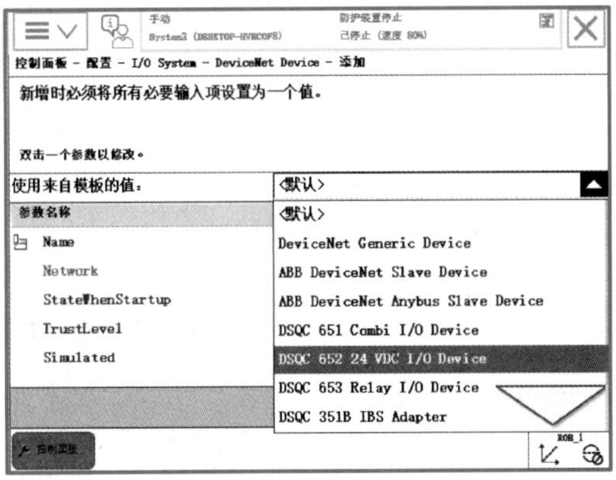

续表

序号	操作步骤	示意图
7	点击界面右下角翻页箭头，下翻界面，找到“Address”这一项，如图所示	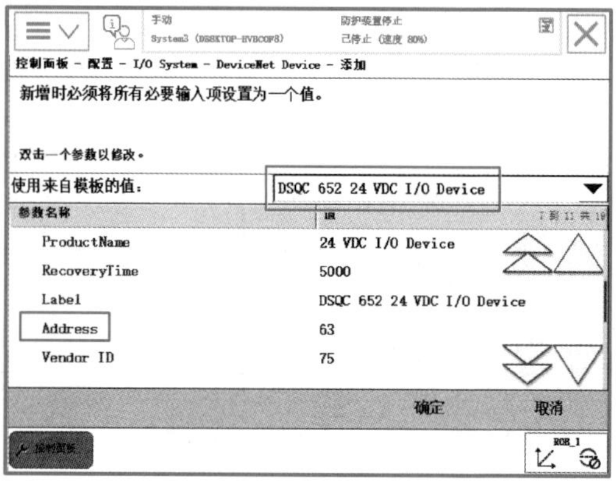 手动 System3 (DESKTOP-HVBCOF8) 防护装置停止 已停止 (速度 80%) 控制面板 - 配置 - I/O System - DeviceNet Device - 添加 新增时必须将所有必要输入项设置为一个值。 双击一个参数以修改。 使用来自模板的值： DSQC 652 24 VDC I/O Device 参数名称 值 7 到 11 共 19 ProductName 24 VDC I/O Device RecoveryTime 5000 Label DSQC 652 24 VDC I/O Device Address 63 Vendor ID 75 确定 取消 控制面板 ROB_1
8	双击“Address”选项，将Address的值改为10(10代表此模块在总线中的地址，本书所述机器人出厂默认值)。依次点击“确定”按钮，返回参数设定界面，如图所示	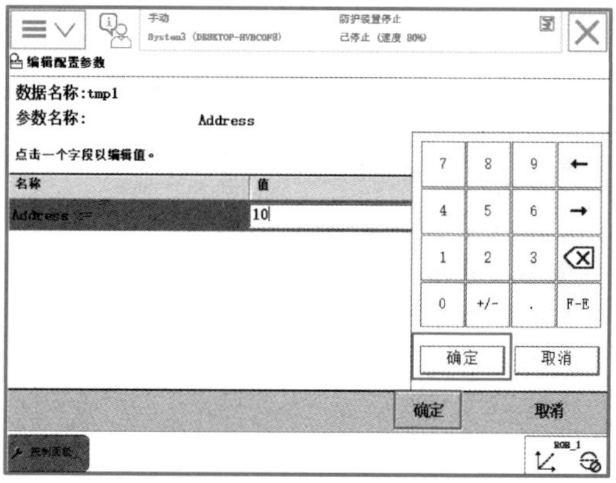 手动 System3 (DESKTOP-HVBCOF8) 防护装置停止 已停止 (速度 80%) 编辑配置参数 数据名称:tmp1 参数名称： Address 点击一个字段以编辑值。 名称 值 Address := 10 7 8 9 ← 4 5 6 → 1 2 3 ⌫ 0 +/- . F-E 确定 取消 确定 取消 控制面板 ROB_1
9	参数设定完毕，点击“确定”按钮，如图所示	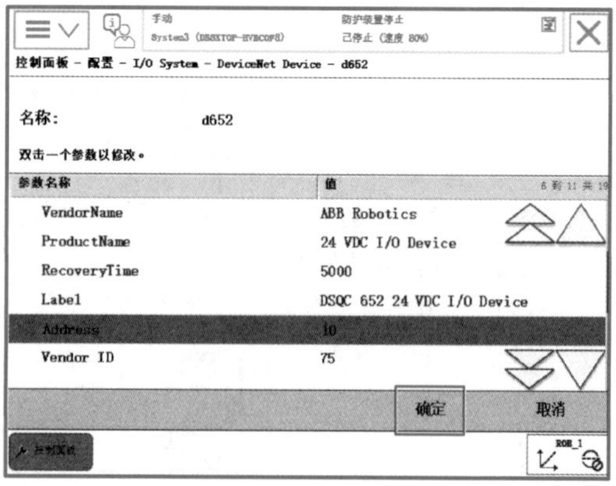 手动 System3 (DESKTOP-HVBCOF8) 防护装置停止 已停止 (速度 80%) 控制面板 - 配置 - I/O System - DeviceNet Device - d652 名称： d652 双击一个参数以修改。 参数名称 值 6 到 11 共 19 VendorName ABB Robotics ProductName 24 VDC I/O Device RecoveryTime 5000 Label DSQC 652 24 VDC I/O Device Address 10 Vendor ID 75 确定 取消 控制面板 ROB_1

续表

序号	操作步骤	示意图
10	弹出“重新启动”界面，点击图示中的“是”按钮，重新启动控制系统，确定更改，定义 DSQC 652 板的总线连接操作完成	

4.1.5 查看工业机器人参数

机器人参数根据不同的类型可分为五个主题，如图 4-4 所示。同一主题中的所有参数都被存储在一个单独的配置文件中，配置文件是一份列出了系统参数值的 cfg 文件，不同主题参数的配置文件说明见表 4-13。在示教器控制面板选项下的配置选项中，可以查看各个类型的参数。

⚠ 提示：如果将此类参数指定为默认值，那么配置文件便不会列出该参数。

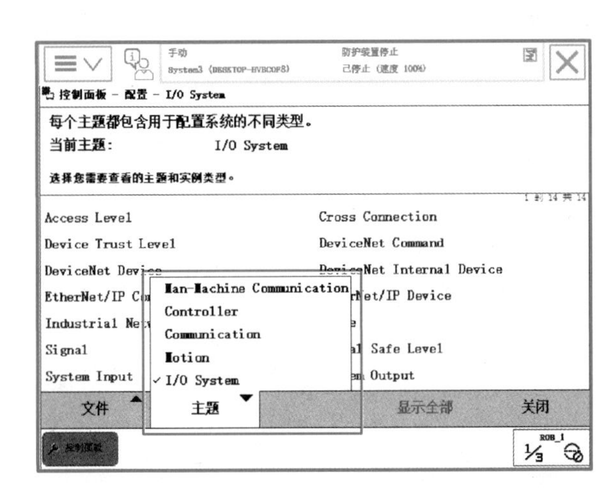

图 4-4 配置界面下的主题分类

表 4-13 不同主题参数的配置文件

主题	配置内容	配置文件
Communication	串行通道与文件传输层协议	SIO. cfg
Controller	安全性与 RAPID 专用函数	SYS. cfg
I/O System	I/O 板与信号	EIO. cfg
Man-machine Communication	用于简化系统工作的函数	MMC. cfg
Motion	机器人与外轴	MOC. cfg
Process	工艺专用工具与设备	PROC. cfg

在“主题”菜单下点击“Man-machine communication”命令，可以查看这一主题中的所有参数，如图 4-5 所示；点击“Controller”命令，可以查看这一主题中的所有参数，如图 4-6 所示；点击“Communication”命令，可以查看这一主题中的所有参数，如图 4-7 所示；点击“Motion”命令，可以查看这一主题中的所有参数，如图 4-8 所示。如需进入某个具体参数进行查看和修改，只要选择对应的参数后，点击显示全部，便可查看到参数，选择对应的选项，便可以对参数的配置进行编辑和添加等。

图 4-5 Man-machine communication 界面

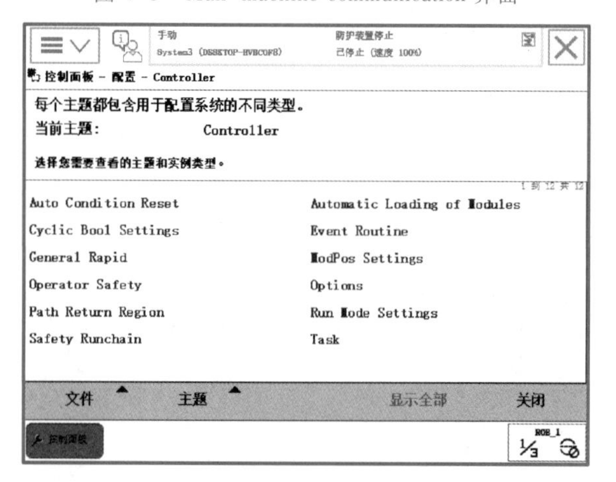

图 4-6 Controller 界面

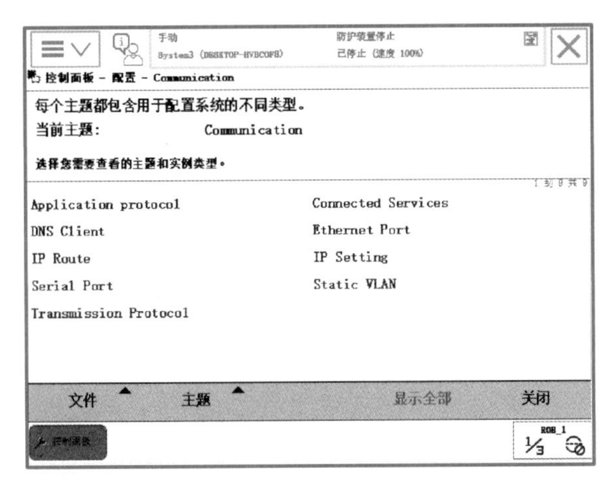

图 4-7　Communication 界面

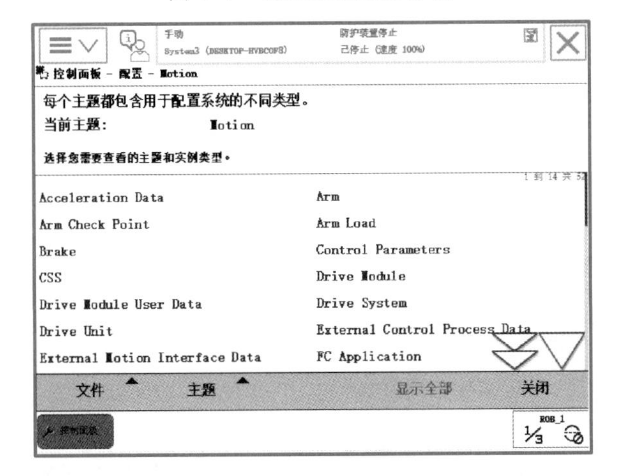

图 4-8　Motion 界面

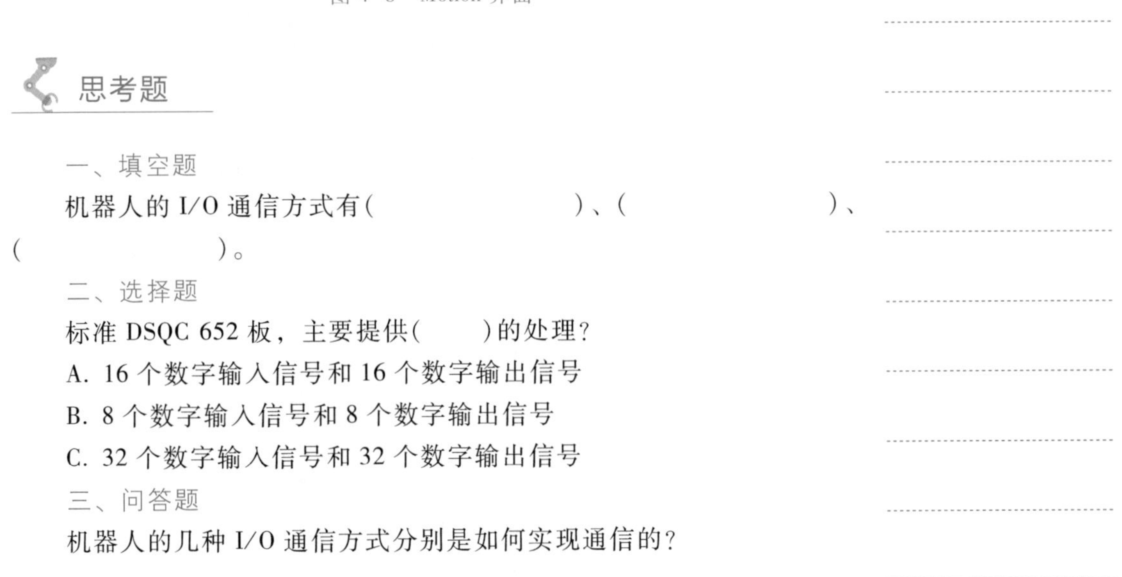

思考题

一、填空题

机器人的 I/O 通信方式有(　　　　　　)、(　　　　　　)、(　　　　　　)。

二、选择题

标准 DSQC 652 板，主要提供(　　)的处理?

A. 16 个数字输入信号和 16 个数字输出信号

B. 8 个数字输入信号和 8 个数字输出信号

C. 32 个数字输入信号和 32 个数字输出信号

三、问答题

机器人的几种 I/O 通信方式分别是如何实现通信的?

任务 4.2 I/O 信号的定义及监控

视频

定义数字量输入信号

4.2.1 任务操作——定义数字量输入信号

1. 任务引入

4.1.2 已介绍过 DSQC 652 的标准 I/O 板。DSQC 652 板主要提供 16 个数字输入信号和 16 个数字输出信号的处理。数字量输入信号 di1 地址可选范围为 0~15，在此需了解定义数字量输入信号 di1 的参数(表 4-14)。

表 4-14 数字量输入信号 di1 参数表

参数名称	设定值	说明
Name	di1	设定数字输入信号的名字
Type of Signal	Digital Input	设定信号的种类
Assigned to Device	d652	设定信号所在的 I/O 模块
Device Mapping	8	设定信号所占用的地址

2. 任务要求

掌握如何定义数字量输入信号 di1。

3. 任务实操

序号	操作步骤	示意图
1	按照图示进入主菜单，在示教器操作界面中点击“控制面板”选项	
2	点击“配置”选项，如图所示	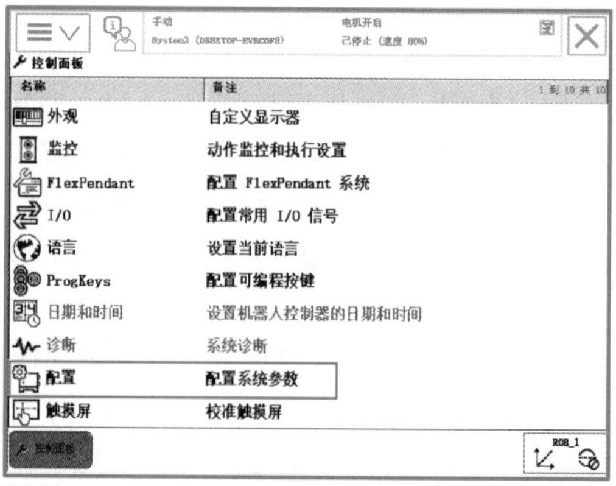

续表

序号	操作步骤	示意图
3	进入到配置系统参数界面后，双击“Signal”选项，如图所示	 手动 防护装置停止 System3 (DESKTOP-HVBCOF8) 已停止（速度 80%） 控制面板 - 配置 - I/O System 每个主题都包含用于配置系统的不同类型。 当前主题：I/O System 选择您需要查看的主题和实例类型。 1 到 14 共 14 Access Level　Cross Connection Device Trust Level　DeviceNet Command DeviceNet Device　DeviceNet Internal Device EtherNet/IP Command　EtherNet/IP Device Industrial Network　Route Signal　Signal Safe Level System Input　System Output 文件　主题　显示全部　关闭 控制面板　ROB_1
4	点击图示“添加”按钮，然后进行编辑	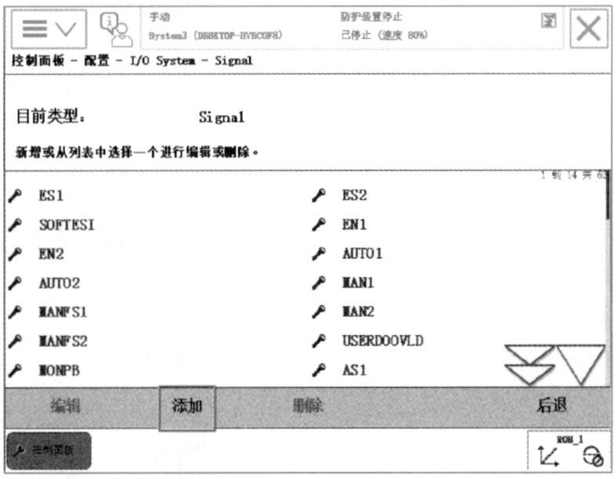 手动 防护装置停止 System3 (DESKTOP-HVBCOF8) 已停止（速度 80%） 控制面板 - 配置 - I/O System - Signal 目前类型：Signal 新增或从列表中选择一个进行编辑或删除。 1 到 14 共 63 ES1　ES2 SOFTES1　EN1 EN2　AUTO1 AUTO2　MAN1 MANFS1　MAN2 MANFS2　USERDOOVLD MONPB　AS1 编辑　添加　删除　后退 控制面板　ROB_1
5	对参数进行设置，首先双击“Name”，如图所示	 手动 防护装置停止 System3 (DESKTOP-HVBCOF8) 已停止（速度 80%） 控制面板 - 配置 - I/O System - Signal - 添加 新增时必须将所有必要输入项设置为一个值。 双击一个参数以修改。 参数名称　值　1 到 6 共 6 Name　tmp0 Type of Signal Assigned to Device Signal Identification Label Category Access Level　Default 确定　取消 控制面板　ROB_1

续表

序号	操作步骤	示意图
6	输入“di1”，然后点击“确定”按钮，如图所示	
7	下一步双击“Type of Signal”，选择“Digital Input”，如图所示	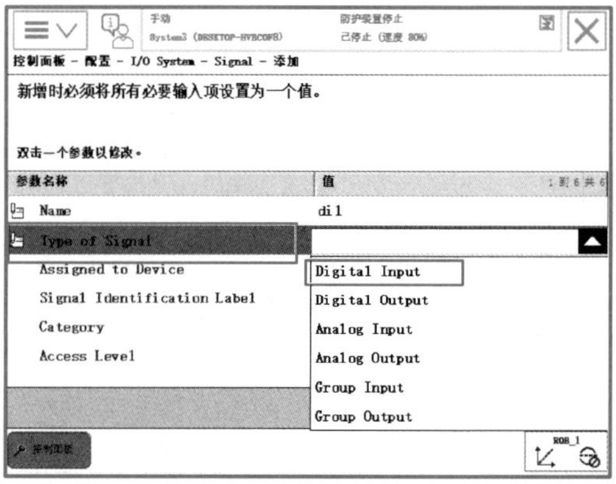
8	按照图示再双击“Assigned to Device”，选择“d652”	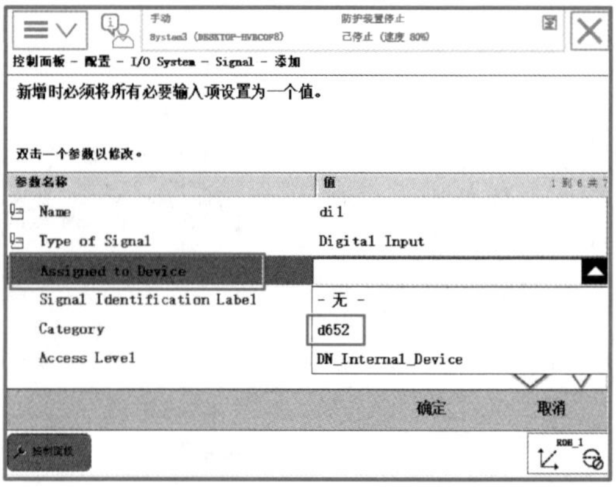

续表

序号	操作步骤	示意图
9	下一步双击“Device Mapping”设定信号所占用的地址，如图所示	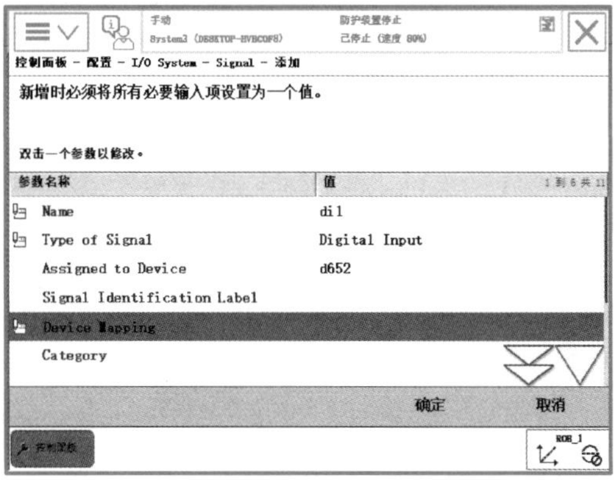
10	输入“8”，然后点击“确定”按钮，如图所示	
11	点击图示中的“确定”按钮，完成设定	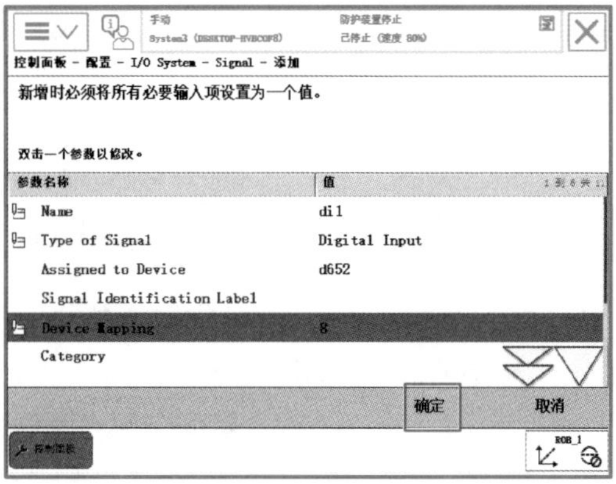

续表

序号	操作步骤	示意图
12	在弹出的“重新启动”界面中，点击“是”按钮，重启控制器以完成设置，如图所示	 手动 System3 (DESKTOP-HVBCOF8) 防护装置停止 已停止 (速度 80%) 控制面板 - 配置 - I/O System - Signal - 添加 新增时必须 重新启动 更改将在控制器重启后生效。 是否现在重新启动? 双击一个参数 参数名称 1 到 6 共 11 Name Type o Assign Signal Devic Catego 是 否 确定 取消 控制面板 ROB_1

4.2.2 任务操作——定义数字量输出信号

1. 任务引入

在4.2.1中，介绍了数字量输入信号di1的定义。在此任务中，我们可以采用相同的方法完成数字量输出信号do1(表4-15)的定义。

表4-15 数字量输出信号do1参数表

参数名称	设定值	说明
Name	do1	设定数字输出信号的名字
Type of Signal	Digital Output	设定信号的种类
Assigned to Device	d652	设定信号所在的I/O模块
Device Mapping	15(0~15均可)	设定信号所占用的地址

2. 任务要求

掌握如何定义数字量输出信号do1。

3. 任务实操

序号	操作步骤	示意图
1	前三个步骤与4.2.1一样，进入“配置”界面双击“Signal”选项，如图所示	 手动 System3 (DESKTOP-HVBCOF8) 防护装置停止 已停止 (速度 80%) 控制面板 - 配置 - I/O System 每个主题都包含用于配置系统的不同类型。 当前主题: I/O System 选择您需要查看的主题和实例类型。 1 到 14 共 14 Access Level Cross Connection Device Trust Level DeviceNet Command DeviceNet Device DeviceNet Internal Device EtherNet/IP Command EtherNet/IP Device Industrial Network Route Signal Signal Safe Level System Input System Output 文件 主题 显示全部 关闭 控制面板 ROB_1

续表

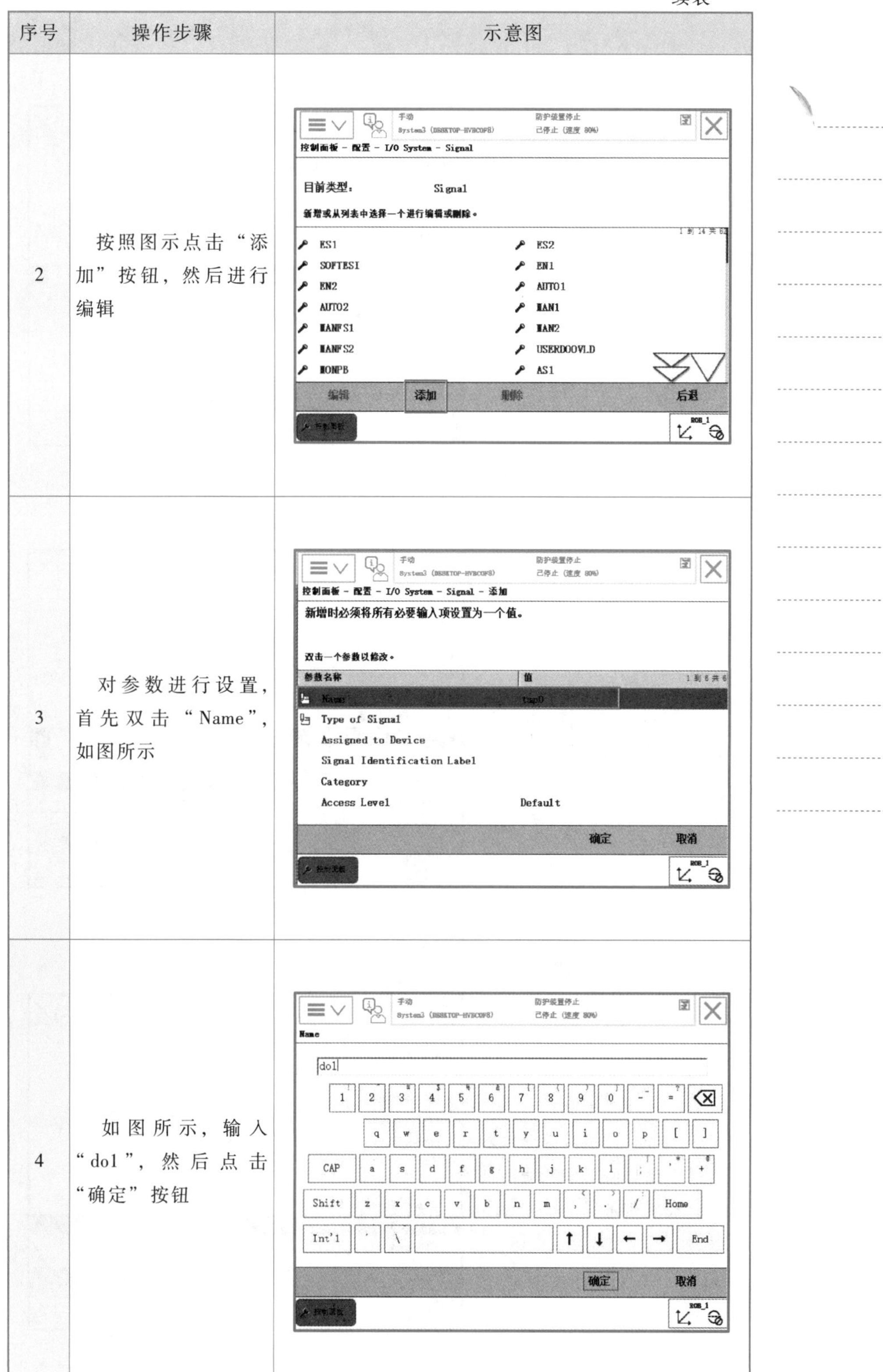

序号	操作步骤	示意图
2	按照图示点击“添加”按钮，然后进行编辑	
3	对参数进行设置，首先双击“Name”，如图所示	
4	如图所示，输入“do1”，然后点击“确定”按钮	

续表

序号	操作步骤	示意图
5	下一步双击“Type of Signal”，选择“Digital Output”，如图所示	手动 System3 (DESKTOP-HVBCOF8) 防护装置停止 已停止（速度 80%） 控制面板 - 配置 - I/O System - Signal - 添加 新增时必须将所有必要输入项设置为一个值。 双击一个参数以修改。 参数名称 值 1 到 6 共 6 Name do1 Type of Signal Assigned to Device Digital Input Signal Identification Label Digital Output Category Analog Input Access Level Analog Output Group Input Group Output 控制面板 ROB_1
6	按照图示，再双击“Assigned to Device”，选择“d652”	手动 System3 (DESKTOP-HVBCOF8) 防护装置停止 已停止（速度 80%） 控制面板 - 配置 - I/O System - Signal - 添加 新增时必须将所有必要输入项设置为一个值。 双击一个参数以修改。 参数名称 值 1 到 6 共 10 Name do1 Type of Signal Digital Output Assigned to Device d652 Signal Identification Label - 无 - Device Mapping d652 Category DN_Internal_Device 确定 取消 控制面板 ROB_1
7	下一步双击“Device Mapping”设定信号所占用的地址，如图所示	手动 System3 (DESKTOP-HVBCOF8) 防护装置停止 已停止（速度 80%） 控制面板 - 配置 - I/O System - Signal - 添加 新增时必须将所有必要输入项设置为一个值。 双击一个参数以修改。 参数名称 值 1 到 6 共 10 Name do1 Type of Signal Digital Output Assigned to Device d652 Signal Identification Label Device Mapping Category 确定 取消 控制面板 ROB_1

续表

序号	操作步骤	示意图
8	输入“15”，然后点击“确定”按钮，如图所示	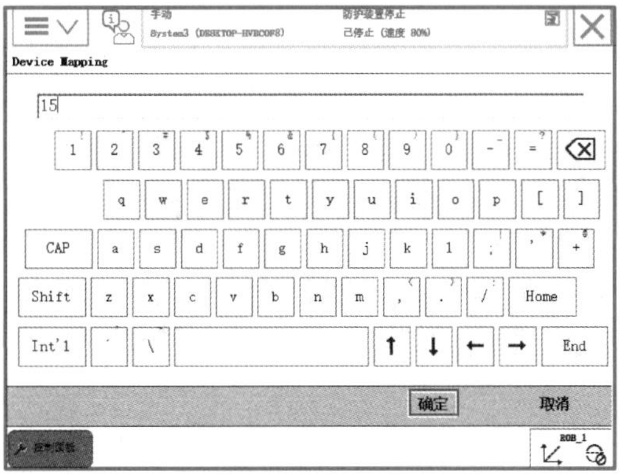 手动 System3 (DESKTOP-HVBCOF8) 防护装置停止 已停止 (速度 80%) Device Mapping 15 1 2 3 4 5 6 7 8 9 0 - = q w e r t y u i o p [ ] CAP a s d f g h j k l ; ' + Shift z x c v b n m , . / Home Int'l ` \ ↑ ↓ ← → End 确定 取消 控制面板 ROB_1
9	按照图示点击“确定”按钮，完成设定	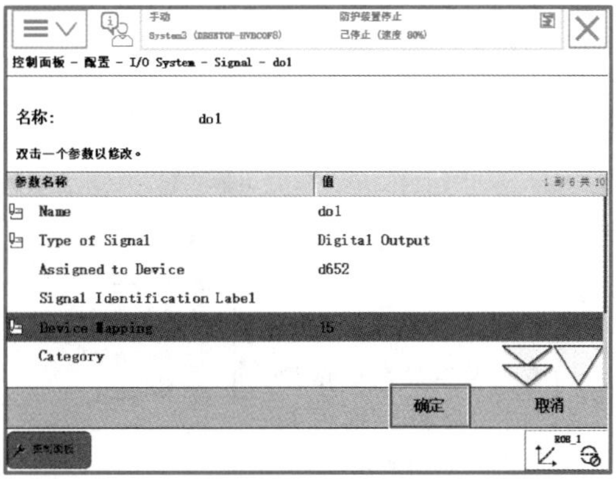 手动 System3 (DESKTOP-HVBCOF8) 防护装置停止 已停止 (速度 80%) 控制面板 - 配置 - I/O System - Signal - do1 名称: do1 双击一个参数以修改。 参数名称 值 1 到 6 共 10 Name do1 Type of Signal Digital Output Assigned to Device d652 Signal Identification Label Device Mapping 15 Category 确定 取消 控制面板 ROB_1
10	在弹出的重新启动界面，点击“是”按钮重启控制器以完成设置，如图所示	 手动 System3 (DESKTOP-HVBCOF8) 防护装置停止 已停止 (速度 80%) 控制面板 - 配置 - I/O System - Signal - 添加 新增时必… 重新启动 更改将在控制器重启后生效。 是否现在重新启动？ 是 否 双击一个参… 参数名称 1 到 6 共 11 Name Type o… Assign… Signal… Devic… Catego… 确定 取消 控制面板 ROB_1

4.2.3 任务操作——定义数字量组输入信号

1. 任务引入

组输入信号，就是将几个数字输入信号组合起来使用，用于输入BCD编码的十进制数。组输入信号gi1的相关参数见表4-16。gi1占用地址0~7共8位，可以代表十进制数0~255。

表4-16 数字量组输入信号gi1参数表

参数名称	设定值	说明
Name	gi1	设定组输入信号的名字
Type of Signal	Digital Input	设定信号的种类
Assigned to Device	d652	设定信号所在的I/O模块
Device Mapping	0~7	设定信号所占用的地址

2. 任务要求

掌握如何定义数字量组输入信号gi1。

3. 任务实操

序号	操作步骤	示意图
1	进入主菜单，在示教器操作界面中选择“控制面板”选项并点击，如图所示	
2	点击“配置”选项，如图所示	

续表

序号	操作步骤	示意图
3	进入到配置系统参数界面后，双击“Signal”选项，如图所示	 手动 System3 (DESKTOP-HVBCOF8) 防护装置停止 已停止（速度 80%） 控制面板 - 配置 - I/O System 每个主题都包含用于配置系统的不同类型。 当前主题： I/O System 选择您需要查看的主题和实例类型。 1 到 14 共 14 Access Level　Cross Connection Device Trust Level　DeviceNet Command DeviceNet Device　DeviceNet Internal Device EtherNet/IP Command　EtherNet/IP Device Industrial Network　Route Signal　Signal Safe Level System Input　System Output 文件　主题　显示全部　关闭 控制面板　ROB_1
4	按照图示点击“添加”按钮，然后进行编辑	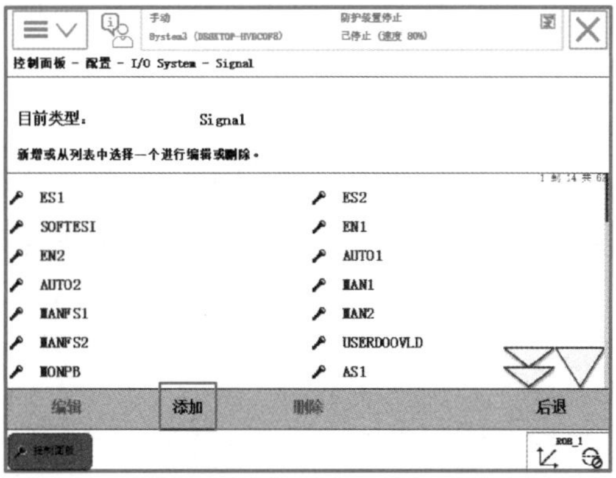 手动 System3 (DESKTOP-HVBCOF8) 防护装置停止 已停止（速度 80%） 控制面板 - 配置 - I/O System - Signal 目前类型： Signal 新增或从列表中选择一个进行编辑或删除。 1 到 14 共 62 ES1　ES2 SOFTESI　EN1 EN2　AUTO1 AUTO2　MAN1 MANFS1　MAN2 MANFS2　USERDOOVLD MONPB　AS1 编辑　添加　删除　后退 控制面板　ROB_1
5	对参数进行设置，首先双击“Name”，如图所示	 手动 System3 (DESKTOP-HVBCOF8) 防护装置停止 已停止（速度 80%） 控制面板 - 配置 - I/O System - Signal - 添加 新增时必须将所有必要输入项设置为一个值。 双击一个参数以修改。 参数名称　值　1 到 6 共 6 Name　tmp0 Type of Signal Assigned to Device Signal Identification Label Category Access Level　Default 确定　取消 控制面板　ROB_1

续表

序号	操作步骤	示意图
6	输入“gi1”，然后点击“确定”按钮，如图所示	 手动 System3 (DESKTOP-HVBCOFS) 防护装置停止 已停止（速度 80%） Name gi1 1 2 3 4 5 6 7 8 9 0 - = q w e r t y u i o p [ ] CAP a s d f g h j k l ; ' + Shift z x c v b n m , . / Home Int'l ` \ ↑ ↓ ← → End 确定 取消 ROB_1
7	下一步双击“Type of Signal”，选择“Group Input”，如图所示	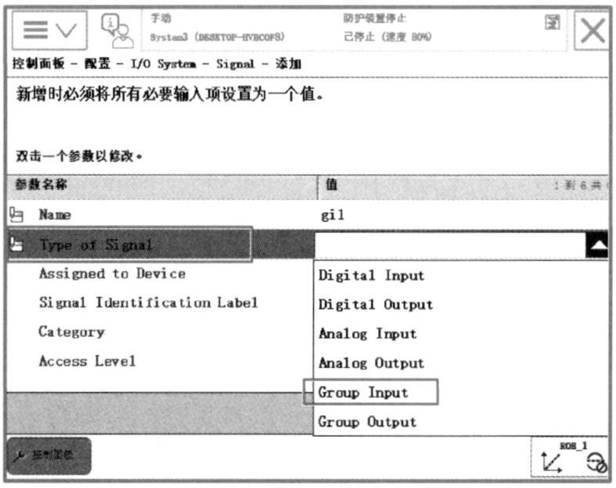 手动 System3 (DESKTOP-HVBCOFS) 防护装置停止 已停止（速度 80%） 控制面板 - 配置 - I/O System - Signal - 添加 新增时必须将所有必要输入项设置为一个值。 双击一个参数以修改。 参数名称 值 1 到 6 共 Name gi1 Type of Signal Assigned to Device Digital Input Signal Identification Label Digital Output Category Analog Input Access Level Analog Output Group Input Group Output ROB_1
8	再双击“Assigned to Device”，选择“d652”，如图所示	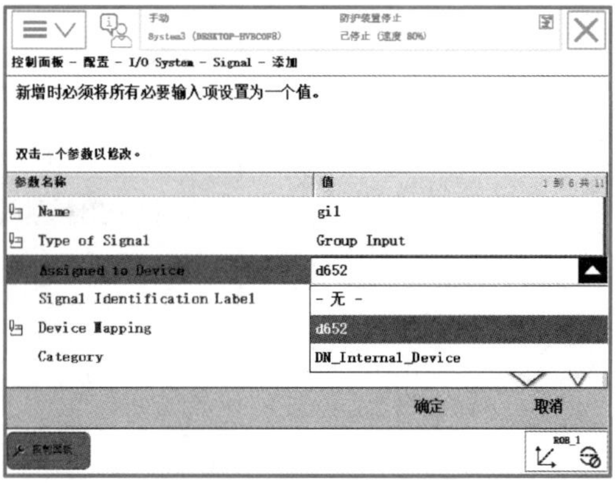 手动 System3 (DESKTOP-HVBCOFS) 防护装置停止 已停止（速度 80%） 控制面板 - 配置 - I/O System - Signal - 添加 新增时必须将所有必要输入项设置为一个值。 双击一个参数以修改。 参数名称 值 1 到 6 共 11 Name gi1 Type of Signal Group Input Assigned to Device d652 Signal Identification Label - 无 - Device Mapping d652 Category DN_Internal_Device 确定 取消 ROB_1

续表

序号	操作步骤	示意图
9	下一步双击图示“Device Mapping”设定信号所占用的地址	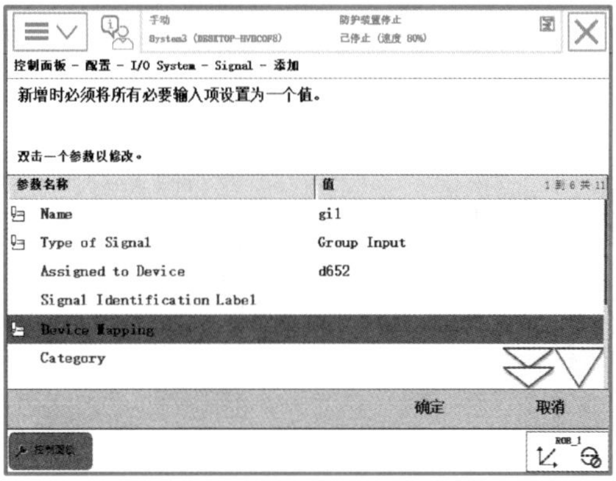 手动 System3 (DESKTOP-HVBCOF8) 防护装置停止 已停止 (速度 80%) 控制面板 - 配置 - I/O System - Signal - 添加 新增时必须将所有必要输入项设置为一个值。 双击一个参数以修改。 参数名称 值 1 到 6 共 11 Name gi1 Type of Signal Group Input Assigned to Device d652 Signal Identification Label Device Mapping Category 确定 取消 控制面板 ROB_1
10	输入“0-7”，然后点击“确定”按钮，如图所示	 手动 System3 (DESKTOP-HVBCOF8) 防护装置停止 已停止 (速度 80%) Device Mapping 0-7 1 2 3 4 5 6 7 8 9 0 - = q w e r t y u i o p [ ] CAP a s d f g h j k l ; ' + Shift z x c v b n m , . / Home Int'l ` \ ↑ ↓ ← → End 确定 取消 控制面板 ROB_1
11	点击“确定”按钮，完成设定，如图所示	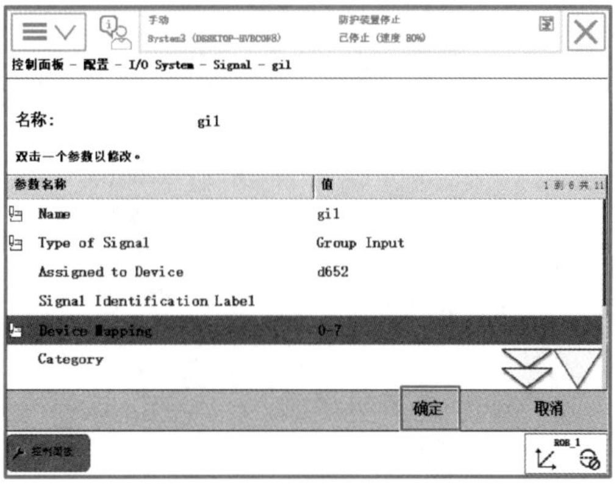 手动 System3 (DESKTOP-HVBCOF8) 防护装置停止 已停止 (速度 80%) 控制面板 - 配置 - I/O System - Signal - gi1 名称: gi1 双击一个参数以修改。 参数名称 值 1 到 6 共 11 Name gi1 Type of Signal Group Input Assigned to Device d652 Signal Identification Label Device Mapping 0-7 Category 确定 取消 控制面板 ROB_1

续表

序号	操作步骤	示意图
12	在弹出的重新启动界面，点击“是”重启控制器以完成设置，如图所示	

4.2.4 任务操作——定义数字量组输出信号

1. 任务引入

组输出信号，就是将几个数字输出信号组合起来使用，用于输出BCD编码的十进制数。组输出信号 go1 的相关参数见表 4-17。go1 占用地址 0~7 共 8 位，可以代表十进制数 0~255。

表 4-17 数字量组输出信号 go1 参数表

参数名称	设定值	说明
Name	go1	设定组输出信号的名字
Type of Signal	Digital Output	设定信号的种类
Assigned to Device	d652	设定信号所在的 I/O 模块
Device Mapping	0~7	设定信号所占用的地址

2. 任务要求

掌握如何定义数字量组输出信号 go1。

3. 任务实操

序号	操作步骤	示意图
1	前三个步骤与 4.2.3 一样，进入控制面板的“配置”界面双击“Signal”选项进行数字输出量 go1 的添加	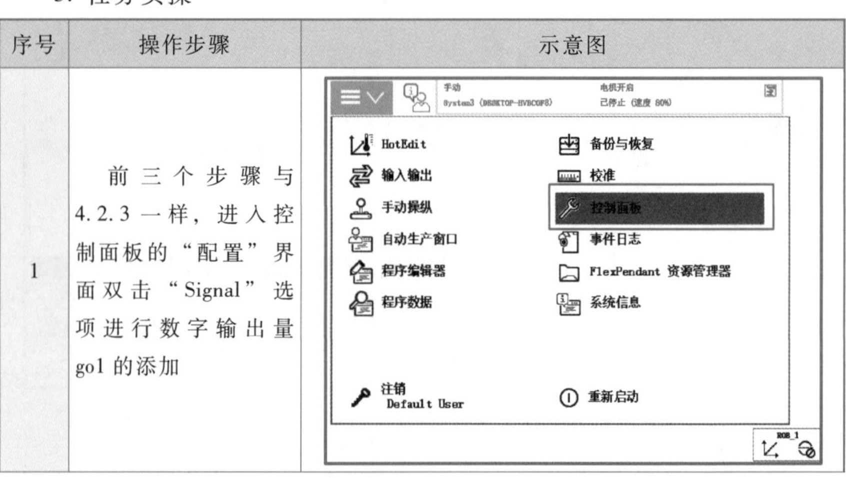

续表

序号	操作步骤	示意图
2	点击“添加”按钮，然后进行编辑，如图所示	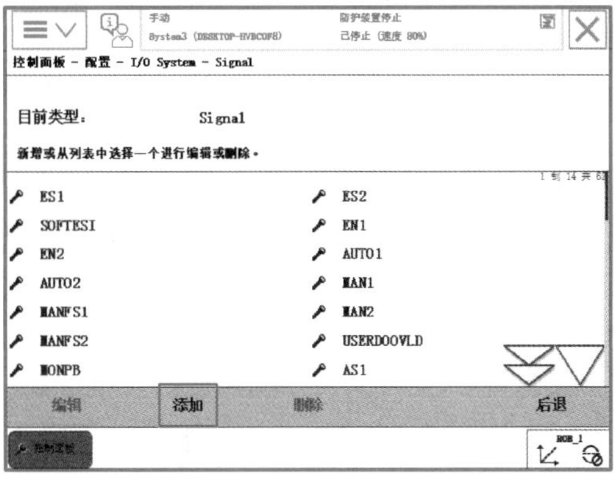 手动 System3 (DESKTOP-HVBCOF8) 防护装置停止 已停止（速度 80%） 控制面板 - 配置 - I/O System - Signal 目前类型：Signal 新增或从列表中选择一个进行编辑或删除。 1 到 14 共 62 ES1　ES2 SOFTESI　EN1 EN2　AUTO1 AUTO2　MAN1 MANFS1　MAN2 MANFS2　USERDOOVLD MONPB　AS1 编辑　添加　删除　后退 控制面板　ROB_1
3	对参数进行设置，首先双击“Name”，如图所示	 手动 System3 (DESKTOP-HVBCOF8) 防护装置停止 已停止（速度 80%） 控制面板 - 配置 - I/O System - Signal - 添加 新增时必须将所有必要输入项设置为一个值。 双击一个参数以修改。 参数名称　值　1 到 6 共 6 Name　tmp0 Type of Signal Assigned to Device Signal Identification Label Category Access Level　Default 确定　取消 控制面板　ROB_1
4	按照图示输入“go1”，然后点击“确定”按钮	 手动 System3 (DESKTOP-HVBCOF8) 防护装置停止 已停止（速度 80%） Name go1 1 2 3 4 5 6 7 8 9 0 - = q w e r t y u i o p [ ] CAP a s d f g h j k l ; ' + Shift z x c v b n m , . / Home Int'l ` \ ↑ ↓ ← → End 确定　取消 控制面板　ROB_1

续表

序号	操作步骤	示意图
5	下一步双击“Type of Signal”，选择“Group Output”，如图所示	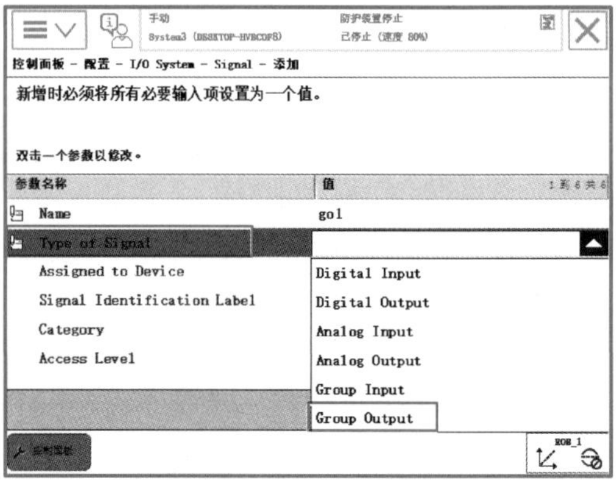
6	再双击“Assigned to Device”，选择“d652”，如图所示	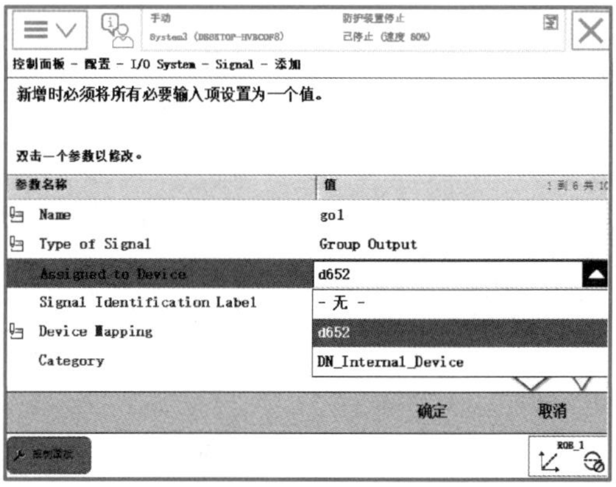
7	下一步双击“Device Mapping”设定信号所占用的地址，如图所示	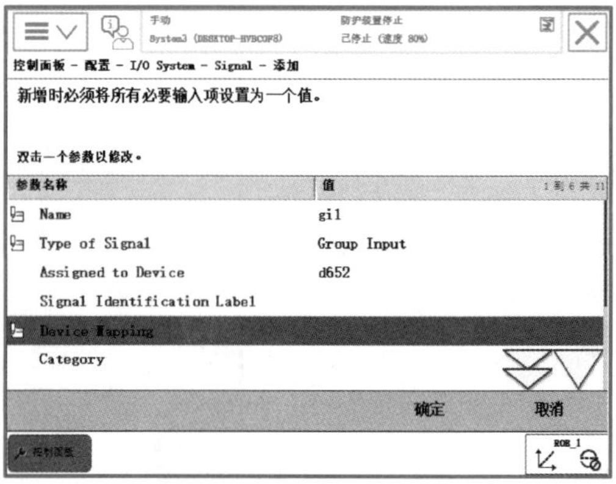

续表

序号	操作步骤	示意图
8	输入“0-7”，然后点击“确定”按钮，如图所示	 手动 System3 (DESKTOP-HVBCOF8) 防护装置停止 已停止（速度 80%） Device Mapping 0-7 1 2 3 4 5 6 7 8 9 0 - = q w e r t y u i o p [ ] CAP a s d f g h j k l ; ' + Shift z x c v b n m , . / Home Int'l ` \ ↑ ↓ ← → End 确定　取消 控制面板　ROB_1
9	点击“确定”按钮，完成设定	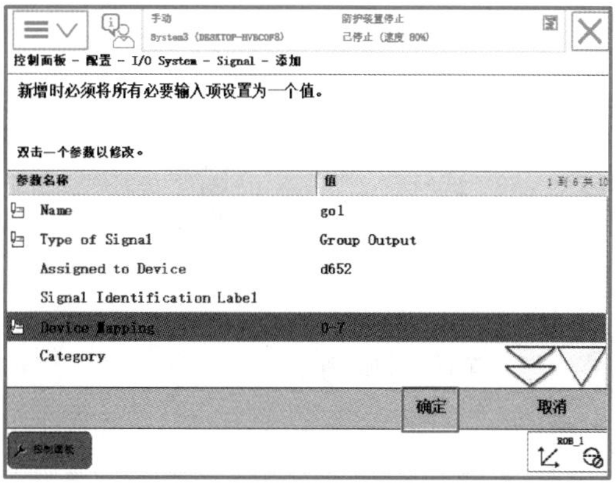 手动 System3 (DESKTOP-HVBCOF8) 防护装置停止 已停止（速度 80%） 控制面板 - 配置 - I/O System - Signal - 添加 新增时必须将所有必要输入项设置为一个值。 双击一个参数以修改。 参数名称　值　1 到 6 共 10 Name　go1 Type of Signal　Group Output Assigned to Device　d652 Signal Identification Label Device Mapping　0-7 Category 确定　取消 控制面板　ROB_1
10	在弹出的重新启动界面，点击“是”重启控制器以完成设置，如图所示	 手动 System3 (DESKTOP-HVBCOF8) 防护装置停止 已停止（速度 80%） 控制面板 - 配置 - I/O System - Signal - 添加 新增时必 重新启动 更改将在控制器重启后生效。 是否现在重新启动？ 双击一个参 参数名称　1 到 6 共 11 Name Type o Assign Signal Device Catego 是　否 确定　取消 控制面板　ROB_1

I/O 信号的监控查看

4.2.5 任务操作——I/O 信号的监控查看

1. 任务要求

掌握如何对 I/O 信号进行监控查看。

2. 任务实操

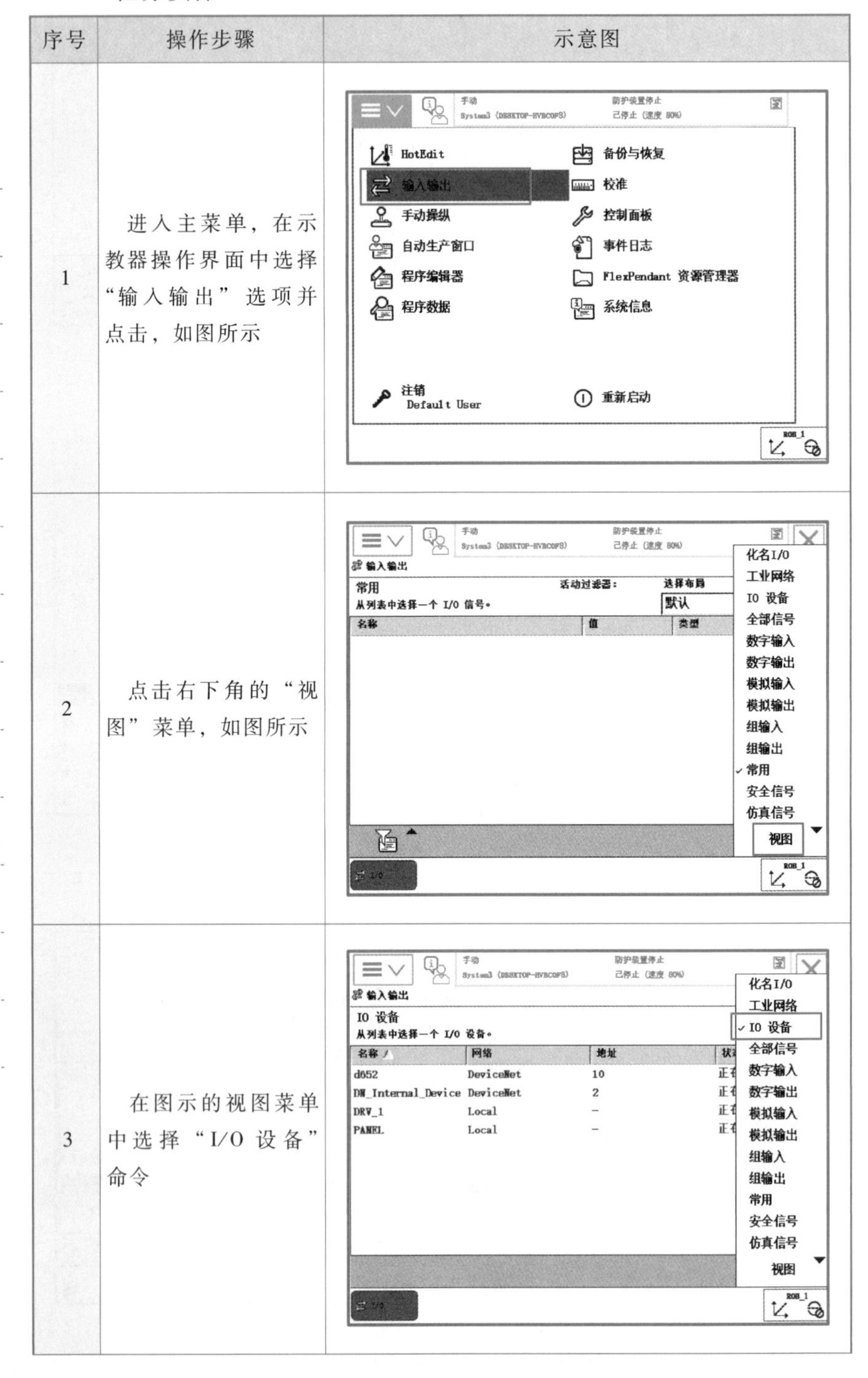

序号	操作步骤	示意图
1	进入主菜单，在示教器操作界面中选择“输入输出”选项并点击，如图所示	
2	点击右下角的“视图”菜单，如图所示	
3	在图示的视图菜单中选择“I/O 设备”命令	

续表

序号	操作步骤	示意图
4	选择“d652”，然后点击“信号”按钮，如图所示	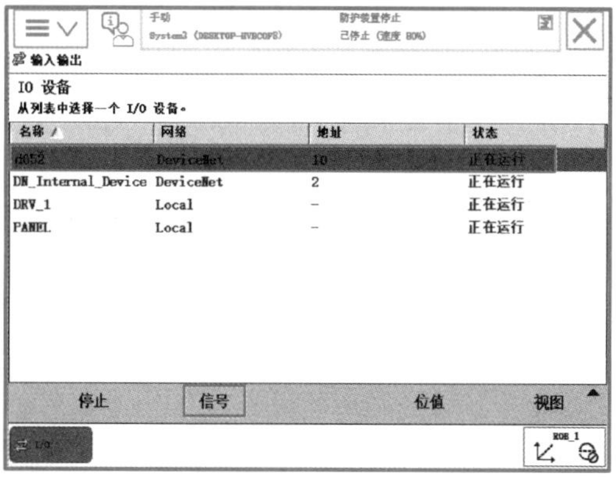
5	可以看到之前实操定义过的信号，如图所示，通过该窗口可对信号进行监控查看	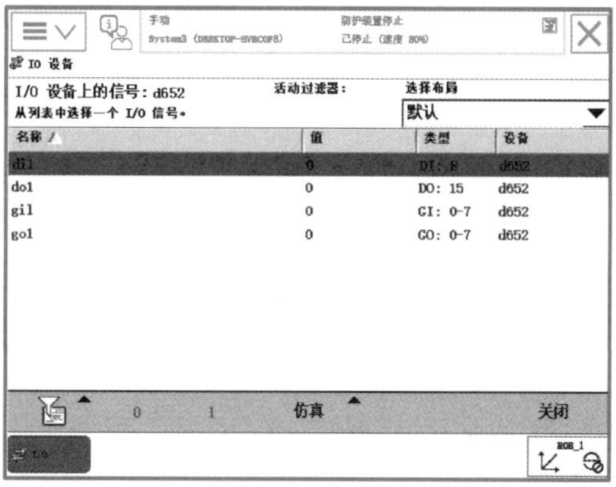

4.2.6　任务操作——I/O 信号的强制置位

1. 任务要求

掌握如何对 I/O 信号进行强制置位。

2. 任务实操

序号	操作步骤	示意图
1	采取 4.2.5 中的步骤进入，监控查看窗口，如图所示	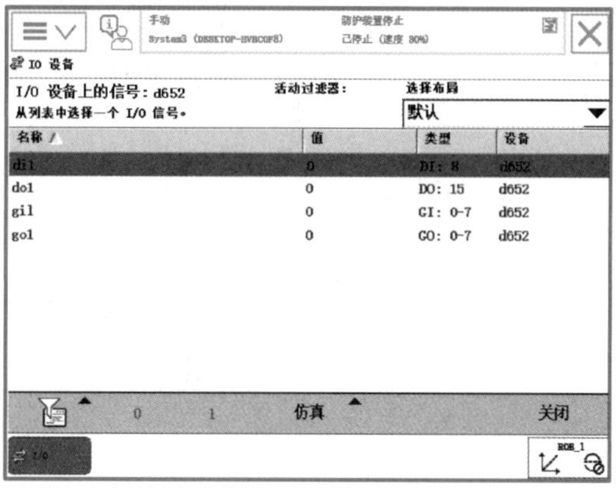

续表

序号	操作步骤	示意图
2	按照图示选中“di1”（或其他想进行强制的信号），然后点击“仿真”按钮	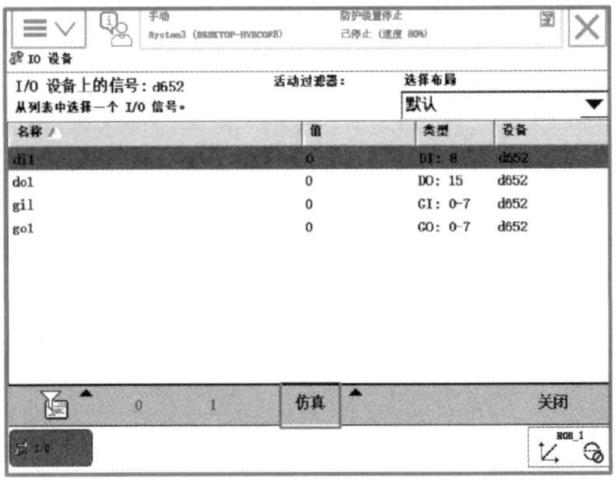
3	点击“0”或“1”，可以将di1的状态仿真置为0或1，如图所示	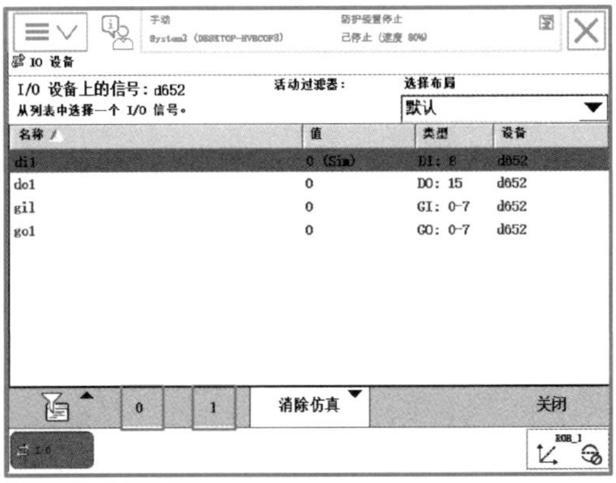
4	例如点击“1”，便将di1的状态仿真置为1（如图所示）	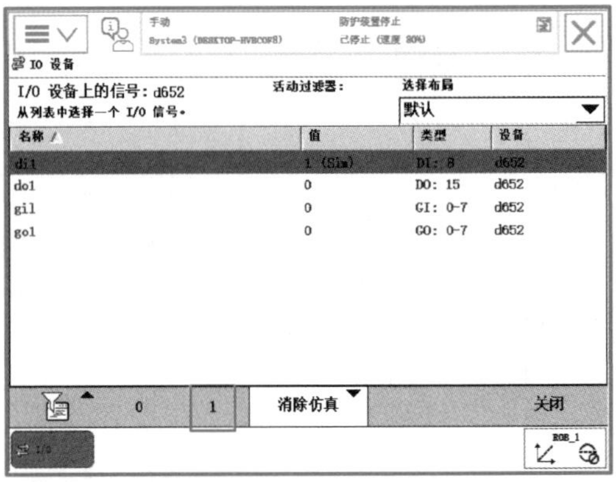

4.2.7　任务操作——I/O 信号的快捷键设置

1. 任务引入

示教器可编程按键是如图 4-9 所示方框内的四个按键，分为按键 1~4，在操作时可以为可编程按键分配需要快捷控制的 I/O 信号，以方便对 I/O 信号进行强制置位。

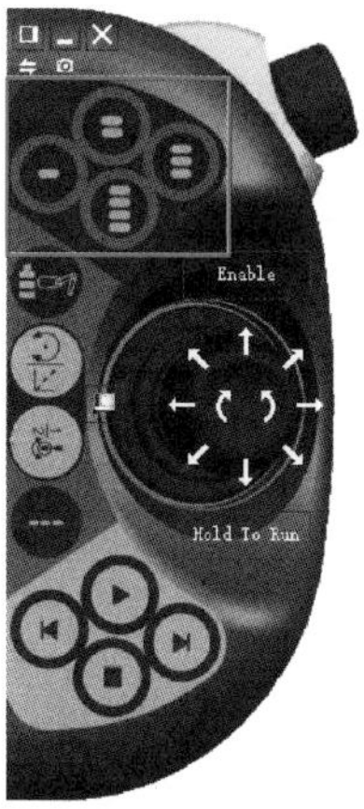

在对可编程按键进行设置时可选择不同的按键功能模式，如图4-10所示，总共有 5 种按键功能模式，分别为“切换”“设为 1”“设为 0”“按下/松开”和“脉冲”。

① 切换：在此功能模式下，对所设置的按键按压时，信号将在“0”和“1”之间进行切换。

② 设为 1：在此功能模式下，对所设置的按键按压时，信号将设为 1。

③ 设为 0：在此功能模式下，对所设置的按键按压时，信号将设为 0。

④ 按下/松开：在此功能模式下，对所设置的按键长按时，信号将设为 1；松开设置的按键时，信号将设为 0。

⑤ 脉冲：在此功能模式下，对所设置的按键按压时，输出一个脉冲。

图 4-9　可编程按键

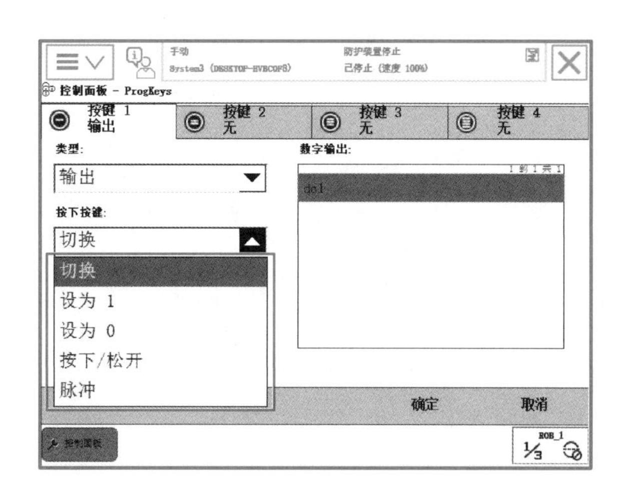

图 4-10　按键功能模式

2. 任务要求

掌握如何对可编程按键配置数字量信号。

3. 任务实操

序号	操作步骤	图片说明
1	进入主菜单，在示教器操作界面中选择“控制面板”选项并点击，如图所示	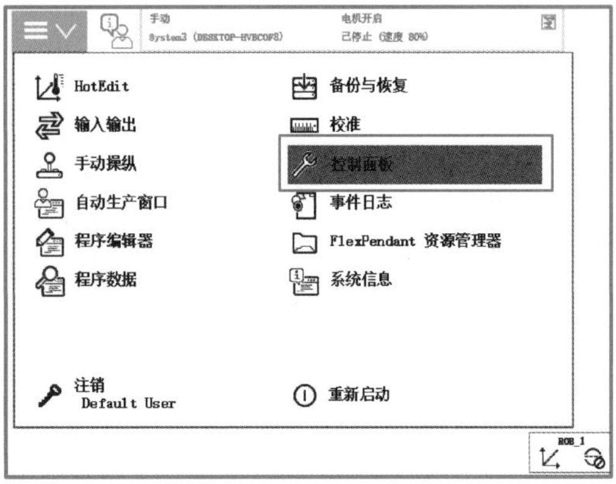 手动 System3 (DESKTOP-HVBCOF8) 电机开启 已停止（速度 80%） HotEdit　备份与恢复 输入输出　校准 手动操纵　控制面板 自动生产窗口　事件日志 程序编辑器　FlexPendant 资源管理器 程序数据　系统信息 注销 Default User　重新启动 ROB_1
2	点击“配置可编程按键”选项，如图所示	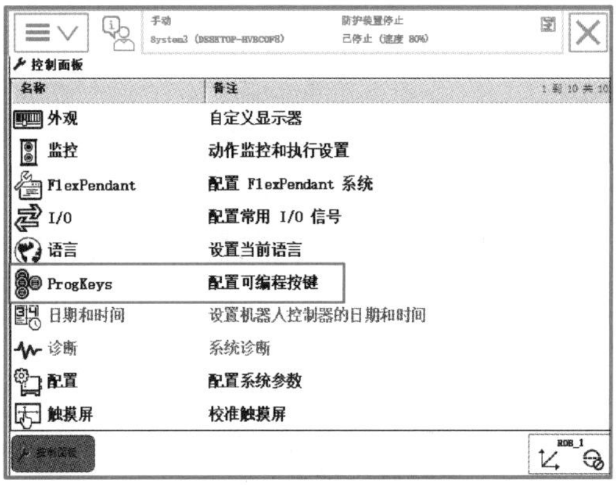 手动 System3 (DESKTOP-HVBCOF8) 防护装置停止 已停止（速度 80%） 控制面板 名称　备注　1 到 10 共 10 外观　自定义显示器 监控　动作监控和执行设置 FlexPendant　配置 FlexPendant 系统 I/O　配置常用 I/O 信号 语言　设置当前语言 ProgKeys　配置可编程按键 日期和时间　设置机器人控制器的日期和时间 诊断　系统诊断 配置　配置系统参数 触摸屏　校准触摸屏 控制面板　ROB_1
3	如图所示，在配置可编程按键的界面中，可以选择对按键1～4进行配置，配置类型有“输入”“输出”和“系统”信号	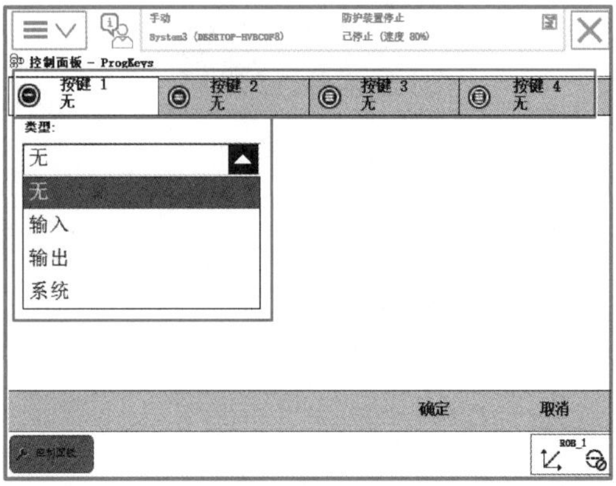 手动 System3 (DESKTOP-HVBCOF8) 防护装置停止 已停止（速度 80%） 控制面板 - ProgKeys 按键 1 无　按键 2 无　按键 3 无　按键 4 无 类型: 无 无 输入 输出 系统 确定　取消 控制面板　ROB_1

续表

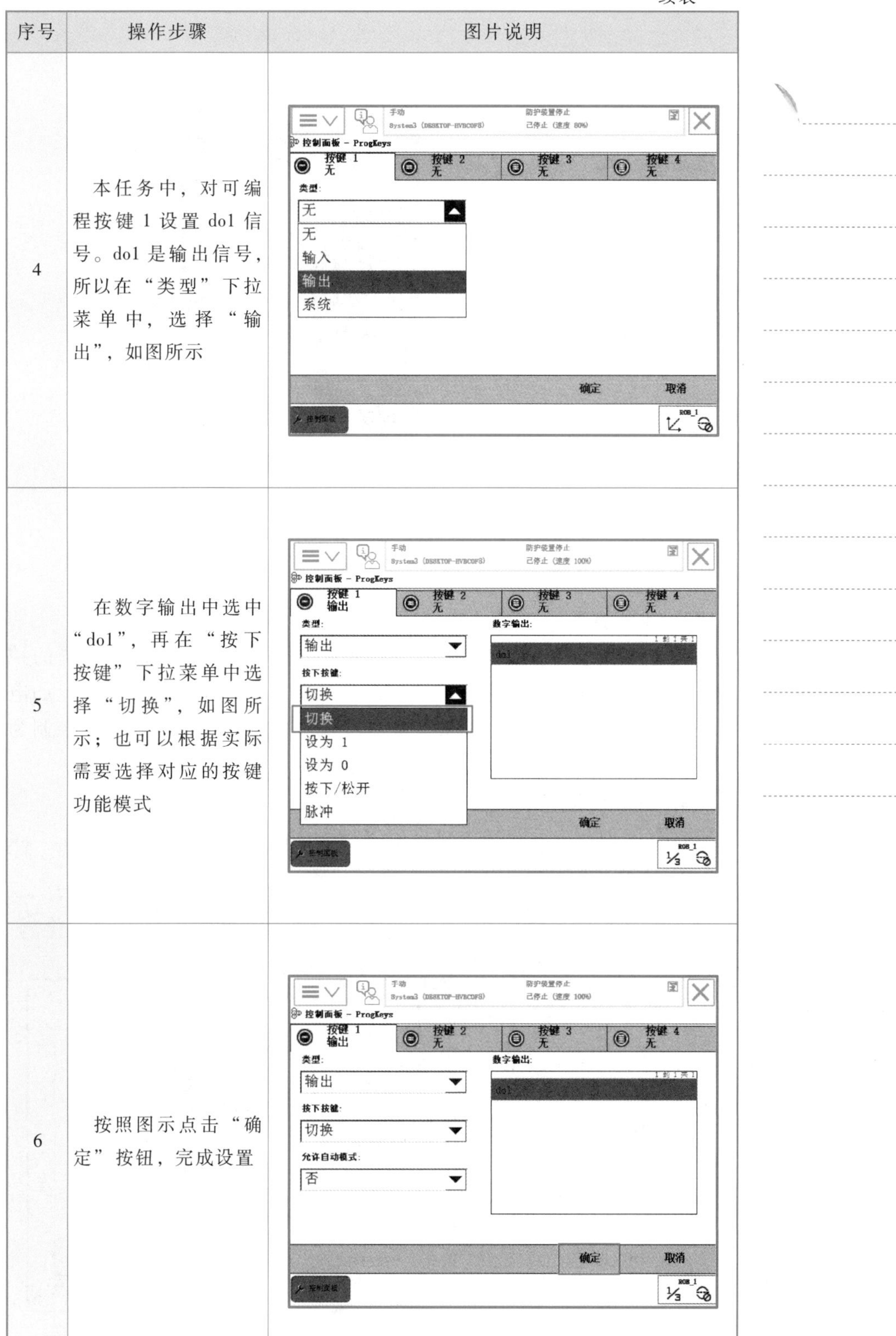

序号	操作步骤	图片说明
4	本任务中，对可编程按键 1 设置 do1 信号。do1 是输出信号，所以在“类型”下拉菜单中，选择“输出”，如图所示	
5	在数字输出中选中“do1”，再在“按下按键”下拉菜单中选择“切换”，如图所示；也可以根据实际需要选择对应的按键功能模式	
6	按照图示点击“确定”按钮，完成设置	

续表

序号	操作步骤	图片说明
7	配置后就可以通过可编程按键 1 在手动状态下对 do1 数字输出信号进行强制的操作，余下的可编程按键也可以参照上面步骤对其进行设置	

PPT
系统输入输出与 IO 信号关联

4.2.8 任务操作——输入输出信号与 I/O 的关联

视频
系统输入输出与 I/O 信号关联

1. 任务引入

建立系统输入输出信号与 I/O 的关联，可实现对机器人系统的控制，比如电机开启、程序启动等；也可实现对外围设备的控制，比如电机主轴的转动、夹具的开启等。此任务操作中将以机器人的电机控制为例进行详细叙述。

2. 任务要求

掌握如何建立系统输入输出信号与 I/O 的连接。

3. 任务实操

序号	操作步骤	图片说明
1	进入主菜单，在示教器操作界面中选择“控制面板”选项并点击，如图所示	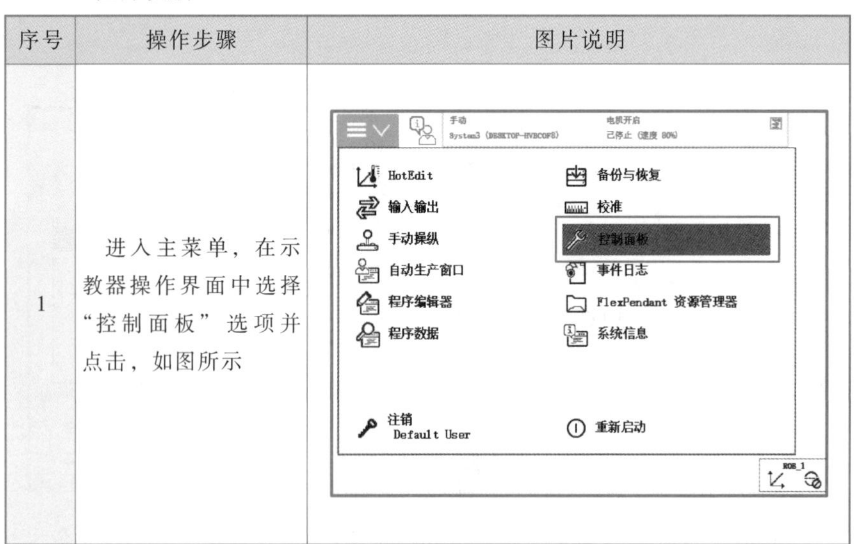

续表

序号	操作步骤	图片说明
2	点击“配置”选项，如图所示	
3	双击“System Input”选项	
4	进入如图所示界面，点击“添加”按钮	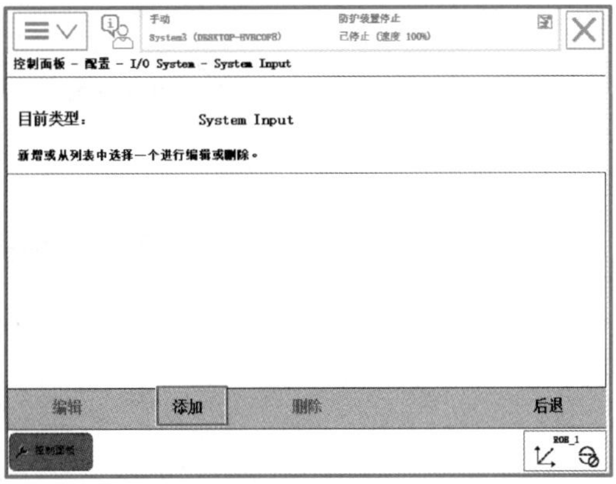

续表

序号	操作步骤	图片说明
5	双击图示中的“Signal Name”	
6	选择图示中的输入信号“di1”，并点击“确定”按钮	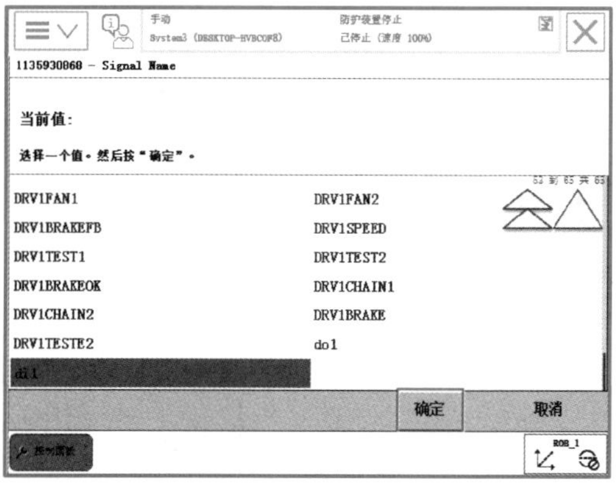
7	按照图示双击“Action”	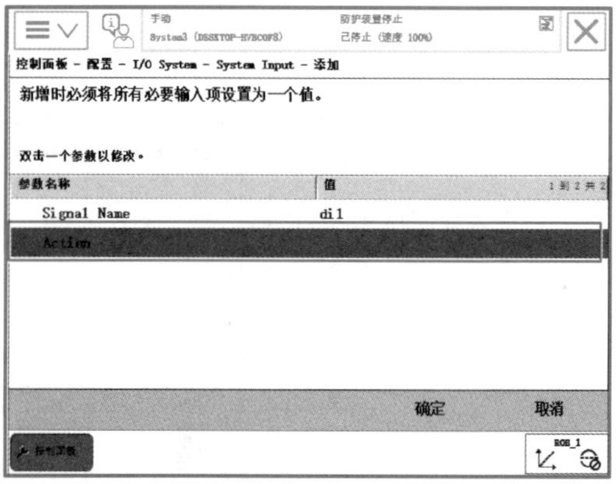

续表

序号	操作步骤	图片说明
8	选择“Motors On”，然后点击“确定”按钮，如图所示	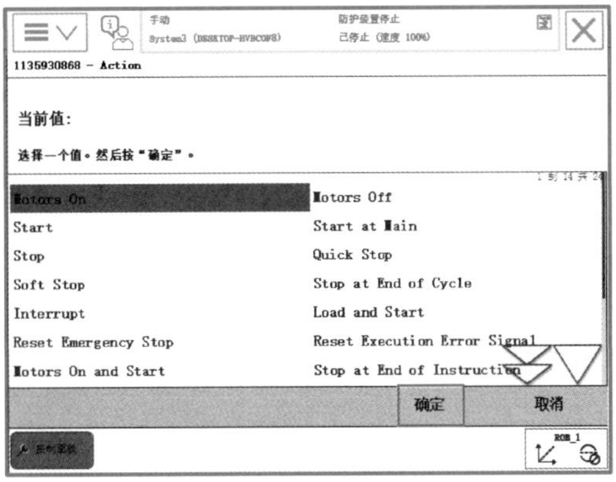
9	点击图中“确定”按钮确认设定	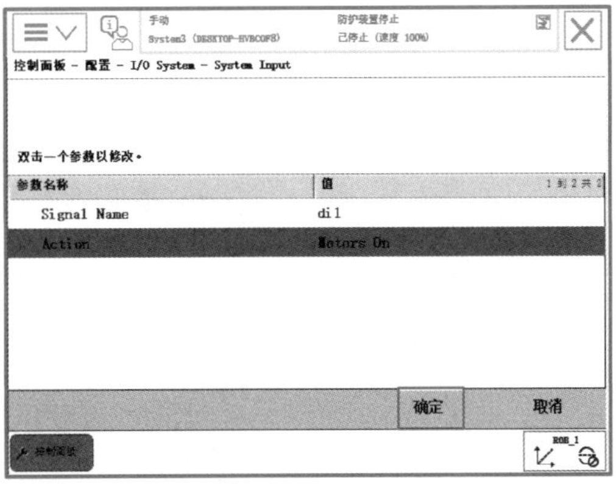
10	点击图示界面的“是”按钮重新热启动控制器，完成系统输入“电机启动”与数字输入信号 di1 的连接设定。输入信号关联好后，若在自动模式下，将 di1 置 1，则机器人电机上电	

续表

序号	操作步骤	图片说明
11	参考步骤 1~10，进行系统输出“电机开启”与数字输出信号 do1 的连接。首先，按照图示，双击“Syetem Output”选项	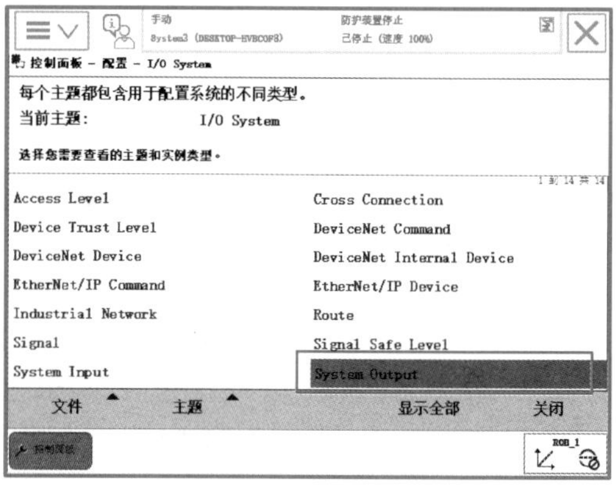
12	进入如图所示界面，点击“添加”按钮	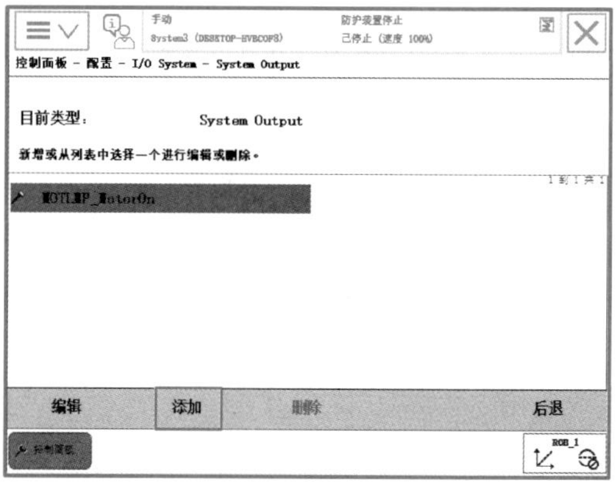
13	参考步骤 5~9，完成图示中的“Signal Name”（do1）和“Status”（Motors On）的设定。输出信号关联好后，若机器人电机上电，则 do1 置 1	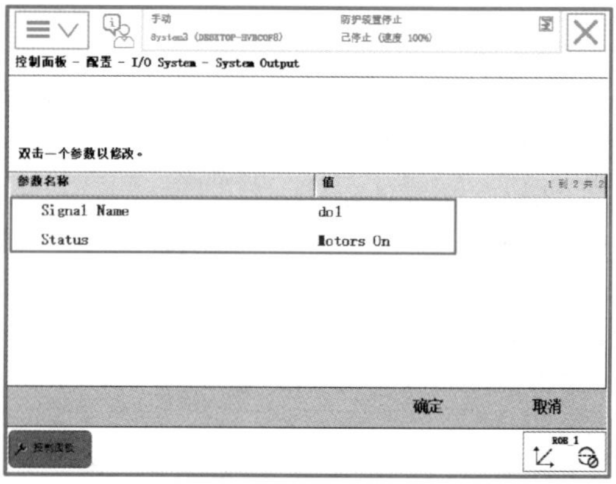

续表

序号	操作步骤	图片说明
14	与步骤 10 一样，点击图示界面的“是”按钮重新热启动控制器，完成系统输出“电机开启”与数字输出信号 do1 的连接设定	

思考题

一、判断题

1. 数字量输入信号 di1 地址可选范围为 0~16。 (　　)

2. go1 占用地址 0~7 共 8 位，可以代表十进制数 0~255。 (　　)

二、简答题

1. I/O 信号的种类有哪些？如何在示教器上实现 I/O 信号的定义？

习题

一、填空题

DSQC 652 标准 I/O 板的基本结构组成有(　　　　　　)、(　　　　　　)、(　　　　　　)、(　　　　　　)、(　　　　　　)、(　　　　　　)。

二、简答题

1. DSQC 652 标准 I/O 板各个端子的地址是如何分配的？

2. 如何对定义好的 I/O 进行监控查看以及仿真强制？

3. 如何设置可编程按键，实现 I/O 信号的快捷调用？

项目五　工业机器人的基础示教编程与调试

工业机器人的编程方法主要有示教编程和离线编程。示教编程适用于生产现场，通过使用工业机器人编程语言，选用适当的指令语句，通过手动操纵机器人到达对应的点位建立示教点，完成程序的编写。离线编程是借助虚拟仿真软件，无须操纵真实机器人，在虚拟环境下进行的工业机器人编程。本项目介绍机器人的 RAPID 编程语言和程序架构，并对示教编程的方法、常用 RAPID 指令的使用方法以及程序调试的方法进行了举例说明。

学习任务

- 任务 5.1　RAPID 编程语言与程序架构
- 任务 5.2　工业机器人运动指令的应用
- 任务 5.3　程序数据的定义及赋值
- 任务 5.4　逻辑判断指令与调用例行程序指令的应用
- 任务 5.5　I/O 控制指令
- 任务 5.6　基础示教编程的综合应用

学习目标

■ 知识目标

- 了解常用的运动指令和数学运算指令。
- 了解手动运行模式下程序调试的方法。
- 了解 Offs、RelTool、ProcCall 和 WaitTime 的用法。
- 了解常用的 I/O 控制指令和逻辑判断指令的用法。
- 了解工件坐标系与坐标偏移。
- 了解常用的程序数据类型、定义和赋值方法。
- 了解数组的定义及赋值方法。

■ 技能目标

- 掌握程序模块及例行程序的建立。
- 掌握程序的示教编写和调试。
- 能建立工件坐标系并测试准确性，利用工件坐标系偏移三角形示教轨迹。
- 能通过更改运动指令参数实现轨迹逼近。
- 掌握数据变量的定义和赋值。

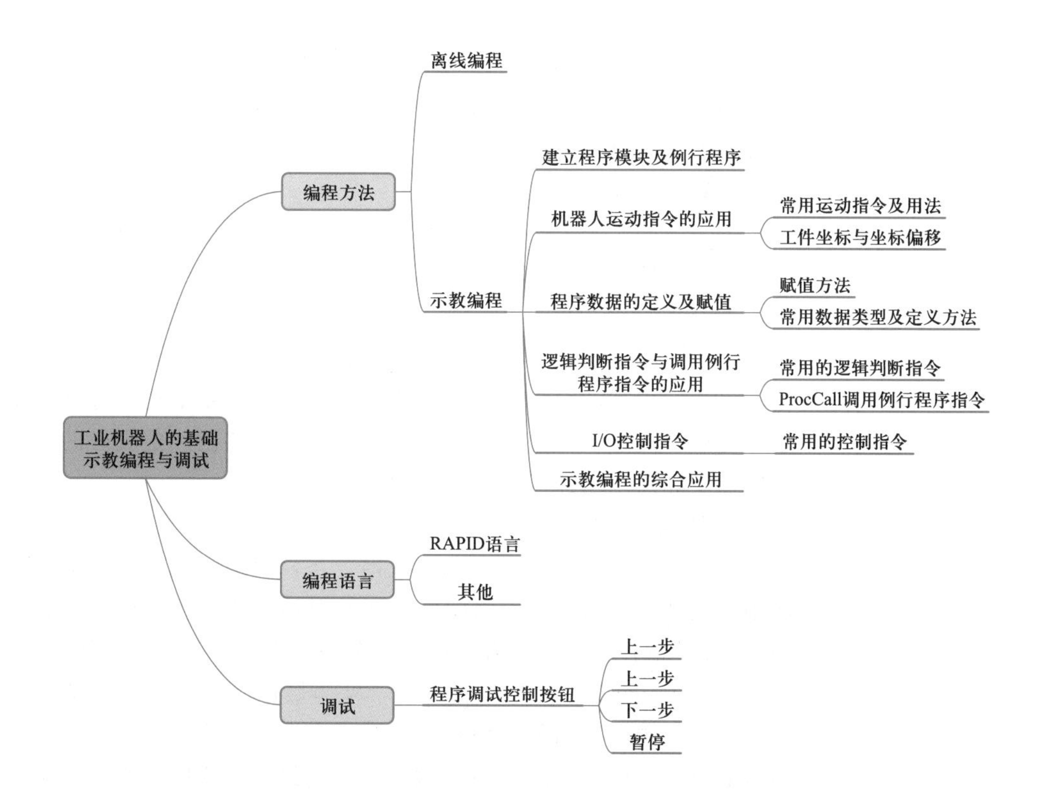
工业机器人的基础示教编程与调试
编程方法
离线编程
示教编程
建立程序模块及例行程序
机器人运动指令的应用
常用运动指令及用法
工件坐标与坐标偏移
程序数据的定义及赋值
赋值方法
常用数据类型及定义方法
逻辑判断指令与调用例行程序指令的应用
常用的逻辑判断指令
ProcCall调用例行程序指令
I/O控制指令
常用的控制指令
示教编程的综合应用
编程语言
RAPID语言
其他
调试
程序调试控制按钮
上一步
上一步
下一步
暂停

任务 5.1 RAPID 编程语言与程序架构

PPT
机器人的编程语言

5.1.1 RAPID 语言及其数据、指令、函数

1. RAPID 语言

RAPID 语言是一种由机器人厂家针对用户示教编程所开发的机器人编程语言，其结构和风格类似于 C 语言。RAPID 程序就是把一连串的 RAPID 语言人为有序地组织起来，形成应用程序。通过执行 RAPID 程序可以实现对机器人的操作控制。**RAPID 程序可以实现操纵机器人运动、控制 I/O 通信，执行逻辑计算、重复执行指令等功能。不同厂家生产的机器人编程语言会有所不同，但在实现的功能上大同小异。**

2. RAPID 数据、指令和函数

RAPID 程序的基本组成元素包括数据、指令、函数。

(1) RAPID 数据

RAPID 数据是在 RAPID 语言编程环境下定义的用于存储不同类型数据信息的数据结构类型。**在 RAPID 语言体系中，定义了上百种工业机器人可能运用到的数据类型，存放机器人编程需要用到的各种类型的常量和变量。同时，RAPID 语言允许用户根据这些已经定义好的数据类型，依照实际需求创建新的数据结构。**

RAPID 数据按照存储类型可以分为变量(VAR)、可变量(PERS)和常量(CONTS)三大类。**变量进行定义时，可以赋值，也可以不赋值。在程序中遇到新的赋值语句，当前值改变，但初始值不变，遇到指针重置(指针重置是指程序指针被人为地从一个例行程序移至另一个例行程序，或者 PP 移至 main)又恢复到初始值。可变量进行定义时，必须赋予初始值，在程序中遇到新的赋值语句，当前值改变，初始值也跟着改变，初始值被反复修改(多用于生产计数)。常量进行定义时，必须赋予初始值。在程序中是一个静态值，不能赋予新值，想修改只能通过修改初始值来更改。在示教编程中常用的程序数据类型见表 5-1，前文 3.4.8 中学习过的工具数据便是其中的一种。常用的程序数据的定义和用法将会在 5.3.1 中详细介绍。**

表 5-1 常用数据类型

程序数据	说明
bool	布尔量
byte	整数数据 0~255
clock	计时数据
jointtarget	关节位置数据
loaddata	负载数据

续表

程序数据	说明
num	数值数据
pos	位置数据(只有 X,Y 和 Z)
robjoint	机器人轴角度数据
speeddata	机器人与外轴的速度数据
string	字符串
tooldata	工具数据
wobjdata	工件数据

(2) RAPID 指令和函数

RAPID 语言为了方便用户编程，封装了一些可直接调用的指令和函数，其本质都是一段 RAPID 程序。RAPID 语言的指令和函数多种多样，可以实现运动控制、逻辑运算、输入输出等不同的功能。比如，运动指令，可以控制机器人的运动。在 5.2.1 中，将详细介绍 MoveAbsJ、MoveJ 和 MoveL 等一些常用的运动指令。再比如，逻辑判断指令，可以对条件分支进行判断，实现机器人行为的多样化。指令程序可以带有输入变量，但无返回值。与指令不同，RAPID 语言的函数是具有返回值的程序。例如，下文将介绍到的 Offs 指令便属于函数。RAPID 语言中的常见指令及函数说明详见附录Ⅰ。

在 RAPID 语言中，定义了很多保留字(详见附录Ⅱ)，它们都有特殊意义，因此不能用作 RAPID 程序中的标识符(即定义模块、程序、数据和标签的名称)。此外，还有许多预定义数据类型名称、系统数据、指令和有返回值程序也不能用作标识符。

除了本书中所涉及的指令与函数外，RAPID 语言所提供的其他数据、指令和函数的应用方法和功能，可以通过查阅 RAPID 指令、函数和数据类型技术参考手册进行学习。

5.1.2 RAPID 程序的架构

一台机器人的 RAPID 程序由系统模块与程序模块组成，每个模块中可以建立若干程序，如图 5-1 所示。

通常情况下，系统模块多用于系统方面的控制，而只通过新建程序模块来构建机器人的执行程序。机器人一般都自带 USER 模块与 BASE 模块两个系统模块，如图 5-2 所示。机器人会根据应用用途的不同，配备相应应用的系统模块。例如，焊接机器人的系统模块如图 5-3 所示。建议不要对任何自动生成的系统模块进行修改。

在设计机器人程序时，可根据不同的用途创建不同的程序模块，如用于位置计算的程序模块，用于存储数据的程序模块，这样便于归类管

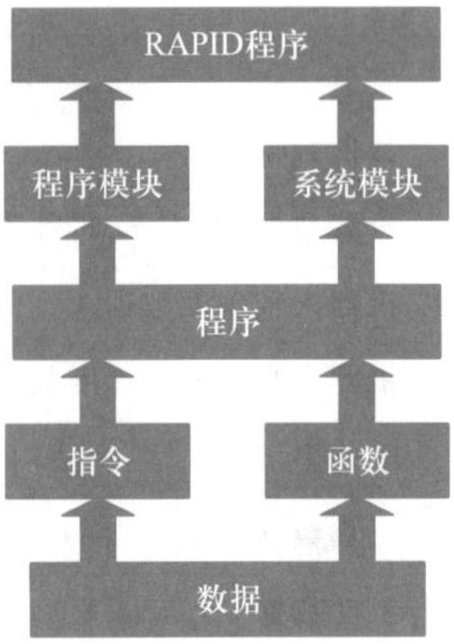

RAPID程序

程序模块 系统模块

程序

指令 函数

数据

图 5-1 RAPID 程序的架构

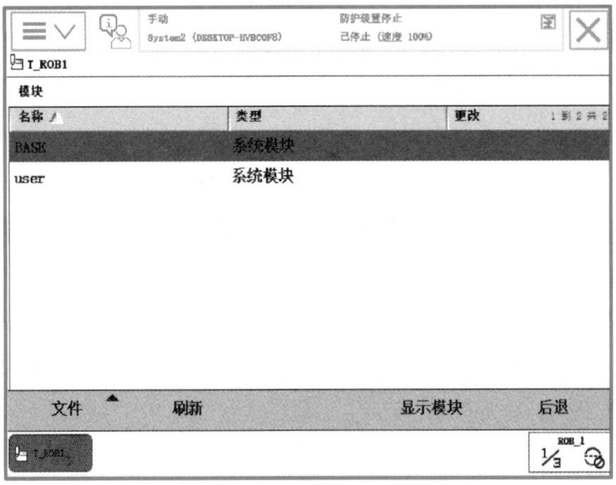

手动 System2 (DESKTOP-HVBCOF8) 防护装置停止 已停止 (速度 100%)

T_ROB1

模块

名称	类型	更改
BASE	系统模块	
user	系统模块	

文件 刷新 显示模块 后退

图 5-2 一般机器人的系统模块

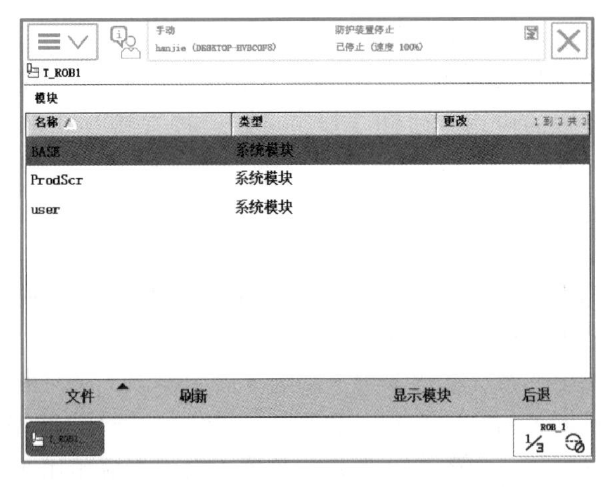

图 5-3 焊接机器人的系统模块

理不同用途的例行程序与数据。

① 值得注意的是，在 RAPID 程序中，只有一个主程序 main，并且作为整个 RAPID 程序执行的起点，可存在于任意一个程序模块中。

② 每一个程序模块一般包含了程序数据、程序、指令和函数四种对象。程序主要分为 Procedure、Function 和 Trap 三大类，如图 5-4 所示。Procedure 类型的程序没有返回值；Function 类型的程序有特定类型的返回值；Trap 类型的程序叫作中断例行程序，Trap 例行程序和某个特定中断连接，一旦中断条件满足，机器人将转入中断处理程序。

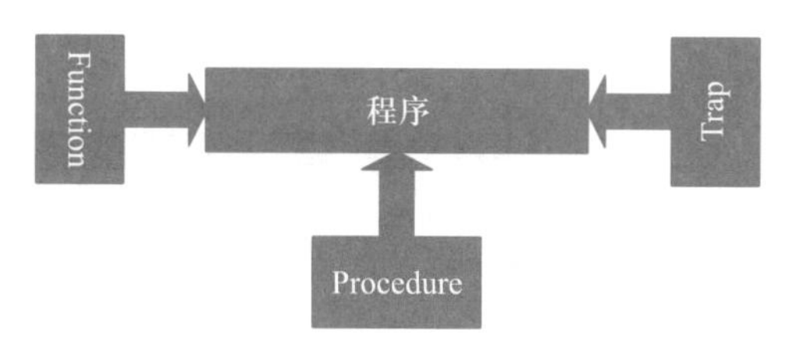

图 5-4　程序类型

视频

建立程序模块及例行程序

5.1.3　任务操作——建立程序模块及例行程序

1. 任务要求

使用示教器进行程序模块和例行程序的建立。

2. 任务实操

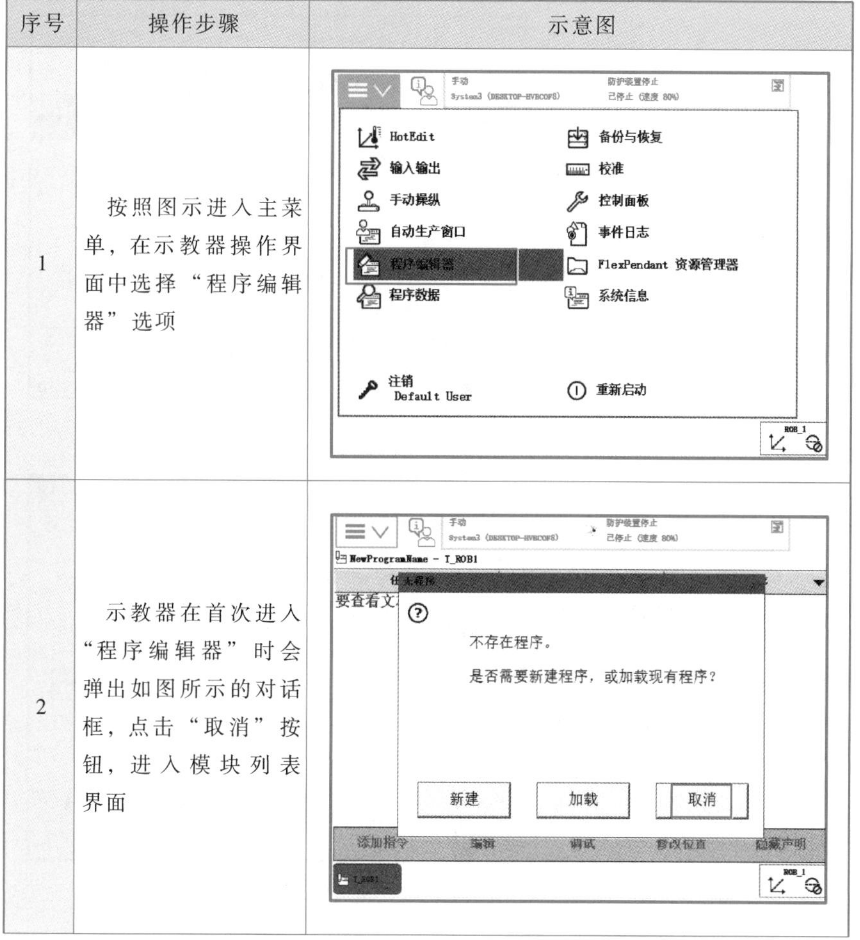

序号	操作步骤	示意图
1	按照图示进入主菜单，在示教器操作界面中选择“程序编辑器”选项	
2	示教器在首次进入“程序编辑器”时会弹出如图所示的对话框，点击“取消”按钮，进入模块列表界面	

续表

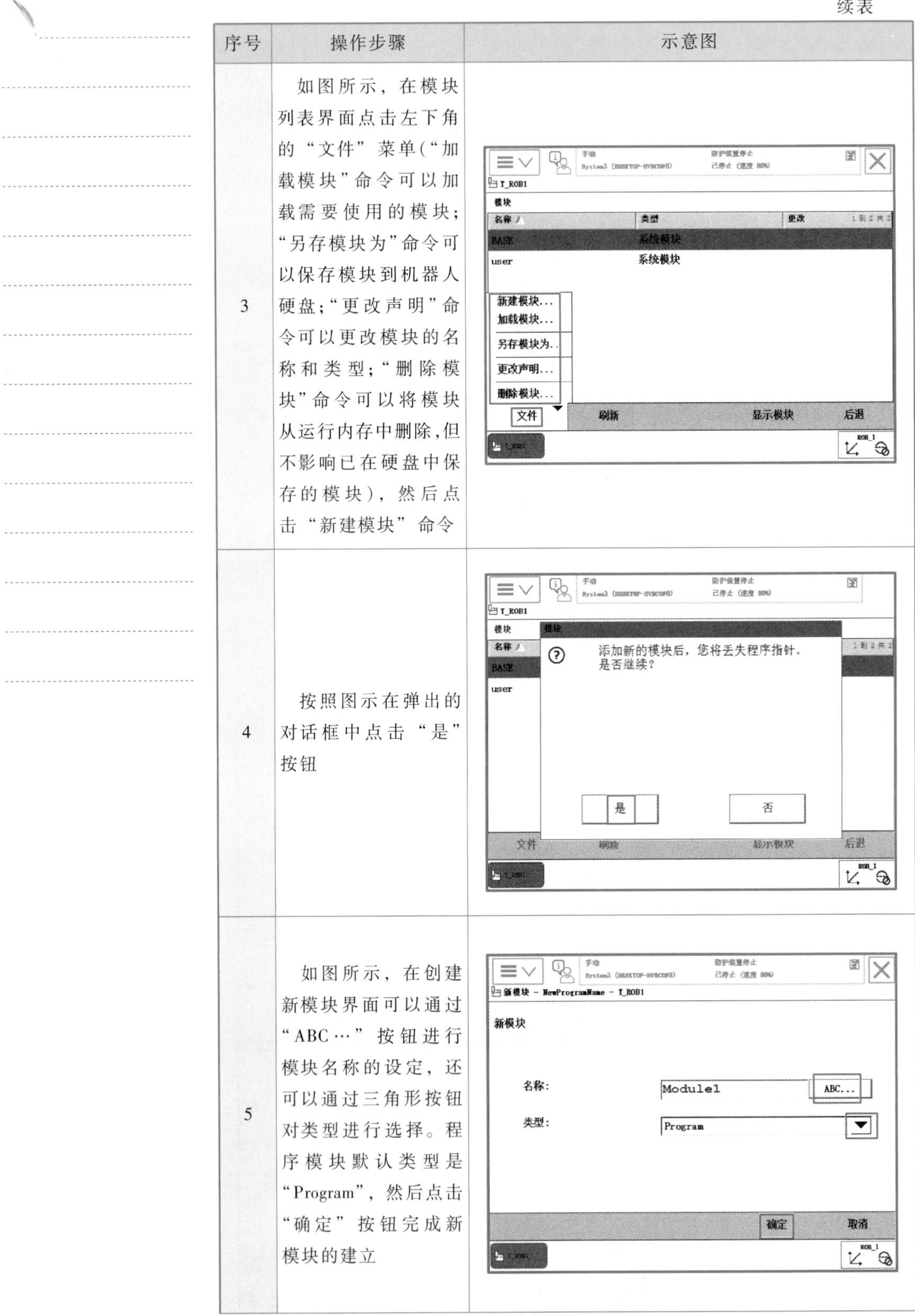

序号	操作步骤	示意图
3	如图所示，在模块列表界面点击左下角的“文件”菜单(“加载模块”命令可以加载需要使用的模块；“另存模块为”命令可以保存模块到机器人硬盘；“更改声明”命令可以更改模块的名称和类型；“删除模块”命令可以将模块从运行内存中删除，但不影响已在硬盘中保存的模块)，然后点击“新建模块”命令	
4	按照图示在弹出的对话框中点击“是”按钮	
5	如图所示，在创建新模块界面可以通过“ABC…”按钮进行模块名称的设定，还可以通过三角形按钮对类型进行选择。程序模块默认类型是“Program”，然后点击“确定”按钮完成新模块的建立	

续表

序号	操作步骤	示意图
6	如图所示，在模块列表中，显示出新建的程序模块，选中模块列表中的“Module1”，然后点击“显示模块”按钮	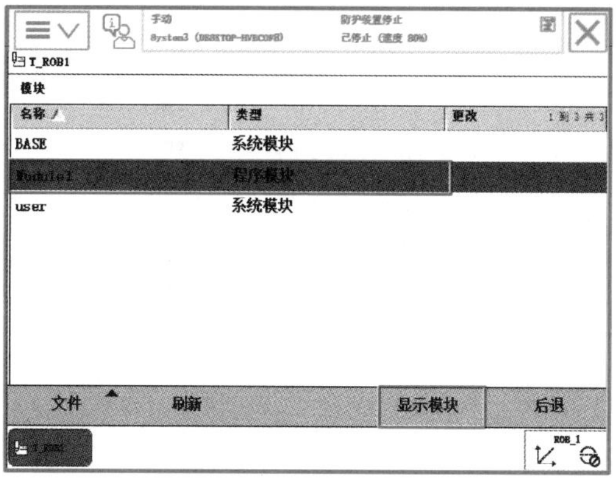
7	按照图示，点击“例行程序”按钮进行例行程序的新建	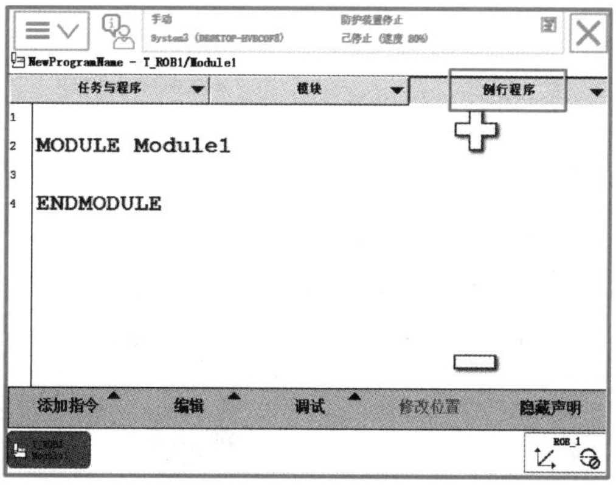
8	按照图示，在显示出例行程序的界面，打开“文件”菜单，点击“新建例行程序”命令	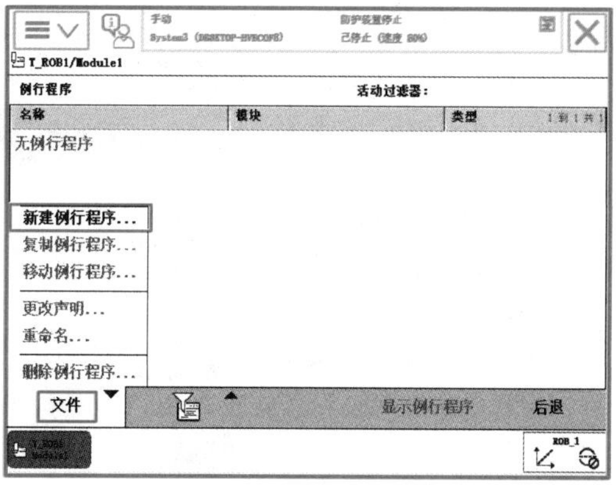

续表

序号	操作步骤	示意图
9	按照图示，首先创建一个主程序，将其名称设定为“main”，然后点击“确定”按钮	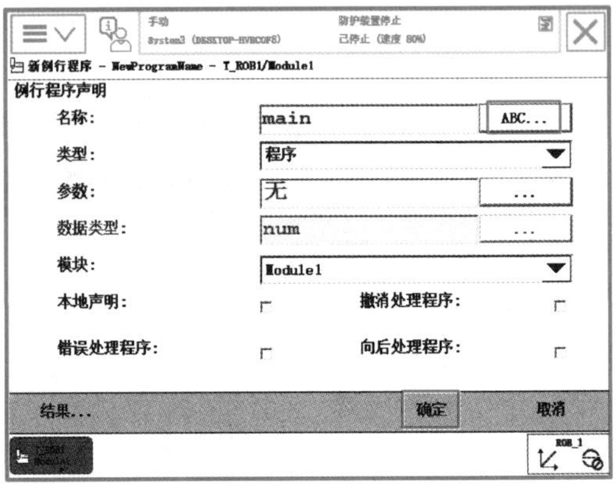 手动 System3 (DESKTOP-HVBCOF8) 防护装置停止 已停止 (速度 80%) 新例行程序 - NewProgramName - T_ROB1/Module1 例行程序声明 名称: main ABC... 类型: 程序 参数: 无 ... 数据类型: num ... 模块: Module1 本地声明: 撤消处理程序: 错误处理程序: 向后处理程序: 结果... 确定 取消 ROB_1
10	在新建例行程序时，可以对例行程序的类型进行选择，建立所需的程序类型。如图所示，程序类型可为“Procedure”“Function”和“Trap”	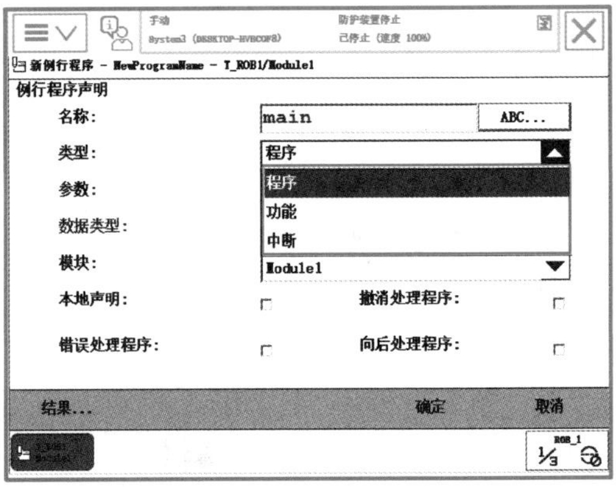 手动 System3 (DESKTOP-HVBCOF8) 防护装置停止 已停止 (速度 100%) 新例行程序 - NewProgramName - T_ROB1/Module1 例行程序声明 名称: main ABC... 类型: 程序 参数: 程序 功能 数据类型: 中断 模块: Module1 本地声明: 撤消处理程序: 错误处理程序: 向后处理程序: 结果... 确定 取消 ROB_1 1/3
11	可以使用相同的方法，根据自己的需要新建例行程序，方便用于被主程序main调用或例行程序间的互相调用。例行程序的名称可以在系统保留字段之外自由定义	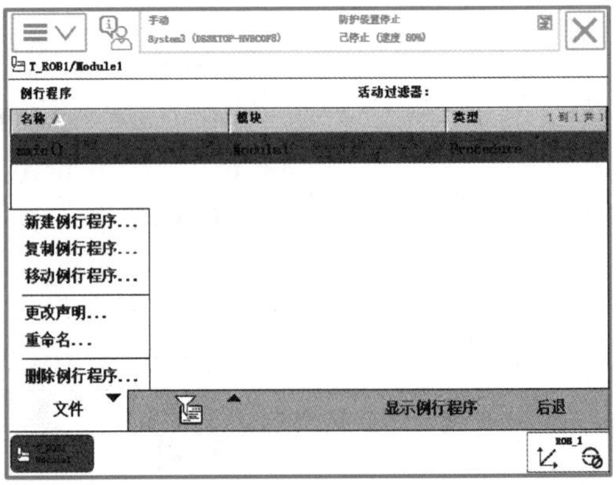 手动 System3 (DESKTOP-HVBCOF8) 防护装置停止 已停止 (速度 80%) T_ROB1/Module1 例行程序 活动过滤器: 名称 模块 类型 1到1共1 main() Module1 Procedure 新建例行程序... 复制例行程序... 移动例行程序... 更改声明... 重命名... 删除例行程序... 文件 显示例行程序 后退 ROB_1

续表

序号	操作步骤	示意图
12	如图所示，在例行程序的列表中，选择相对应的例行程序，点击“显示例行程序”按钮，便可进行编程	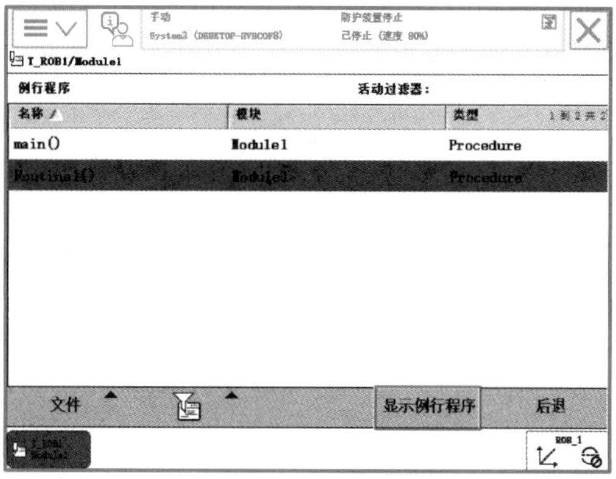

思考题

一、填空题

1. RAPID 是一种(　　)，所包含的指令可以(　　)、(　　)、读取输入，还能实现决策、(　　)、(　　)与系统操作员交流等。

2. 一个程序模块一般包含(　　)、(　　)、(　　)和(　　)四种对象，但不是每个模块中都会有这四种对象。

二、问答题

如何新建程序模块和例行程序？程序模块中有几个主程序 main？

任务 5.2 工业机器人运动指令的应用

PPT 机器人运动指令

5.2.1 常用的运动指令及用法

工业机器人在空间上的运动方式主要有绝对位置运动、关节运动、线性运动和圆弧运动四种，每一种运动方式对应一个运动指令。运动指令即通过建立示教点指示机器人按一定轨迹运动的指令。机器人末端 TCP 移动轨迹的目标点位置即为示教点。

本书所述机器人常用的运动指令如下。

1. 绝对位置运动指令 MoveAbsJ

绝对位置运动指令(图 5-5)是指示机器人使用六个关节轴和外轴(附加轴)的角度值进行运动和定义目标位置数据的命令，MoveAbsJ 指令(解析见表 5-2)常用于机器人回到机械零点的位置或 Home 点。Home

点（工作原点）是一个机器人远离工件和周边机器的安全位置。当机器人在 Home 点时，会同时发出信号给其他远端控制设备如 PLC。根据此信号可以判断机器人是否在工作原点，避免因机器人动作的起始位置不安全而损坏周边设备。

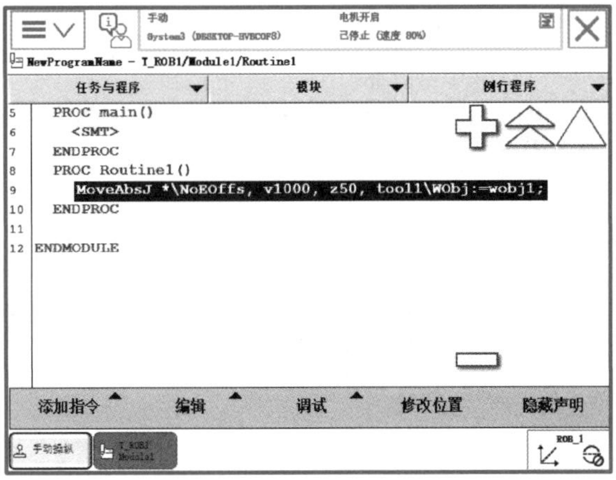

图 5-5 绝对位置运动指令

表 5-2 MoveAbsJ 指令解析

参数	定义	操作说明
*	目标点位置数据	定义机器人 TCP 的运动目标
\ NoEOffs	外轴不带偏移数据	
V1000	运动速度数据，1 000 mm/s	定义速度（mm/s）
Z50	转弯区数据，转弯区的数值越大，机器人的动作越圆滑与流畅	定义转弯区的大小
Tool1	工具坐标数据	定义当前指令使用的工具
Wobj1	工件坐标数据	定义当前指令使用的工件坐标

⚠ 提示：在进行程序语句编写时，点击选中对应指令语句中的参数后，即可对参数进行编辑和修改。

2. 关节运动指令 MoveJ

关节运动指令（图 5-6）是在对机器人路径精度要求不高的情况下，指示机器人工具中心点 TCP 从一个位置移动到另一位置的命令，移动过程中机器人运动姿态不完全可控，但运动路径（图 5-7）保持唯一。MoveJ 指令（解析见表 5-3）适合机器人需要大范围运动时使用，不容易在运动过程中发生关节轴进入机械奇异点的问题。机器人到达机械奇异点，将会引起自由度减少，使得关节轴无法实现某些方向的运动，还有可能导致关节轴失控。一般来说，机器人有两类奇异点，分别为臂奇异点和腕奇异点。臂奇异点（图 5-8）是指轴 4、轴 5 和轴 6 的交点与轴 1 在 Z 轴方向上的交点所处位置；腕奇异点（图 5-9）是指轴 4 和轴 6 处于同一条线上(即轴 5 角度为 0)的点。

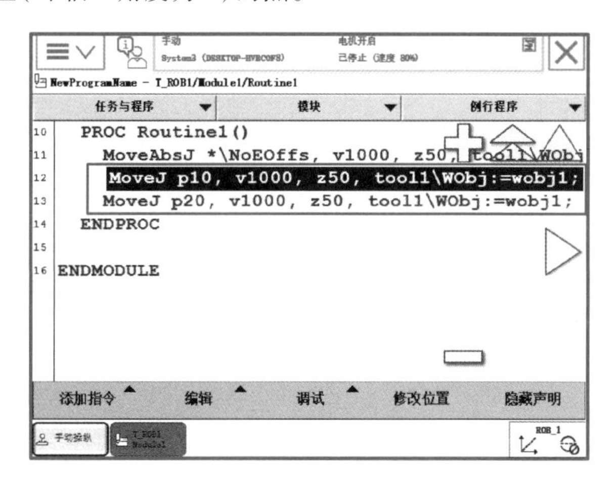

图 5-6　关节运动指令

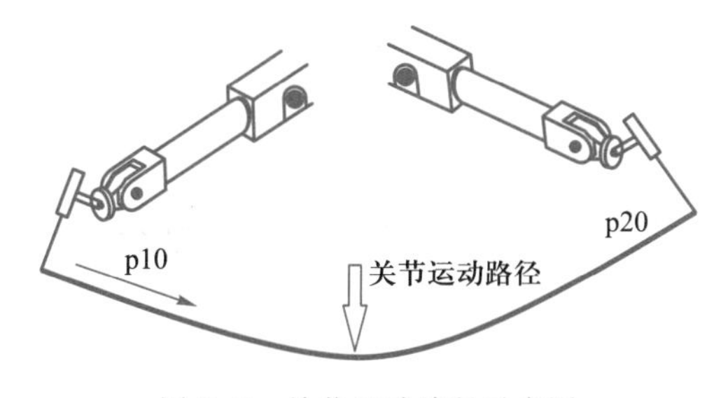

图 5-7　关节运动路径示意图

表 5-3　MoveJ 指令解析

参数	定义	操作说明
p10，p20	目标点位置数据	定义机器人 TCP 的运动目标
V1 000	运动速度数据，1 000 mm/s	定义速度(mm/s)
Z50	转弯区数据，转弯区的数值越大，机器人的动作越圆滑与流畅	定义转弯区的大小
Tool1	工具坐标数据	定义当前指令使用的工具
Wobj1	工件坐标数据	定义当前指令使用的工件坐标

⚠ 提示：运用 MoveJ 指令实现两点间的移动时，两点间整个空间区域需确保无障碍物，以防止由于运动路径不可预知所造成的碰撞。

3. 线性运动指令 MoveL

线性运动指令(图 5-10)是指示机器人的 TCP 从起点到终点之间的路径(图 5-11)始终保持为直线运动的命令。在此运动指令(解析参考表 5-3)下，机器人运动状态可控，运动路径保持唯一。一般用于对路径要求高的场合，如焊接、涂胶等。

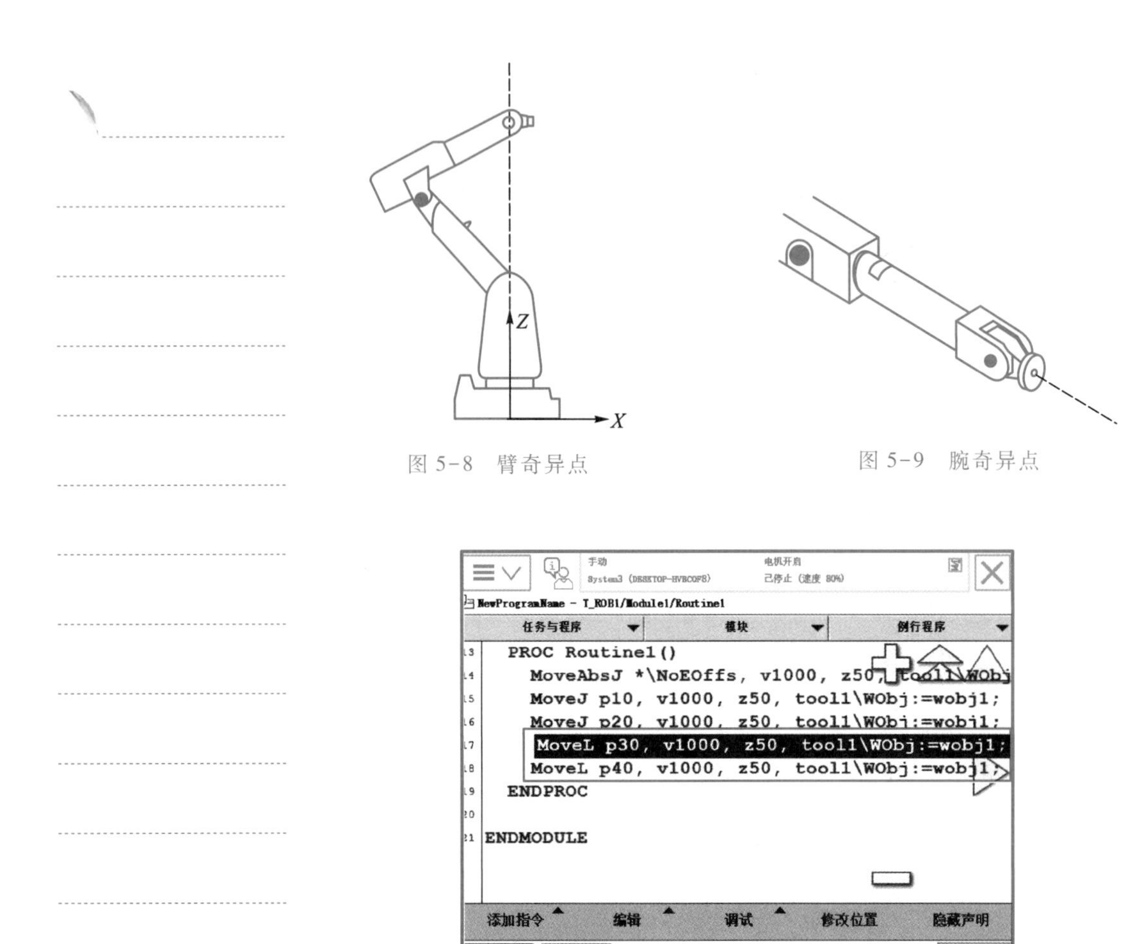

图 5-8 臂奇异点

图 5-9 腕奇异点

图 5-10 线性运动指令

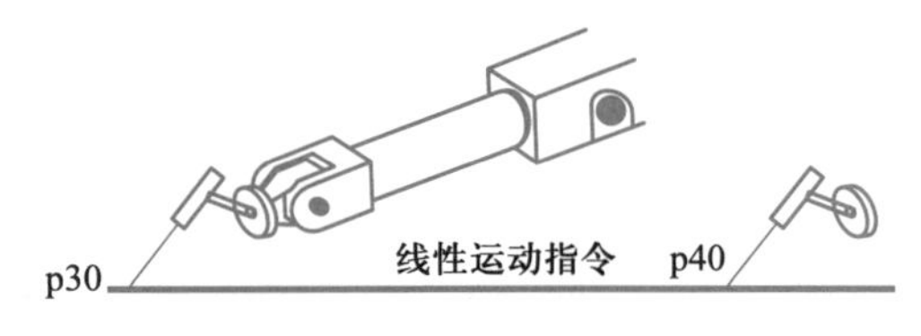

图 5-11 线性运动路径示意图

4. 圆弧运动指令 MoveC

圆弧运动指令(图 5-12)是指示机器人在可到达范围内定义三个位置点，实现圆弧路径(图 5-13)运动的命令(解析见表 5-4)。在圆弧运动位置点中，第一点是圆弧的起点，第二点确定圆弧的曲率，第三点是圆弧的终点。

⚠ 提示：一个整圆的运动路径不可能仅通过一个 MoveC 指令完成。

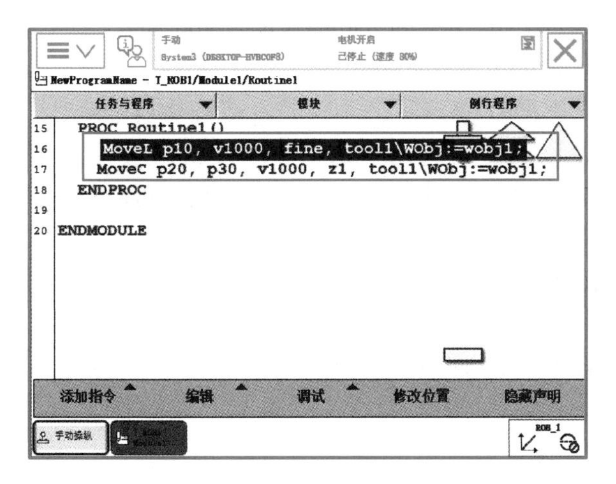

图 5-12　圆弧运动指令

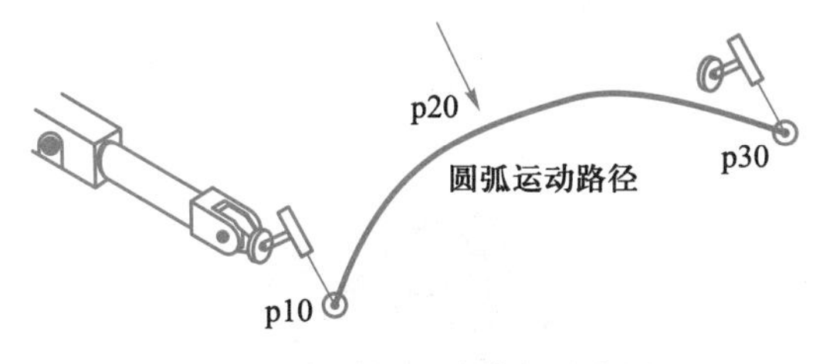

图 5-13　圆弧运动路径示意图

表 5-4　MoveC 指令解析

参数	定义	操作说明
p10	圆弧的第一个点	定义圆弧的起点位置
p20	圆弧的第二个点	定义圆弧的曲率
P30	圆弧的第三个点	定义圆弧的终点位置
fine/z1	转弯区数据	定义转弯区的大小

5. 速度设定指令 VelSet

VelSet 指令用于设定最大的速度和倍率。该指令仅可用于主任务 T_ ROB1，或者如果在 MultiMove 系统中，则可用于运动任务中。

例如：
```
MODULE Module1
  PROC Routine1()
    VelSet 50, 400;
    MoveL p10, v1000, z50, tool0;
    MoveL p20, v1000, z50, tool0;
    MoveL p30, v1000, z50, tool0;
  ENDPROC
ENDMODULE
```

将所有的编程速度降至指令中值的 50%，但不允许 TCP 速度超过

400 mm/s，即点 P10、p20 和 p30 的速度是 400 mm/s。

6. 加速度设定指令 AccSet

AccSet 指令可定义机器人的加速度。处理脆弱负载时，允许增加或降低加速度，使机器人移动更加顺畅。该指令仅可用于主任务 T_ROB1，或者如果在 MultiMove 系统中，则可用于运动任务中。

例如：AccSet 50，100；

加速度限制到正常值的 50%。

例如：AccSet 100，50；

加速度斜线限制到正常值的 50%。

5.2.2　手动运行模式下程序调试的方法

在建立好程序模块和所需的例行程序后，便可进行程序编辑。在编辑程序的过程中，需要对编辑好的程序语句进行调试，检查是否正确，调试方法分为单步和连续。在调试过程中，需要用到程序调试控制按钮，如图 5-14 所示。

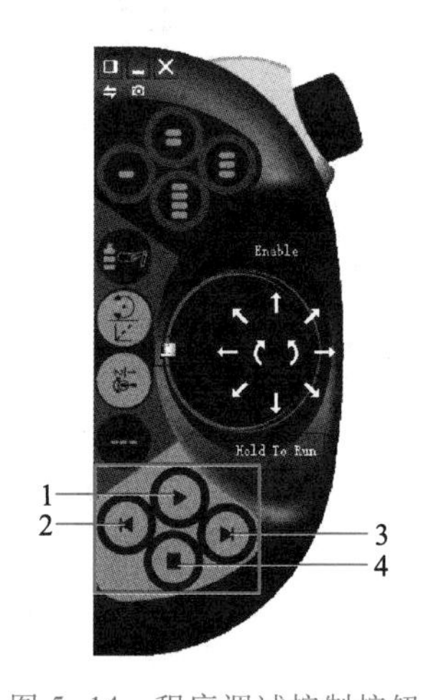

图 5-14　程序调试控制按钮

1—连续；2—上一步；3—下一步；4—暂停

① 连续：按压此按钮，可以连续执行程序语句，直到程序结束。

② 上一步：按压此按钮，执行当前程序语句的上一语句，按一次往上执行一句。

③ 下一步：按压此按钮，执行当前程序语句的下一语句，按一次往下执行一句。

④ 暂停：按压此按钮停止当前程序语句的执行。

在手动运行模式下，可以通过点按程序调试控制按钮“上一步”和“下一步”，进行机器人程序的单步调试。对所示教编写好的程序进行单步调试，确认无误后便可选择程序调试控制按钮“连续”，对程序进行连续调试。

5.2.3 任务操作——利用绝对位置运动指令 MoveAbsJ 使各轴回零点

1. 任务引入

在 5.2.1 中学习了运动指令 MoveAbsJ，下面介绍使用绝对位置运动指令 MoveAbsJ 使机器人各轴回零点位置的操作方法。MoveAbsJ 指令设置零点位置参数数值见表 5-5。

表 5-5 MoveAbsJ 指令设置零点位置参数数值表

参数名称	参数值	参数名称	参数值
rax_1	0	eax_a	9E+09
rax_2	0	eax_b	9E+09
rax_3	0	eax_c	9E+09
rax_4	0	eax_d	9E+09
rax_5	0	eax_e	9E+09
rax_6	0	eax_f	9E+09

2. 任务要求

掌握如何利用绝对位置运动指令 MoveAbsJ 使机器人各轴回零点位置。

3. 任务实操

序号	操作步骤	示意图
1	按照图示，进入示教器主菜单界面，选择“程序编辑器”选项	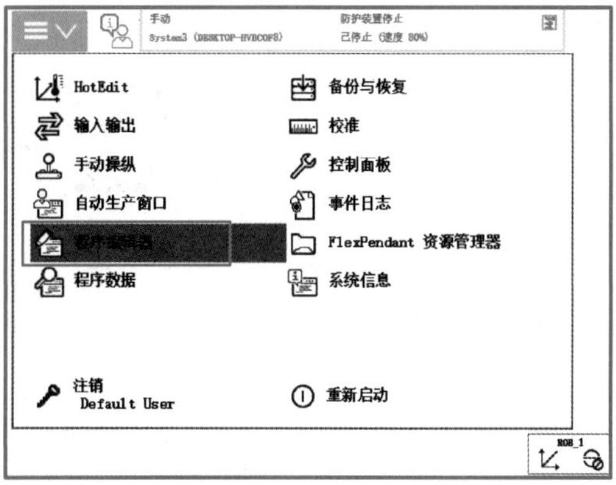 手动 System3 (DESKTOP-HVBCOF8) 防护装置停止 已停止 (速度 80%) HotEdit 备份与恢复 输入输出 校准 手动操纵 控制面板 自动生产窗口 事件日志 程序编辑器 FlexPendant 资源管理器 程序数据 系统信息 注销 Default User 重新启动 ROB_1

续表

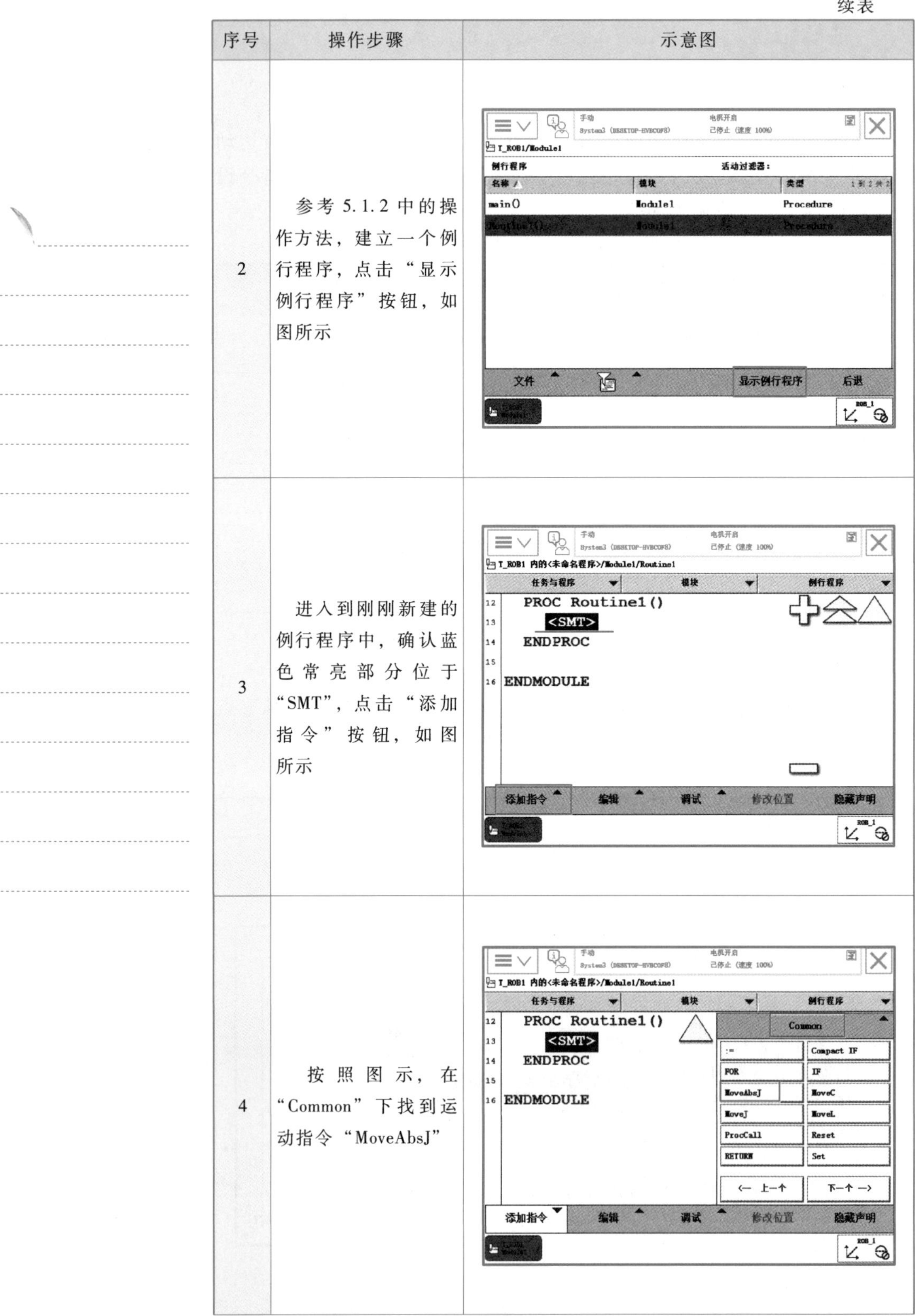

序号	操作步骤	示意图
2	参考 5.1.2 中的操作方法，建立一个例行程序，点击“显示例行程序”按钮，如图所示	
3	进入到刚刚新建的例行程序中，确认蓝色常亮部分位于“SMT”，点击“添加指令”按钮，如图所示	
4	按照图示，在“Common”下找到运动指令“MoveAbsJ”	

续表

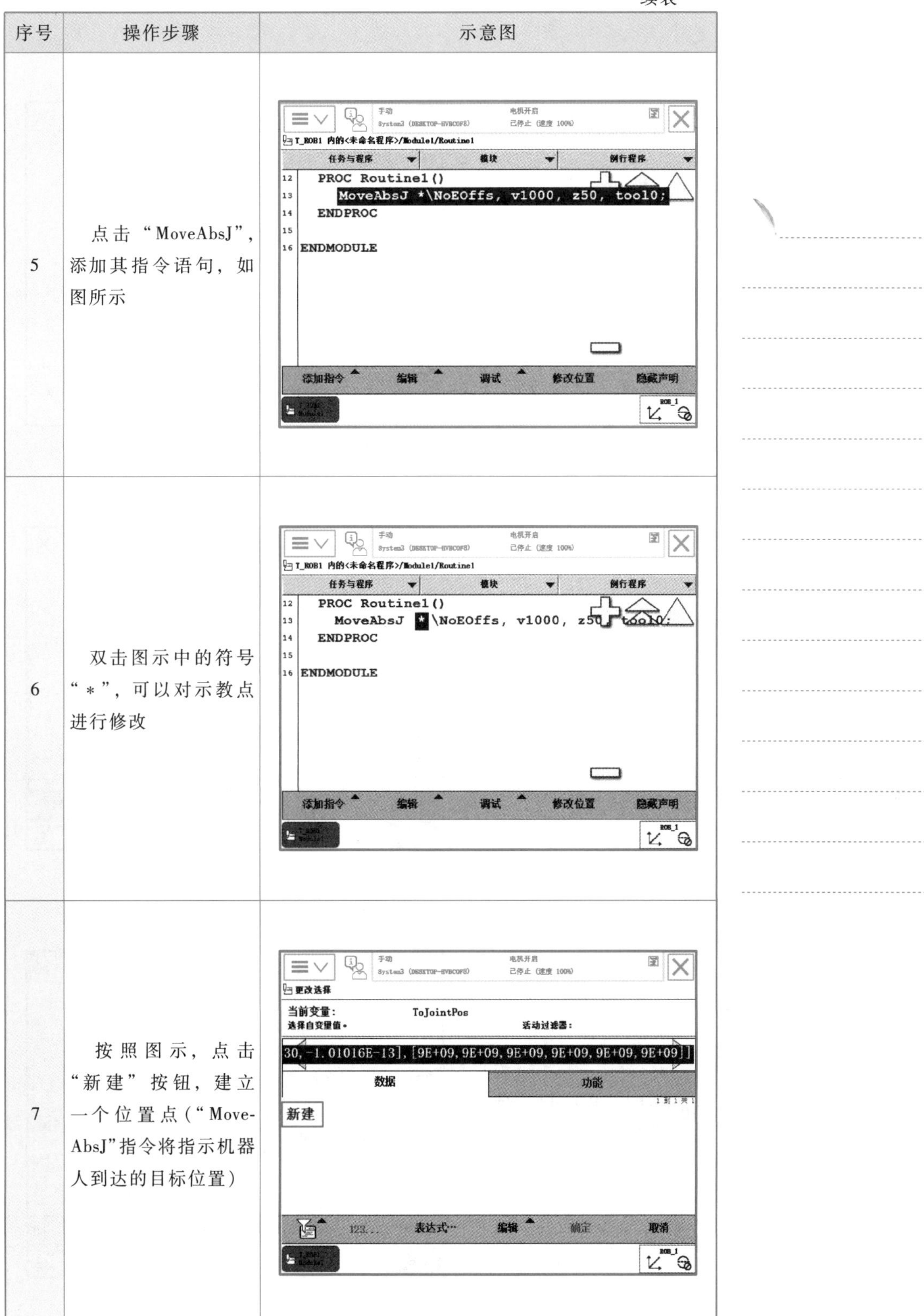

序号	操作步骤	示意图
5	点击“MoveAbsJ”，添加其指令语句，如图所示	
6	双击图示中的符号“＊”，可以对示教点进行修改	
7	按照图示，点击“新建”按钮，建立一个位置点（“MoveAbsJ”指令将指示机器人到达的目标位置）	

续表

序号	操作步骤	示意图
8	按照图示，点击“初始值”按钮，修改位置点参数值	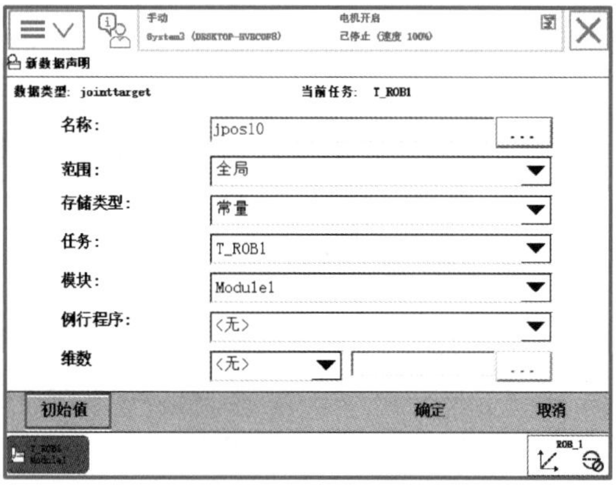 手动 System3 (DESKTOP-SVBCOFS) 电机开启 已停止 (速度 100%) 新数据声明 数据类型：jointtarget 当前任务：T_ROB1 名称：jpos10 范围：全局 存储类型：常量 任务：T_ROB1 模块：Module1 例行程序：<无> 维数 <无> 初始值 确定 取消 T_ROB1 Module1 ROB_1
9	进入到位置参数数值修改界面，如图所示	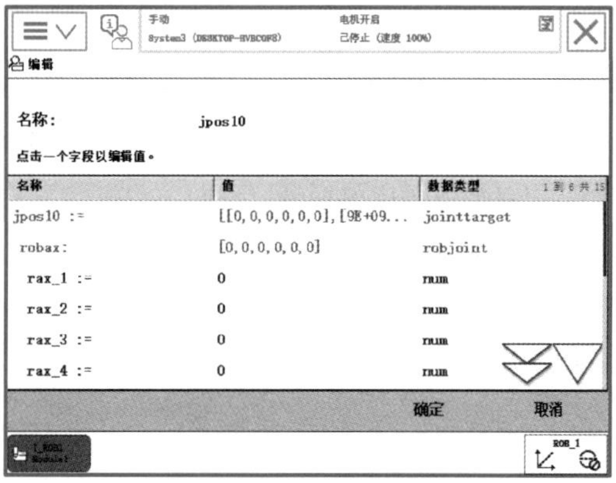 手动 System3 (DESKTOP-SVBCOFS) 电机开启 已停止 (速度 100%) 编辑 名称：jpos10 点击一个字段以编辑值。 名称 值 数据类型 1到6共15 jpos10 := [[0,0,0,0,0,0],[9E+09... jointtarget robax: [0,0,0,0,0,0] robjoint rax_1 := 0 num rax_2 := 0 num rax_3 := 0 num rax_4 := 0 num 确定 取消 T_ROB1 Module1 ROB_1
10	参考表5-5，修改各项参数值，点击“确定”按钮，如图所示	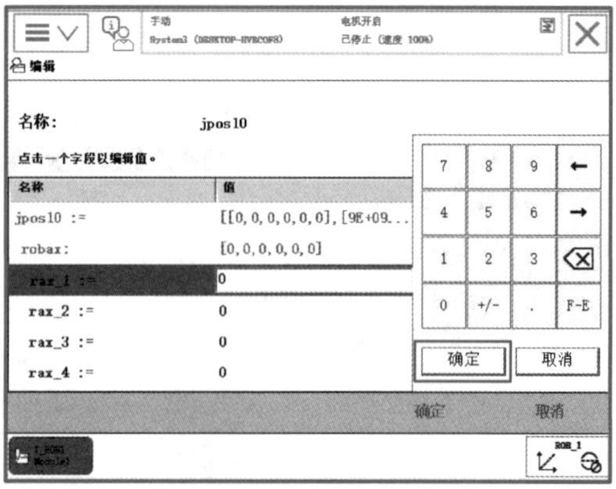 手动 System3 (DESKTOP-SVBCOFS) 电机开启 已停止 (速度 100%) 编辑 名称：jpos10 点击一个字段以编辑值。 名称 值 jpos10 := [[0,0,0,0,0,0],[9E+09... robax: [0,0,0,0,0,0] rax_1 := 0 rax_2 := 0 rax_3 := 0 rax_4 := 0 7 8 9 ← 4 5 6 → 1 2 3 ⌫ 0 +/- . F-E 确定 取消 确定 取消 T_ROB1 Module1 ROB_1

续表

序号	操作步骤	示意图
11	修改完所有参数后，按照图示点击“确定”按钮，完成零点参数值的设定	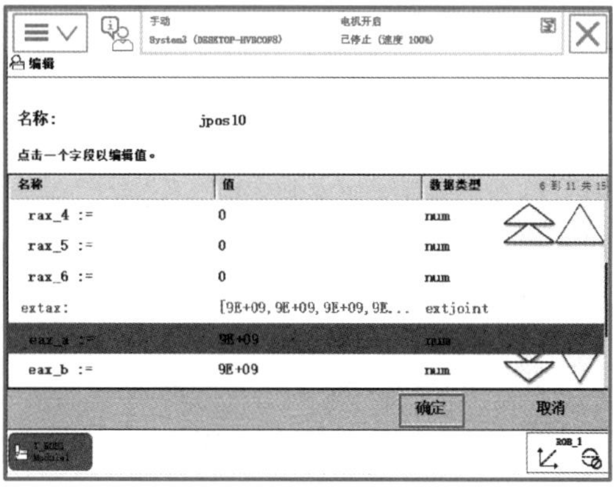
12	回到程序编辑界面，按照图示，点击“调试”菜单，选择“PP移至例行程序…”命令	
13	选择“MoveAbsJ”指令语句所在的例行程序，点击“确定”按钮，如图所示	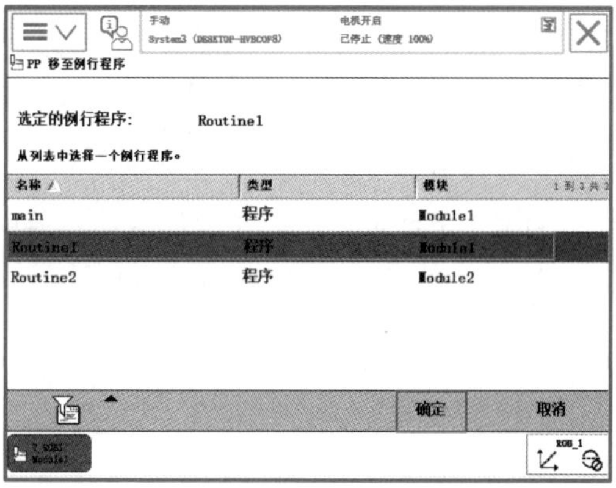

续表

序号	操作步骤	示意图
14	如图所示，将光标箭头指在“MoveAbsJ”指令语句所在语句行	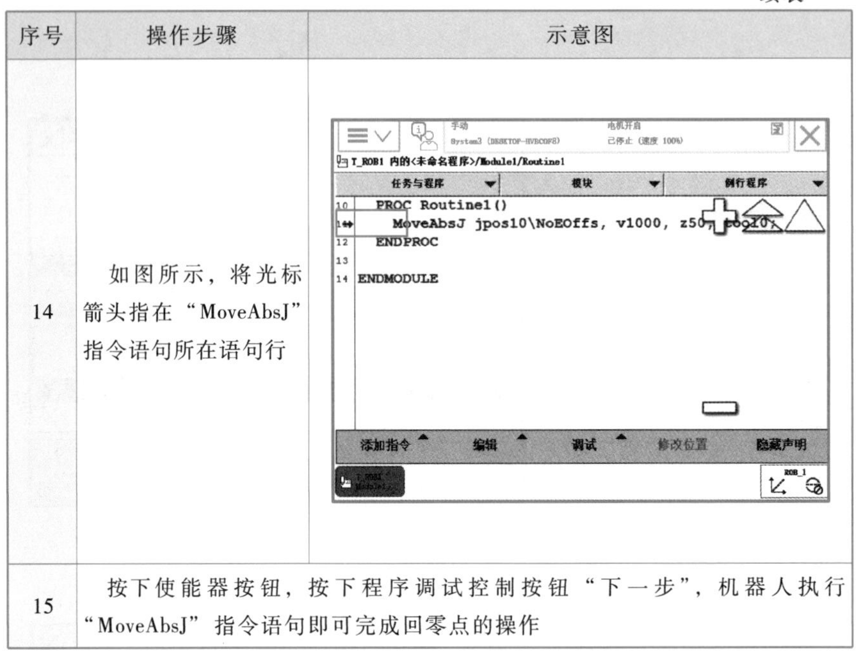
15	按下使能器按钮，按下程序调试控制按钮“下一步”，机器人执行“MoveAbsJ”指令语句即可完成回零点的操作	

利用关节运动指令 MoveJ 使机器人由 A 点移动到 B 点

5.2.4 任务操作——利用运动指令 MoveJ 和 MoveL 实现两点间移动

1. 任务要求

掌握如何分别利用关节运动指令 MoveJ 和线性运动指令 MoveL 使机器人由 A 点移动到 B 点。

2. 任务实操

序号	操作步骤	示意图
1	按照图示，进入示教器主菜单界面，选择“程序编辑器”选项	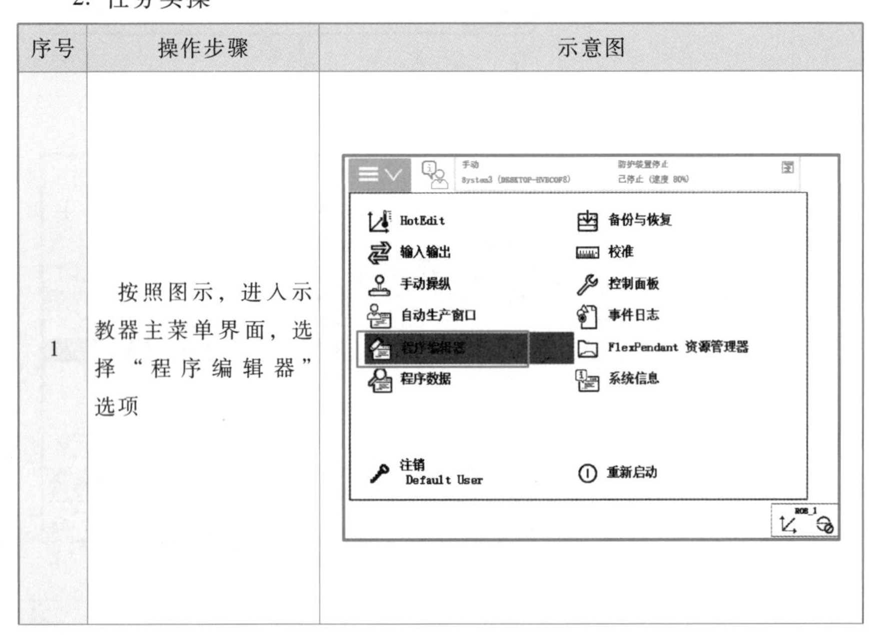

续表

序号	操作步骤	示意图
2	参考 5.1.2 中的操作方法，建立一个例行程序，点击“显示例行程序”按钮，如图所示	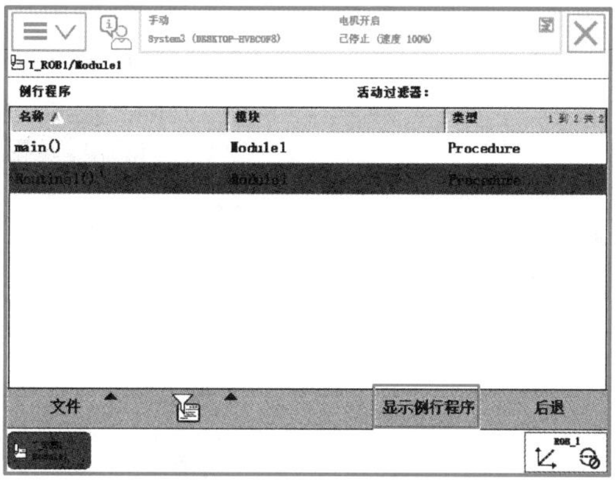
3	进入到刚刚新建的例行程序中，确认蓝色常亮部分位于“SMT”，点击“添加指令”按钮，如图所示	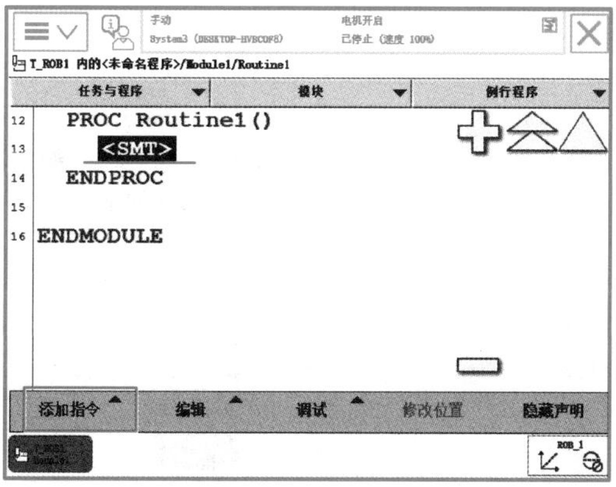
4	按照图示，在“Common”下找到运动指令“MoveJ”（用法详情见 5.2.1）	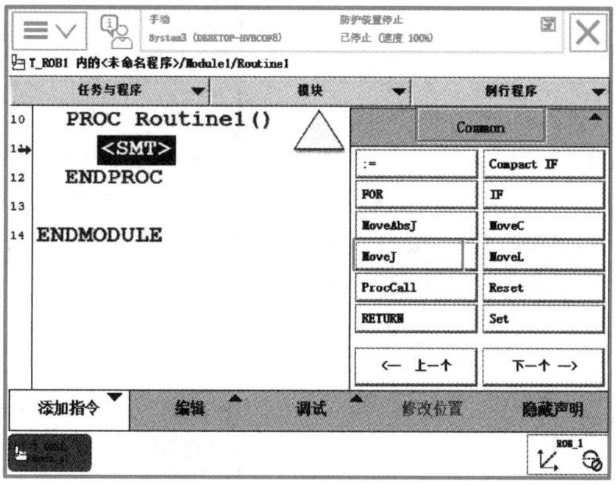

续表

序号	操作步骤	示意图
5	按照图示，点击“MoveJ”，添加其指令语句	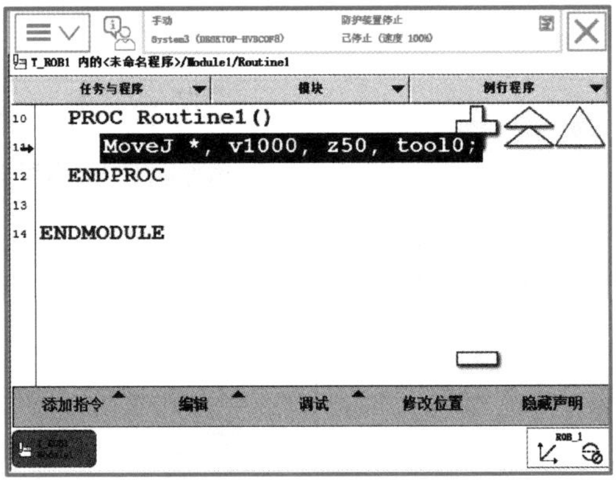手动 防护装置停止 T_ROB1 内的<未命名程序>/Module1/Routine1 任务与程序 模块 例行程序 PROC Routine1() MoveJ *, v1000, z50, tool0; ENDPROC ENDMODULE 添加指令 编辑 调试 修改位置 隐藏声明
6	按照图示，点击符号“＊”	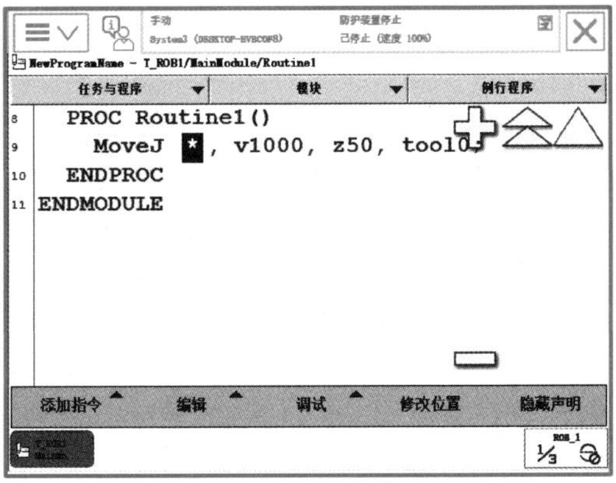手动 防护装置停止 NewProgramName - T_ROB1/MainModule/Routine1 任务与程序 模块 例行程序 PROC Routine1() MoveJ *, v1000, z50, tool0; ENDPROC ENDMODULE 添加指令 编辑 调试 修改位置 隐藏声明
7	按照图示，点击“新建”按钮，建立第一个目标点“A”	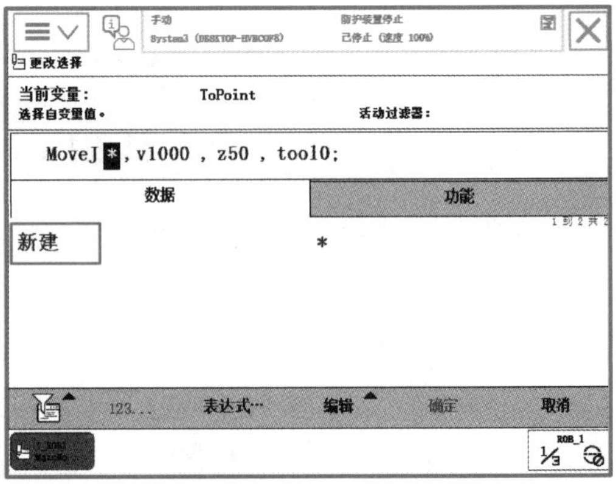手动 防护装置停止 更改选择 当前变量： ToPoint 选择自变量值。 活动过滤器： MoveJ *, v1000 , z50 , tool0; 数据 功能 新建 * 123... 表达式… 编辑 确定 取消

续表

序号	操作步骤	示意图
8	进入到位置信息修改界面，点击相应的按钮，可以对新建的位置点数据进行定义；本任务操作中，点击“...”按钮更改名称为“A”，点击“确定”按钮，如图所示	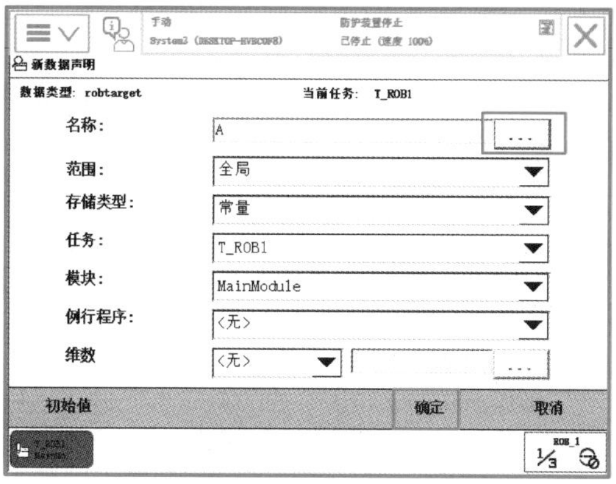
9	按照图示，选中“A”，点击“确定”按钮	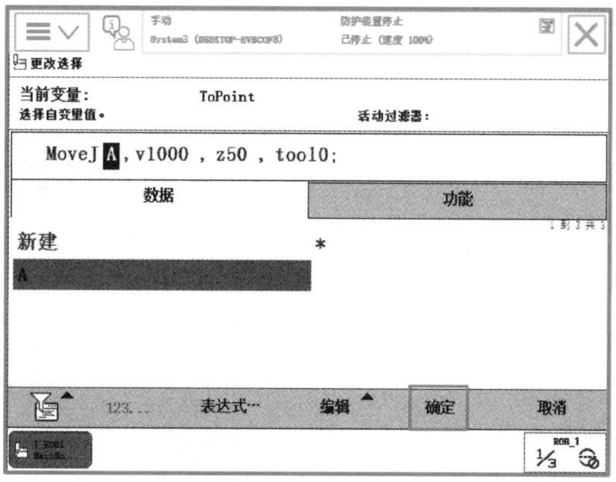
10	选择合适的动作模式，拨动手动操纵杆使得机器人运动到目标点“A”的位置上，点击图示中的“修改位置”按钮记录当前位置信息	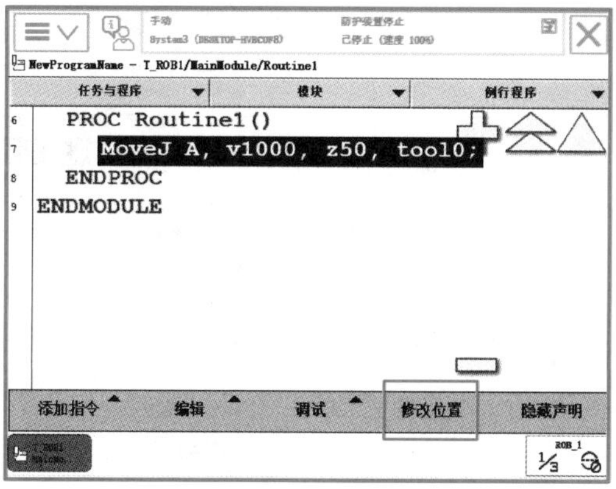

续表

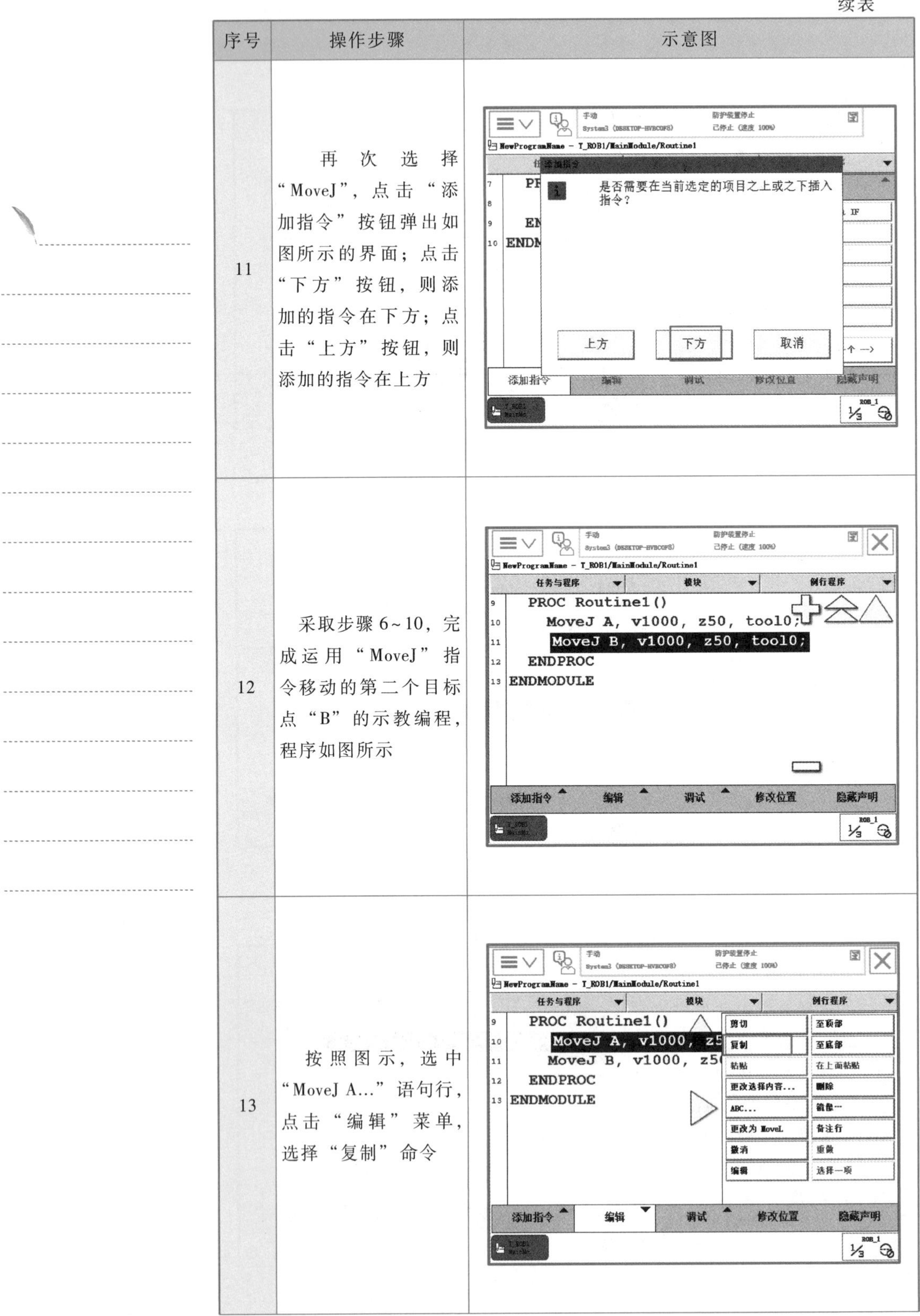

序号	操作步骤	示意图
11	再次选择“MoveJ”，点击“添加指令”按钮弹出如图所示的界面；点击“下方”按钮，则添加的指令在下方；点击“上方”按钮，则添加的指令在上方	
12	采取步骤6~10，完成运用“MoveJ”指令移动的第二个目标点“B”的示教编程，程序如图所示	
13	按照图示，选中“MoveJ A...”语句行，点击“编辑”菜单，选择“复制”命令	

续表

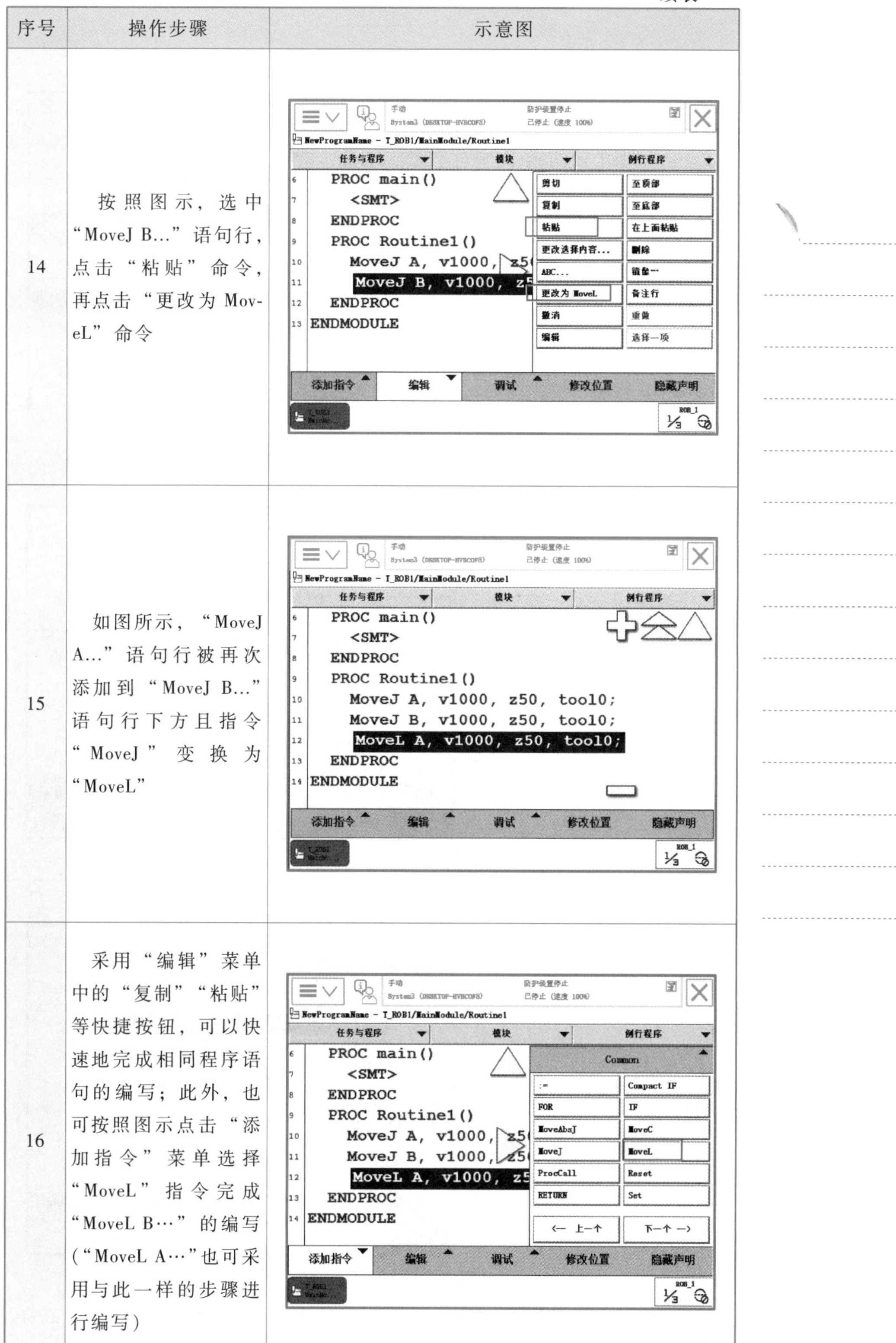

序号	操作步骤	示意图
14	按照图示，选中“MoveJ B...”语句行，点击“粘贴”命令，再点击“更改为 MoveL”命令	
15	如图所示，“MoveJ A...”语句行被再次添加到“MoveJ B...”语句行下方且指令“MoveJ”变换为“MoveL”	
16	采用“编辑”菜单中的“复制”“粘贴”等快捷按钮，可以快速地完成相同程序语句的编写；此外，也可按照图示点击“添加指令”菜单选择“MoveL”指令完成“MoveL B…”的编写（“MoveL A…”也可采用与此一样的步骤进行编写）	

续表

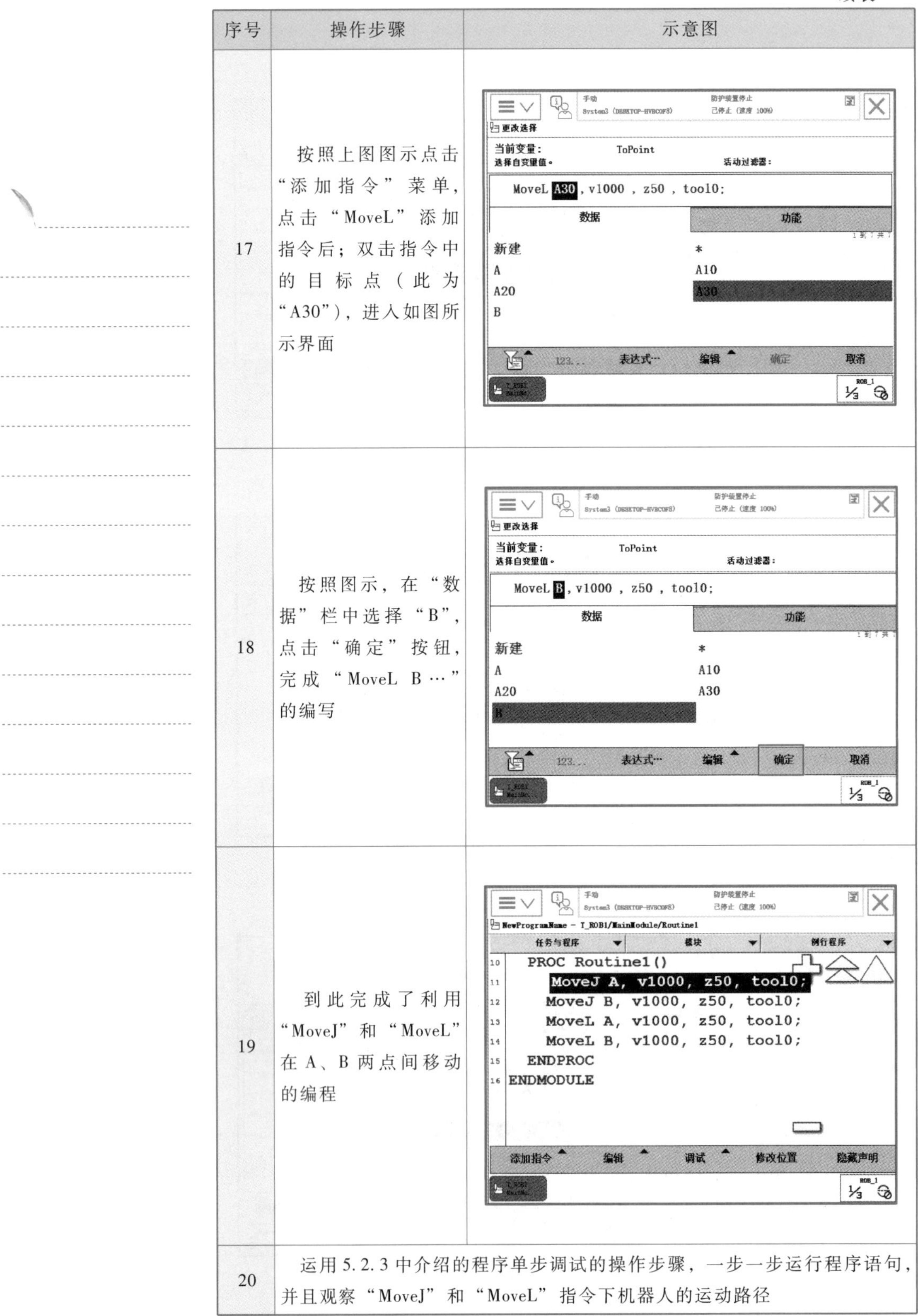

序号	操作步骤	示意图
17	按照上图图示点击“添加指令”菜单，点击“MoveL”添加指令后；双击指令中的目标点（此为“A30”），进入如图所示界面	当前变量：ToPoint 选择自变量值。 活动过滤器： MoveL A30 , v1000 , z50 , tool0; 数据 功能 新建 * A A10 A20 A30 B 123... 表达式… 编辑 确定 取消
18	按照图示，在“数据”栏中选择“B”，点击“确定”按钮，完成“MoveL B …”的编写	当前变量：ToPoint 选择自变量值。 活动过滤器： MoveL B , v1000 , z50 , tool0; 数据 功能 新建 * A A10 A20 A30 B 123... 表达式… 编辑 确定 取消
19	到此完成了利用“MoveJ”和“MoveL”在A、B两点间移动的编程	NewProgramName - T_ROB1/MainModule/Routine1 任务与程序 模块 例行程序 PROC Routine1() MoveJ A, v1000, z50, tool0; MoveJ B, v1000, z50, tool0; MoveL A, v1000, z50, tool0; MoveL B, v1000, z50, tool0; ENDPROC ENDMODULE 添加指令 编辑 调试 修改位置 隐藏声明
20	运用5.2.3中介绍的程序单步调试的操作步骤，一步一步运行程序语句，并且观察“MoveJ”和“MoveL”指令下机器人的运动路径	

5.2.5　Offs 位置偏移函数的调用方法

工业机器人的示教编程中，受机器人工作环境的影响，为了避免碰撞引起故障和安全意外情况的出现，常常会在机器人运动过程中设置一些安全过渡点，在加工位置附近设置入刀点。

位置偏移函数(图 5-15)是指示机器人以目标点位置为基准，在其 X、Y、Z 方向上进行偏移的命令。Offs 指令(解析见表 5-6)常用于安全过渡点和入刀点的设置。

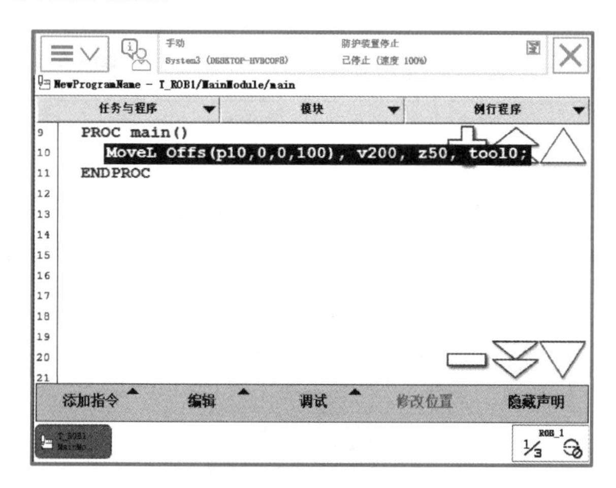

图 5-15　位置偏移函数

表 5-6　Offs 参数变量解析

参数	定义	操作说明
p10	目标点位置数据	定义机器人 TCP 的运动目标
0	X 方向上的偏移量	定义 X 方向上的偏移量
0	Y 方向上的偏移量	定义 Y 方向上的偏移量
100	Z 方向上的偏移量	定义 Z 方向上的偏移量

函数是有返回值的，即调用此函数的结果是得到某一数据类型的值，在使用时不能单独作为一行语句，需要通过赋值或者作为其他函数的变量来调用。在图 5-15 所示的语句中，offs 函数即是作为 moveL 指令的变量来调用的；在图 5-16 所示的语句中，offs 函数即是通过赋值进行调用的。

5.2.6　任务操作——利用圆弧指令 MoveC 示教圆形轨迹

视频
利用圆弧指令 MoveC 示教圆形轨迹

1. 任务引入

圆形轨迹属于曲线轨迹的一种特殊形式，第一个轨迹点与最后一个轨迹点重合，如图 5-17 所示，圆形轨迹示教点依次为 p10、p20、p30、p40，需要添加两个“MoveC”指令来完成圆形轨迹的运行。机器人的

```
PROC main()
    p10 := Offs(p10,0,0,100);
ENDPROC
ENDMODULE
```

图 5-16 offs 函数的赋值

轨迹规划是：先从初始位置运行到 p10 轨迹点上方，然后依次运行到 p10、p20、p30、p40 点，再回到 p10 点上方，完成圆形轨迹的运行，最后回到初始位置。

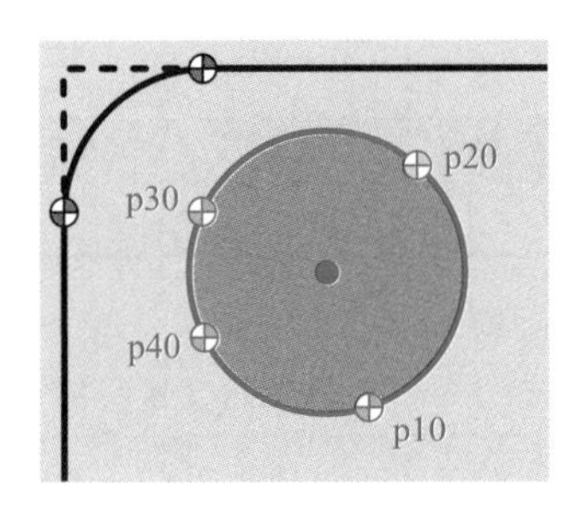

图 5-17 圆形轨迹图

2. 任务要求

掌握如何利用圆弧指令 MoveC 示教圆形轨迹。

3. 任务实操

序号	操作步骤	示意图
1	新建一个例行程序（方法见 5.1.2），命名为“yuanxing”并点击“显示例行程序”按钮，进入到程序编辑界面，如图所示	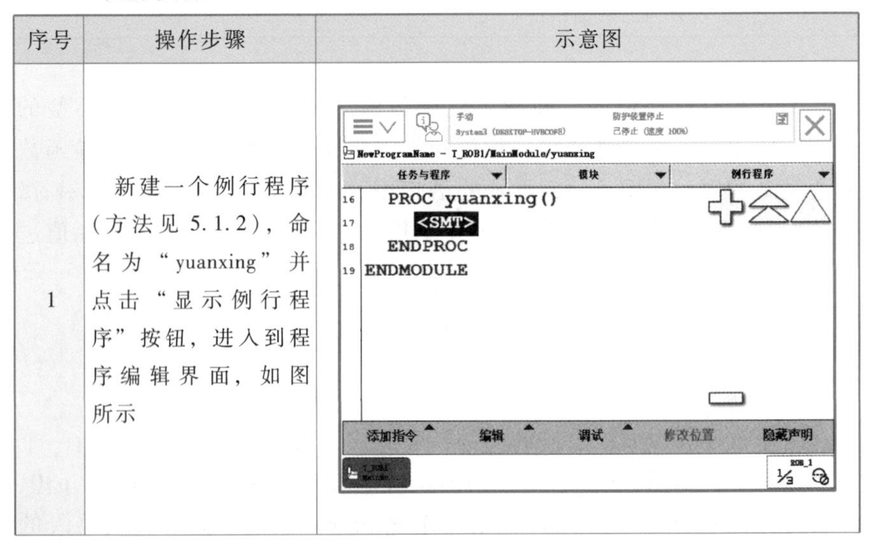

续表

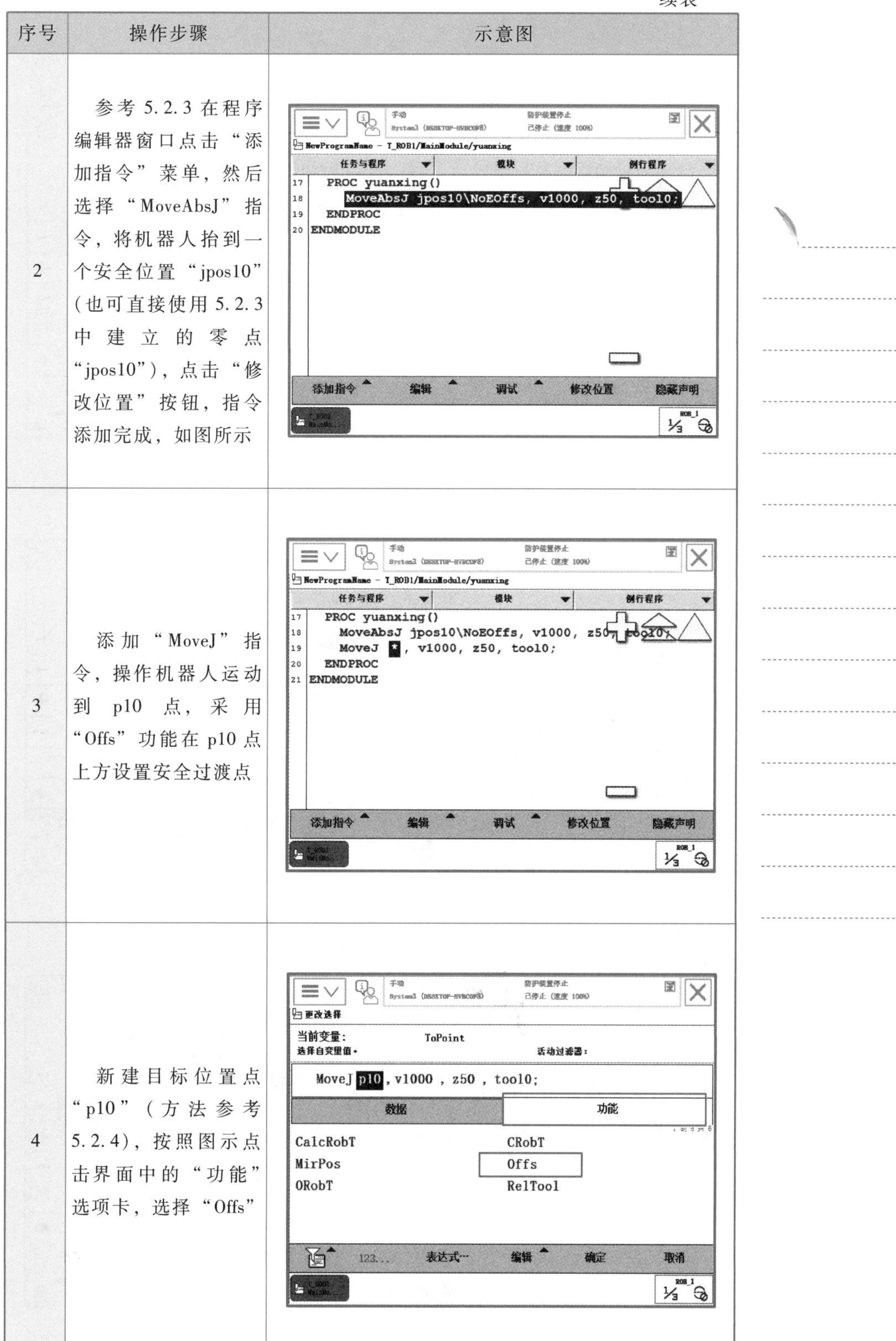

序号	操作步骤	示意图
2	参考 5.2.3 在程序编辑器窗口点击“添加指令”菜单，然后选择“MoveAbsJ”指令，将机器人抬到一个安全位置“jpos10”(也可直接使用 5.2.3 中建立的零点“jpos10”)，点击“修改位置”按钮，指令添加完成，如图所示	
3	添加“MoveJ”指令，操作机器人运动到 p10 点，采用“Offs”功能在 p10 点上方设置安全过渡点	
4	新建目标位置点“p10”(方法参考 5.2.4)，按照图示点击界面中的“功能”选项卡，选择“Offs”	

续表

序号	操作步骤	示意图
5	在如图所示界面中，第一个“〈EXP〉”选择“p10”，本任务需要在p10点上方100 mm设置目标点，故X、Y、Z的值分别为(0,0,100)	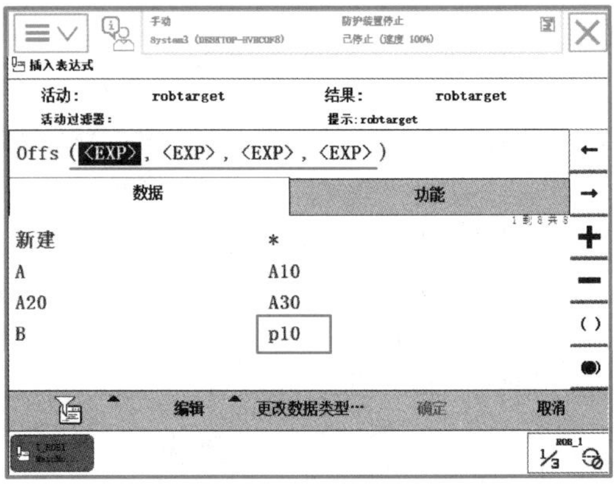 插入表达式 活动：robtarget 结果：robtarget 活动过滤器： 提示：robtarget Offs (〈EXP〉, 〈EXP〉, 〈EXP〉, 〈EXP〉) 数据 功能 新建 * A A10 A20 A30 B p10 编辑 更改数据类型… 确定 取消
6	按照图示点击“编辑”菜单，选择“仅限选定内容”命令，按键盘上对应的数字键，输入X的值并点击“确定”按钮	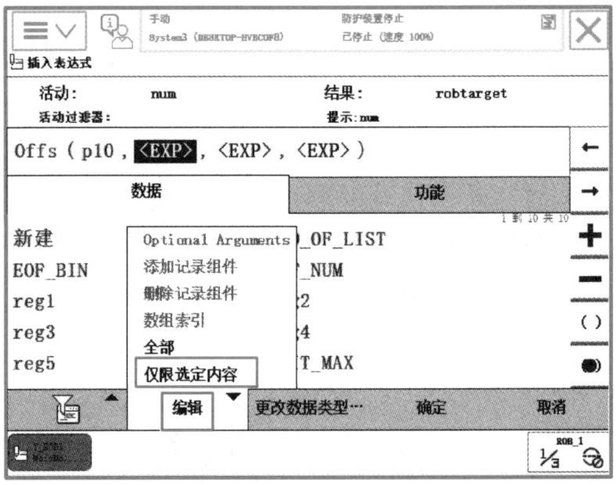 插入表达式 活动：num 结果：robtarget 活动过滤器： 提示：num Offs (p10 , 〈EXP〉, 〈EXP〉, 〈EXP〉) 数据 功能 新建 Optional Arguments _OF_LIST EOF_BIN 添加记录组件 _NUM reg1 删除记录组件 2 reg3 数组索引 4 reg5 全部 T_MAX 仅限选定内容 编辑 更改数据类型… 确定 取消
7	重复步骤6，分别完成Y、Z值的编辑，点击图中“确定”按钮	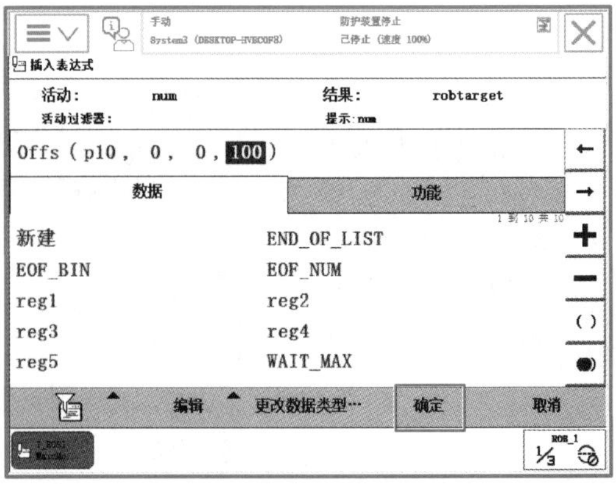 插入表达式 活动：num 结果：robtarget 活动过滤器： 提示：num Offs (p10 , 0 , 0 , 100) 数据 功能 新建 END_OF_LIST EOF_BIN EOF_NUM reg1 reg2 reg3 reg4 reg5 WAIT_MAX 编辑 更改数据类型… 确定 取消

续表

序号	操作步骤	示意图
8	采用与更改目标点一样的操作方法，可以尝试对其他参数进行编辑。下面以“v”值的编辑为例介绍操作方法	手动 System3 (DESKTOP-HVBCOF8) 防护装置停止 已停止（速度 100%） 更改选择 当前变量：ToPoint 选择自变量值。 活动过滤器： MoveJ Offs(p10, 0, 0, 100) , v1000 , z50 , tool0; 数据 功能 CalcRobT CRobT MirPos Offs ORobT RelTool 123... 表达式… 编辑 确定 取消
9	按照图示点击“v1000”，可在已有的速度数据中选择相应的值进行速度设定，也可以“新建”自己想要设定的速度值	更改选择 当前变量：Speed 选择自变量值。 活动过滤器： MoveJ Offs(p10, 0, 0, 100) , v1000 , z50 , tool0; 数据 功能 新建 v10 v100 v1000 v150 v1500 v20 v200 v2000 v2500 123... 表达式… 编辑 确定 取消
10	仿照步骤 9，完成对其他参数的编辑，并点击“确定”按钮，如图所示	更改选择 当前变量：Zone 选择自变量值。 活动过滤器： MoveJ Offs(p10, 0, 0, 100) , v200 , fine , tool0; 数据 功能 新建 fine z0 z1 z10 z100 z15 z150 z20 z200 123... 表达式… 编辑 确定 取消

续表

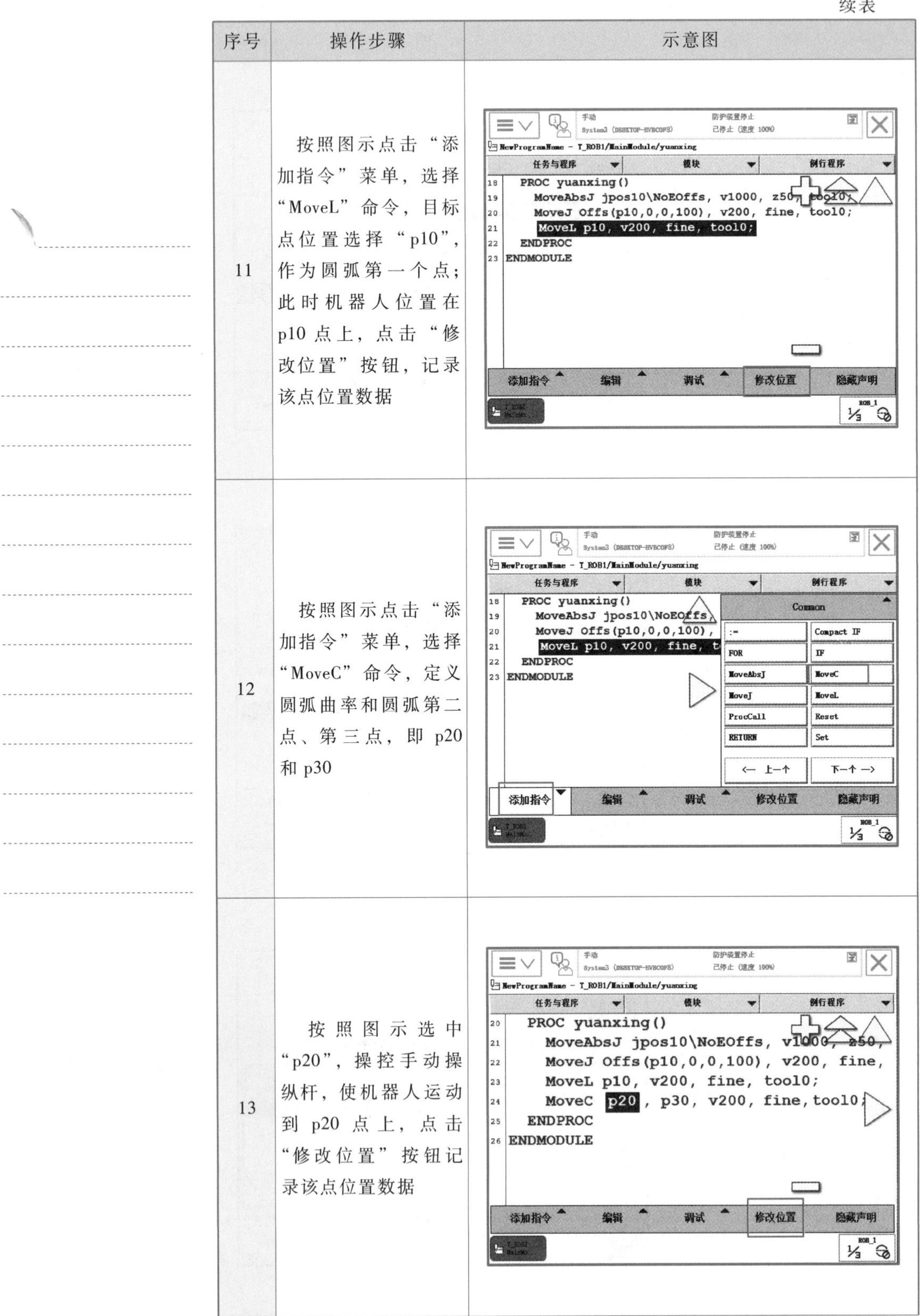

序号	操作步骤	示意图
11	按照图示点击“添加指令”菜单，选择“MoveL”命令，目标点位置选择“p10”，作为圆弧第一个点；此时机器人位置在p10点上，点击“修改位置”按钮，记录该点位置数据	
12	按照图示点击“添加指令”菜单，选择“MoveC”命令，定义圆弧曲率和圆弧第二点、第三点，即p20和p30	
13	按照图示选中“p20”，操控手动操纵杆，使机器人运动到p20点上，点击“修改位置”按钮记录该点位置数据	

续表

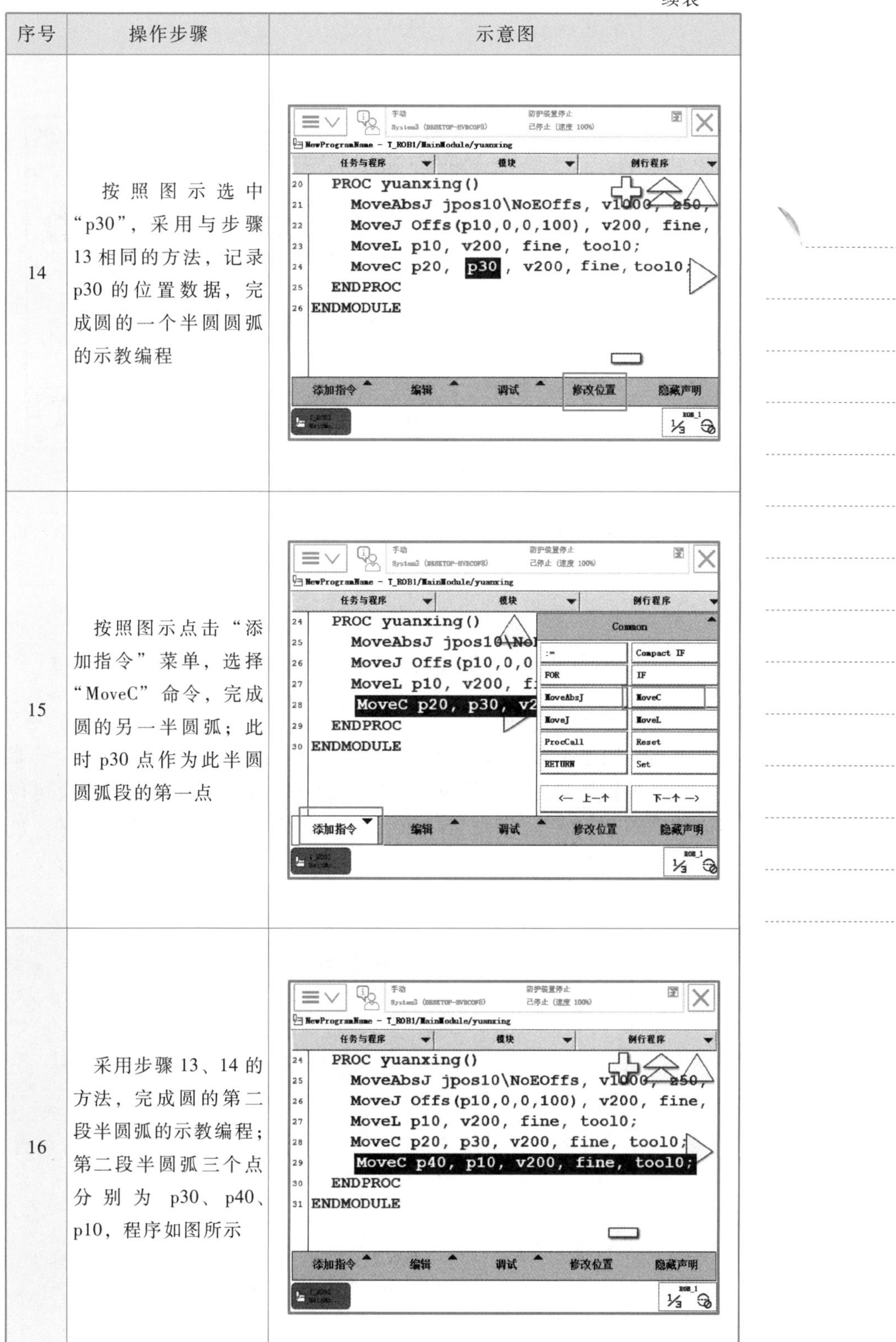

序号	操作步骤	示意图
14	按照图示选中“p30”，采用与步骤13相同的方法，记录p30的位置数据，完成圆的一个半圆圆弧的示教编程	
15	按照图示点击“添加指令”菜单，选择“MoveC”命令，完成圆的另一半圆弧；此时p30点作为此半圆圆弧段的第一点	
16	采用步骤13、14的方法，完成圆的第二段半圆弧的示教编程；第二段半圆弧三个点分别为p30、p40、p10，程序如图所示	

续表

序号	操作步骤	示意图
17	参考 5.2.4，依次添加“MoveJ...”和“MoveAbsJ...”程序语句，并将“MoveJ”更改为“MoveL”；指使机器人回到安全位置，程序如图所示	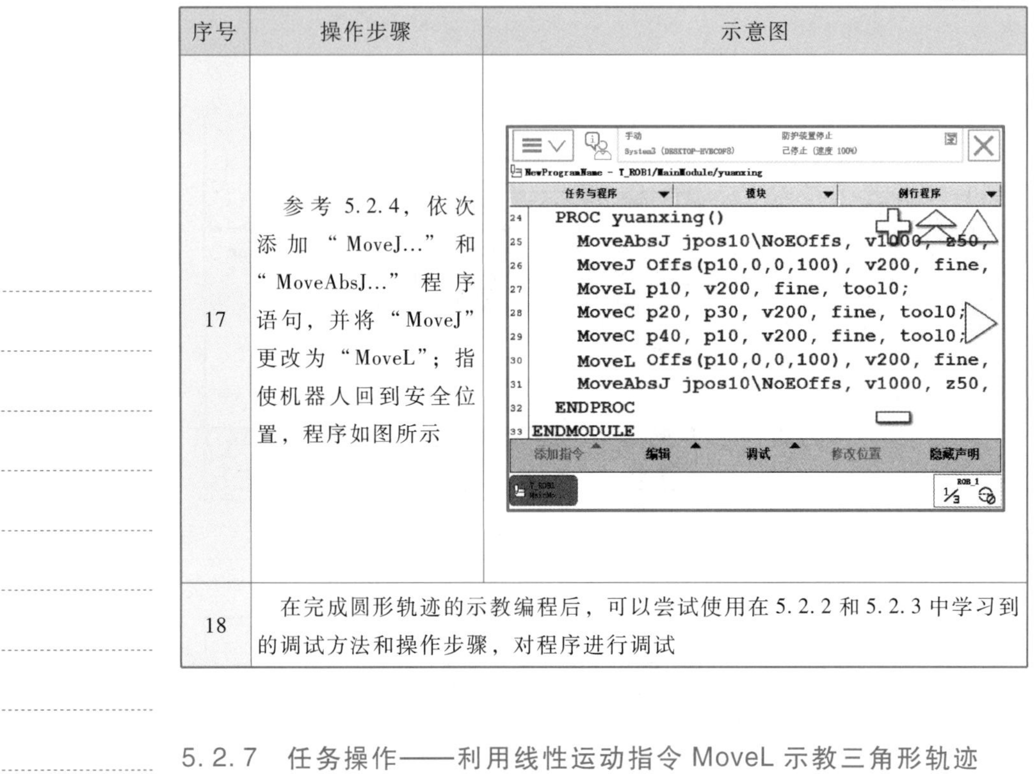
18	在完成圆形轨迹的示教编程后，可以尝试使用在 5.2.2 和 5.2.3 中学习到的调试方法和操作步骤，对程序进行调试	

5.2.7 任务操作——利用线性运动指令 MoveL 示教三角形轨迹

1. 任务引入

三角形轨迹示教点如图 5-18 所示，依次为 p50、p60、p70。机器人的轨迹规划是：先从初始位置运行到 p50 轨迹点上方，然后依次运行到 p50、p60、p70 点，再回到 p50 点上方，完成三角形轨迹的运行，最后回到初始位置。

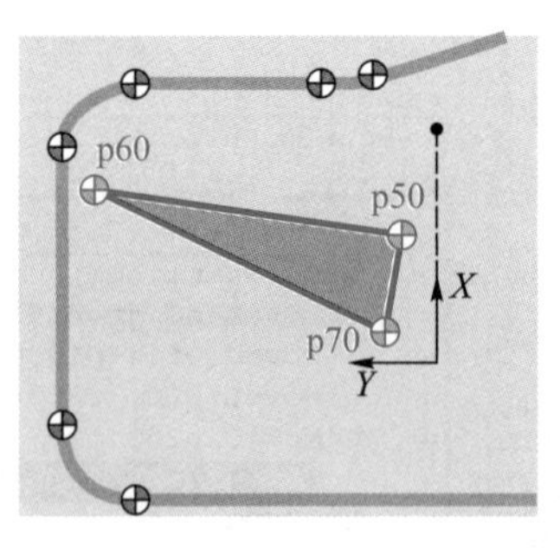

图 5-18 三角形轨迹图

2. 任务要求

掌握如何利用线性运动指令 MoveL 示教三角形轨迹。

3. 任务实操

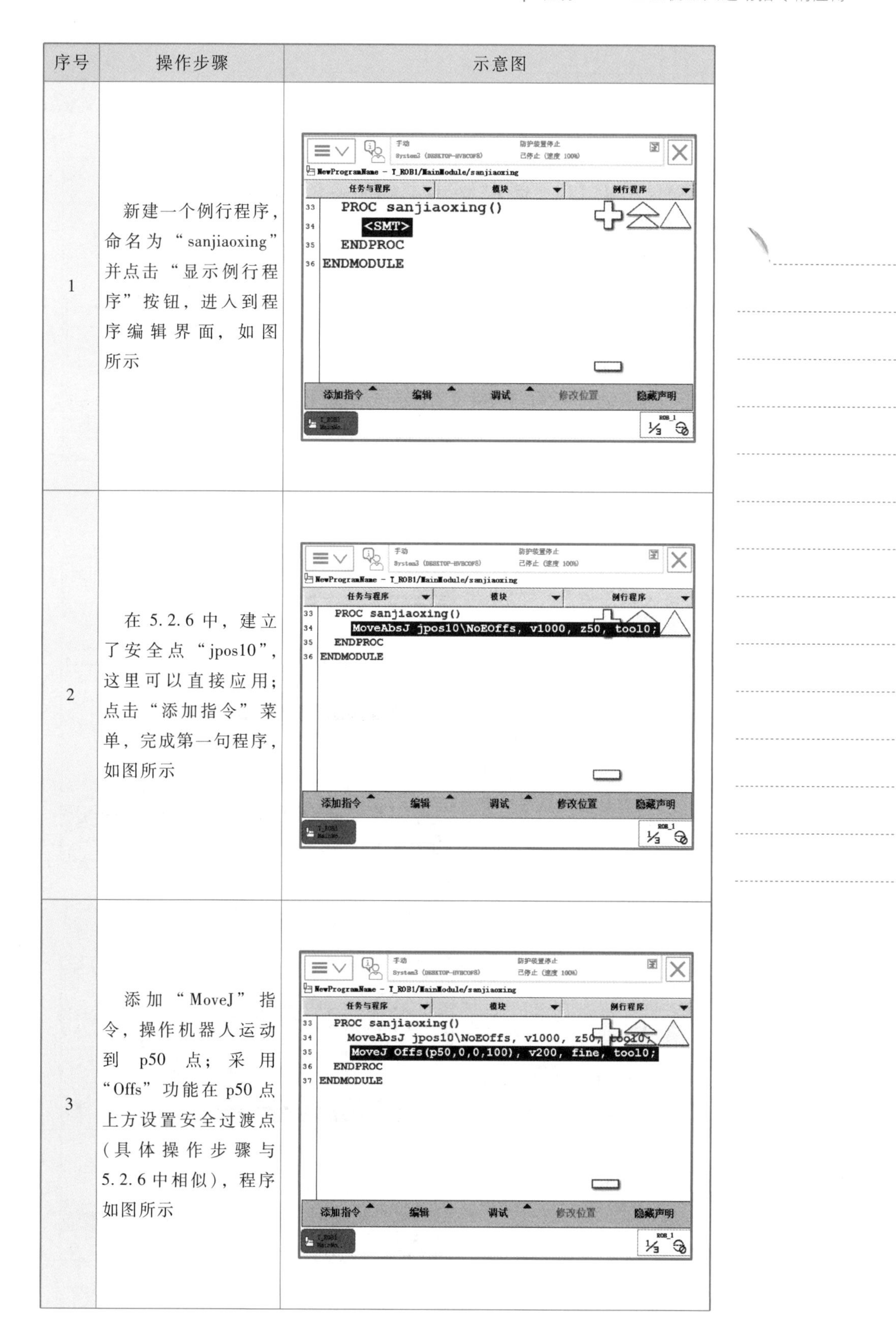

序号	操作步骤	示意图
1	新建一个例行程序，命名为“sanjiaoxing”并点击“显示例行程序”按钮，进入到程序编辑界面，如图所示	PROC sanjiaoxing() <SMT> ENDPROC ENDMODULE
2	在 5.2.6 中，建立了安全点“jpos10”，这里可以直接应用；点击“添加指令”菜单，完成第一句程序，如图所示	PROC sanjiaoxing() MoveAbsJ jpos10\NoEOffs, v1000, z50, tool0; ENDPROC ENDMODULE
3	添加“MoveJ”指令，操作机器人运动到 p50 点；采用“Offs”功能在 p50 点上方设置安全过渡点（具体操作步骤与 5.2.6 中相似），程序如图所示	PROC sanjiaoxing() MoveAbsJ jpos10\NoEOffs, v1000, z50, tool0; MoveJ Offs(p50,0,0,100), v200, fine, tool0; ENDPROC ENDMODULE

续表

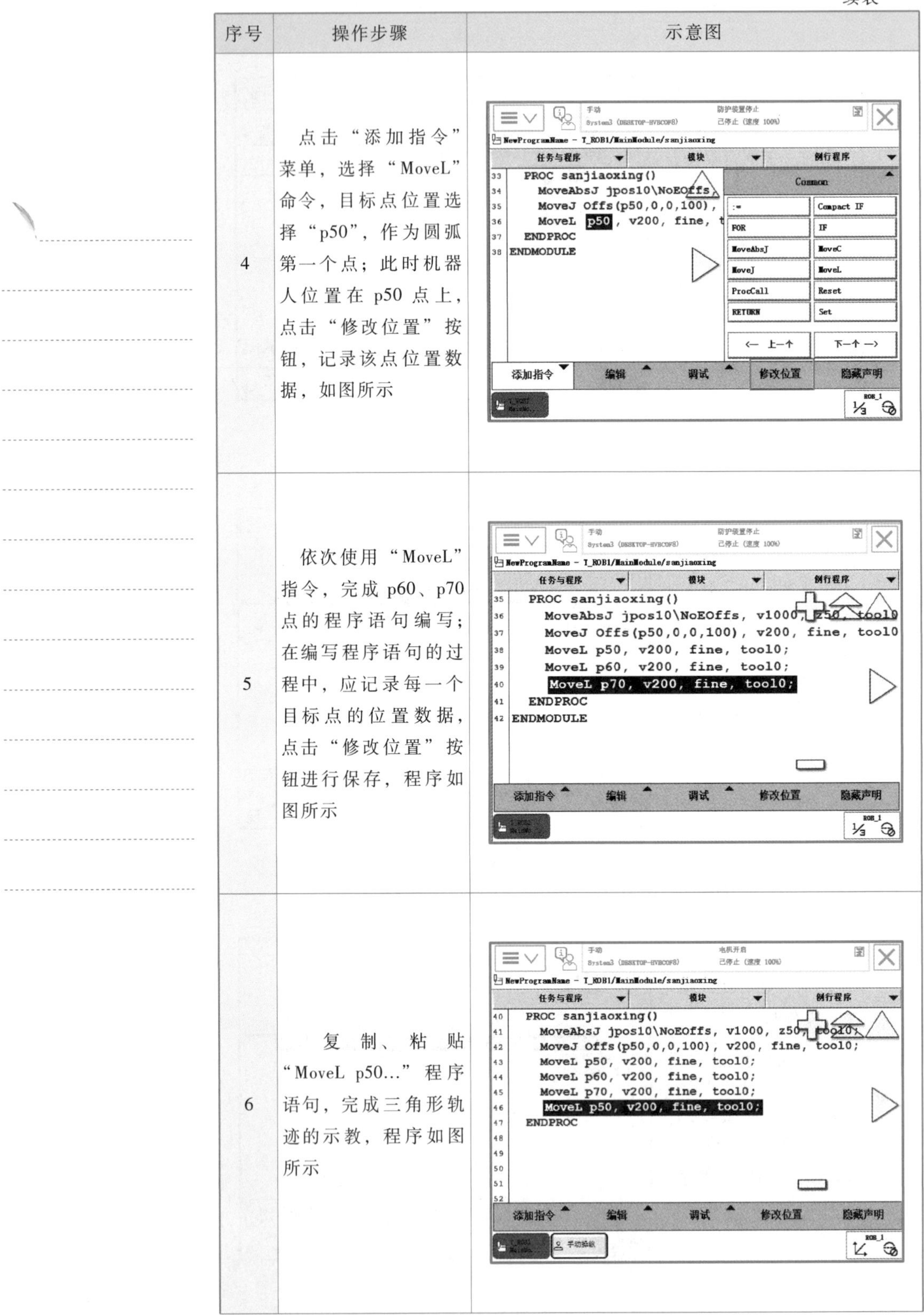

序号	操作步骤	示意图
4	点击“添加指令”菜单，选择“MoveL”命令，目标点位置选择“p50”，作为圆弧第一个点；此时机器人位置在p50点上，点击“修改位置”按钮，记录该点位置数据，如图所示	
5	依次使用“MoveL”指令，完成p60、p70点的程序语句编写；在编写程序语句的过程中，应记录每一个目标点的位置数据，点击“修改位置”按钮进行保存，程序如图所示	
6	复制、粘贴“MoveL p50…”程序语句，完成三角形轨迹的示教，程序如图所示	

续表

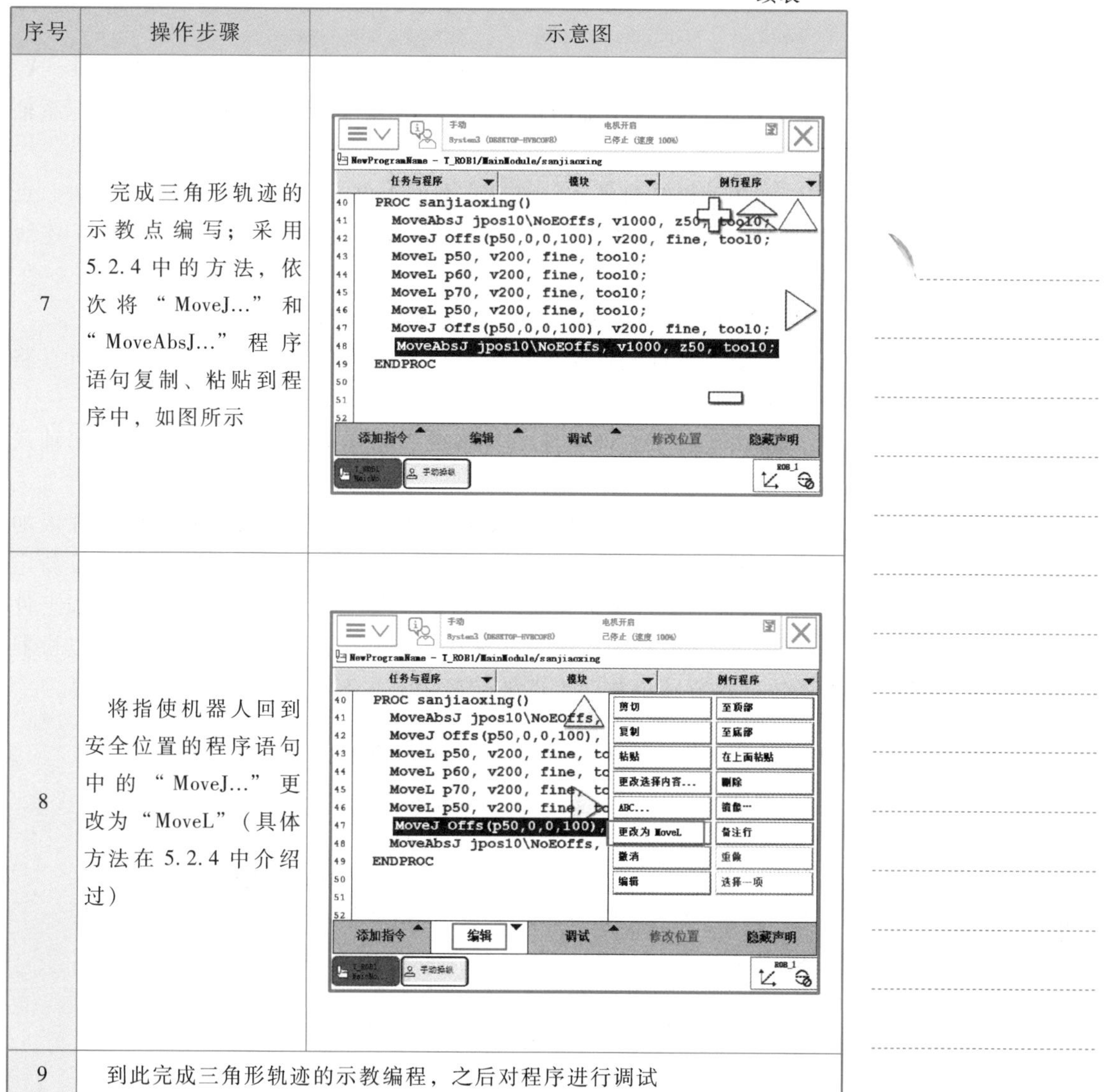

序号	操作步骤	示意图
7	完成三角形轨迹的示教点编写；采用5.2.4中的方法，依次将“MoveJ...”和“MoveAbsJ...”程序语句复制、粘贴到程序中，如图所示	
8	将指使机器人回到安全位置的程序语句中的“MoveJ...”更改为“MoveL”（具体方法在5.2.4中介绍过）	
9	到此完成三角形轨迹的示教编程，之后对程序进行调试	

5.2.8 工件坐标系与坐标偏移

PPT
工件坐标数据 wobjdata

工件坐标系对应工件，其定义位置是相对于大地坐标系(或其他坐标系)的位置，其目的是使机器人的手动运行以及编程设定的位置均以该坐标系为参照。机器人可以拥有若干工件坐标系，或者表示不同工件，或者表示同一工件在不同位置的若干副本。机器人在出厂时有一个预定义的工件坐标系 wobj0，默认与基坐标系一致。

工件坐标系设定时，通常采用三点法。只需在对象表面位置或工件边缘角位置上，定义三个点位置，来创建一个工件坐标系。其设定原理如下：

① 手动操纵机器人，在工件表面或边缘角的位置找到一点 $X1$ 作为原点。

② 手动操纵机器人，沿着工件表面或边缘找到一点 $X2$，$X1$、$X2$ 确定工件坐标系的 X 轴的正方向，（$X1$ 和 $X2$ 距离越远，定义的坐标系轴向越精准）。

③ 手动操纵机器人，在 XY 平面上并且 Y 值为正的方向找到一点 $Y1$，确定坐标系的 Y 轴正方向（注意：务必确保 $X1X2$ 连线和 $X1Y1$ 连线垂直，否则 $X1$ 点就不是原点）。

对机器人进行编程时，在工件坐标中创建目标和路径的优点：

① 更改工件坐标的位置，便可重新定位工作站中的工件，所有路径也将随之更新。

② 由于整个工件可连同其路径一起移动，故可以操作以外部轴或传送导轨移动的工件。

如图 5-19 所示，在工件坐标系 1 中进行了轨迹编程，而工件因加工需要坐标位置变化成工件坐标系 2。这时只需在机器人系统中重新定义工件坐标为工件坐标系 2，轨迹相对于工件坐标系 1，和相对于工件坐标系 2 的关系是一样的，并没有因为整体偏移而发生变化，所以机器人的轨迹将自动更新到工件坐标系 2 中，不需要再次进行轨迹编程。

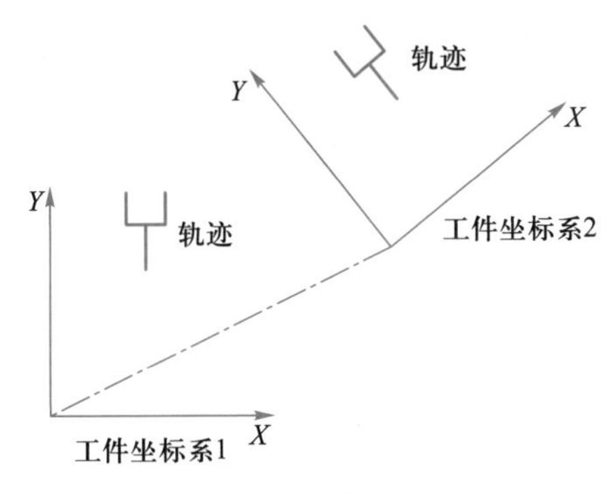

图 5-19 坐标偏移示意图

5.2.9 任务操作——建立工件坐标系并测试准确性

1. 任务引入

工件坐标数据 wobjdata（可参考 3.4.8）与工具数据 tooldata 一样，是机器人系统的一个程序数据类型，用于定义机器人的工件坐标系。出厂默认的工件坐标系数据被存储在命名为 wobj0 的工件坐标数据中，和工具数据 tooldata 一样，编辑工件坐标数据 wobjdata 可以对相应的工件坐标系进行修改（具体操作参考 3.4.10）。其对应的设置参数可参考表 3-2，在手动操纵机器人进行工件坐标系设定过程中，系统自动将表中数值填写到示教器中。如果已知工件坐标的测量值，则可以在示教器 wobjdata 设置界面中对应的设置参数下输入这些数值，以设定工件坐标系。

2. 任务要求

掌握如何建立工件坐标系和测试其准确性。

3. 任务实操

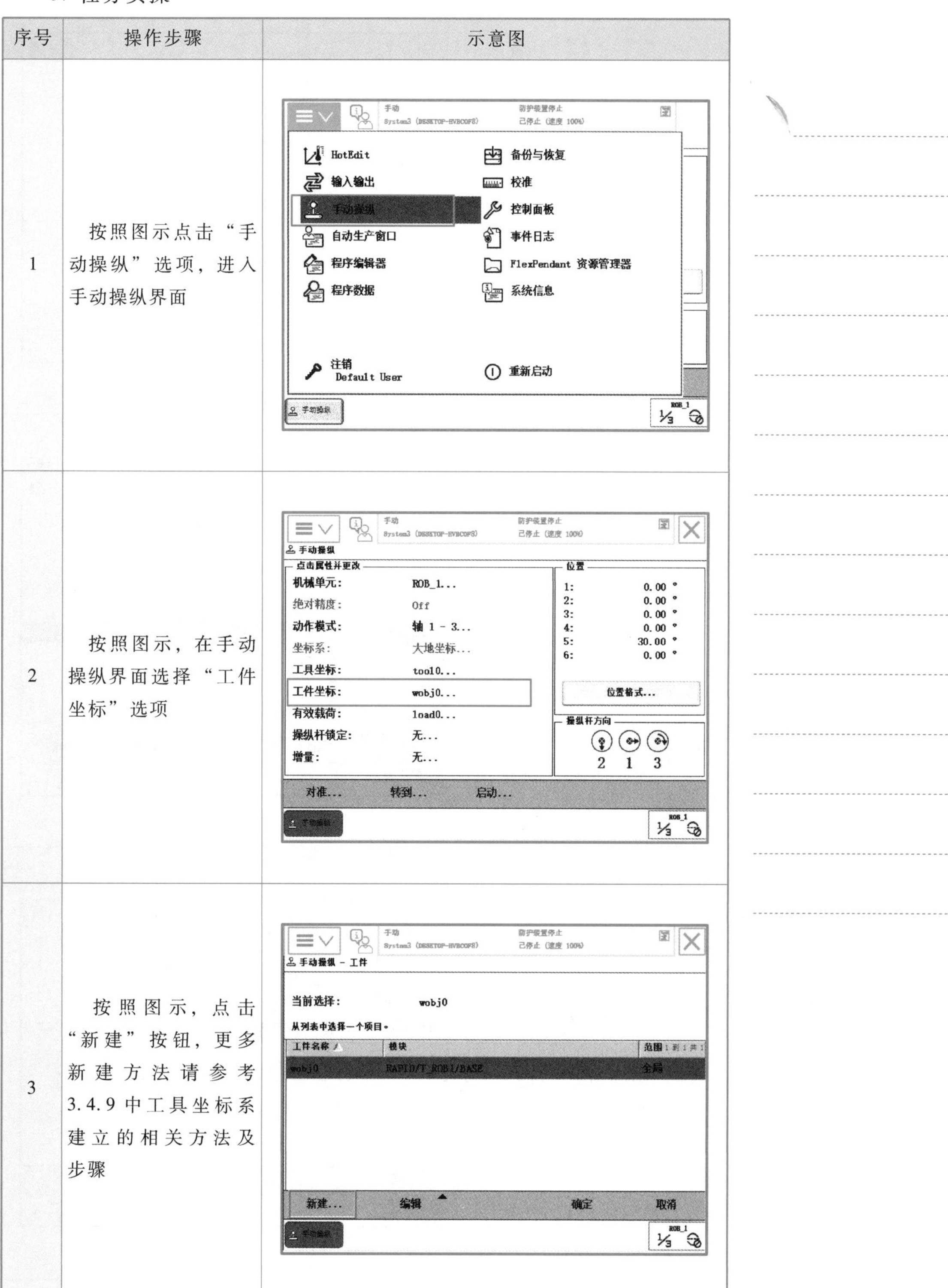

序号	操作步骤	示意图
1	按照图示点击“手动操纵”选项，进入手动操纵界面	
2	按照图示，在手动操纵界面选择“工件坐标”选项	
3	按照图示，点击“新建”按钮，更多新建方法请参考3.4.9中工具坐标系建立的相关方法及步骤	

续表

序号	操作步骤	示意图
4	对工件数据属性进行设定后，点击“确定”按钮，如图所示	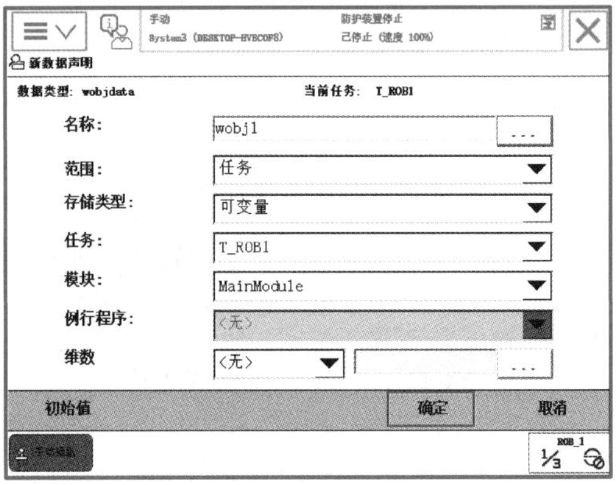 手动 System3 (DESKTOP-HVBCOF8) 防护装置停止 已停止（速度 100%） 新数据声明 数据类型: wobjdata 当前任务: T_ROB1 名称: wobj1 范围: 任务 存储类型: 可变量 任务: T_ROB1 模块: MainModule 例行程序: <无> 维数 <无> 初始值 确定 取消 ROB_1 1/3
5	按照图示，选择新建的工件坐标“wobj1”，打开编辑菜单，选择“定义...”命令	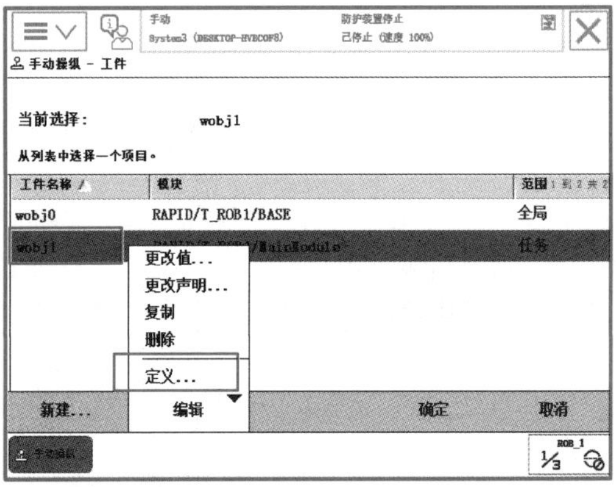 手动 System3 (DESKTOP-HVBCOF8) 防护装置停止 已停止（速度 100%） 手动操纵 - 工件 当前选择: wobj1 从列表中选择一个项目。 工件名称 模块 范围 1 到 2 共 2 wobj0 RAPID/T_ROB1/BASE 全局 wobj1 RAPID/T_ROB1/MainModule 任务 更改值... 更改声明... 复制 删除 定义... 新建... 编辑 确定 取消 ROB_1 1/3
6	按照图示，在工件坐标定义界面，将“用户方法”设定为“3点”	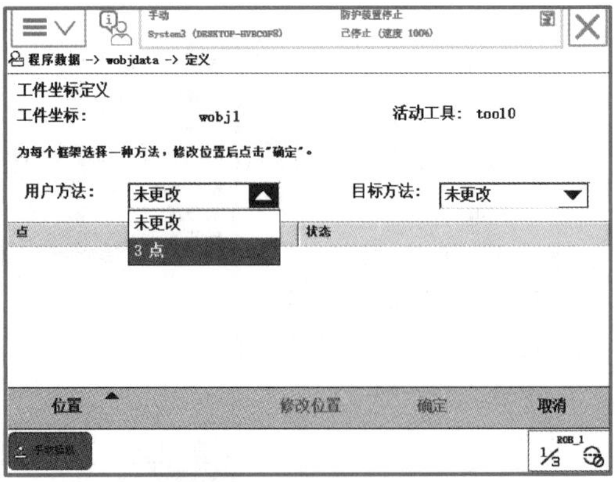 手动 System3 (DESKTOP-HVBCOF8) 防护装置停止 已停止（速度 100%） 程序数据 -> wobjdata -> 定义 工件坐标定义 工件坐标: wobj1 活动工具: tool0 为每个框架选择一种方法，修改位置后点击“确定”。 用户方法: 未更改 目标方法: 未更改 点 状态 未更改 3 点 位置 修改位置 确定 取消 ROB_1 1/3

续表

序号	操作步骤	示意图
7	按照图示，手动操纵机器人使其工具的参考点靠近定义工件坐标的 X1 点，点击“修改位置”按钮，记录 X1 点的位置数据	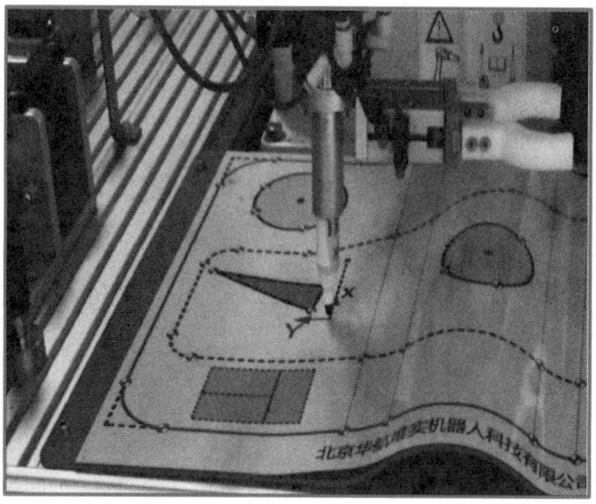 北京华航唯实机器人科技有限公司
8	手动操纵机器人使其工具的参考点靠近定义工件坐标的 X2 点，点击图示的“修改位置”按钮，记录 X2 点的位置数据	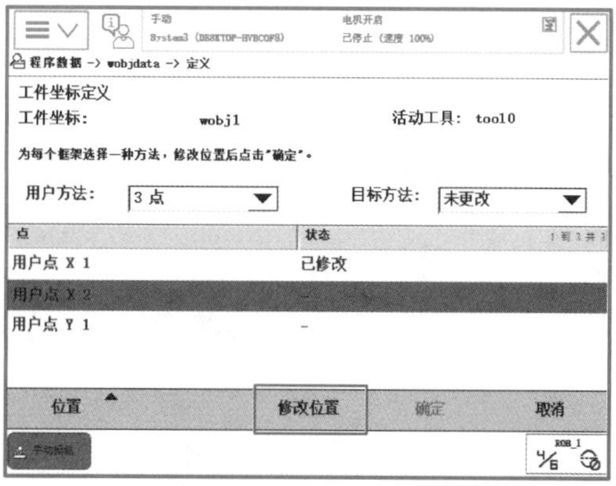 手动 System3 (DESKTOP-HVBCOFS) 电机开启 已停止 (速度 100%) 程序数据 -> wobjdata -> 定义 工件坐标定义 工件坐标: wobj1 活动工具: tool0 为每个框架选择一种方法，修改位置后点击“确定”。 用户方法: 3 点 目标方法: 未更改 点 状态 用户点 X 1 已修改 用户点 X 2 - 用户点 Y 1 - 位置 修改位置 确定 取消 手动操纵 ROB_1
9	X1 和 X2 确定 X 坐标轴的正方向，且 X1 和 X2 距离越远，定义的坐标系轴向越精准。图示为 X2 点的方向位置	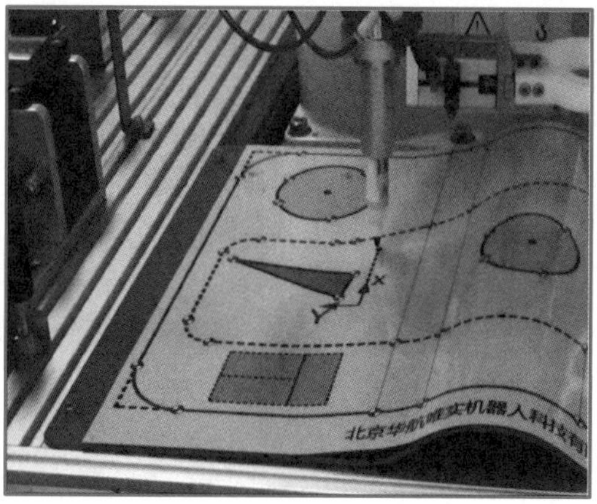 北京华航唯实机器人科技有

续表

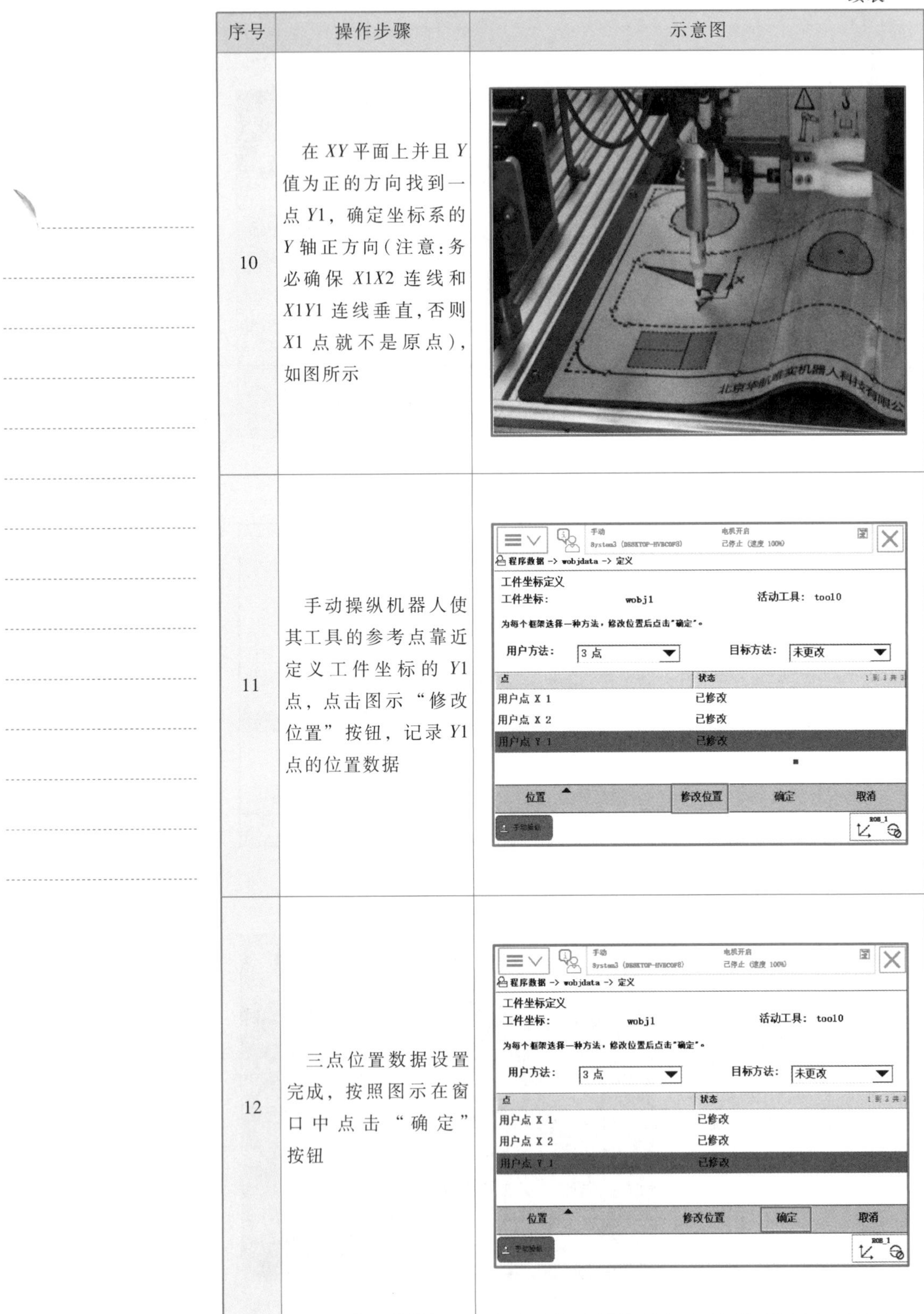

序号	操作步骤	示意图
10	在 XY 平面上并且 Y 值为正的方向找到一点 $Y1$，确定坐标系的 Y 轴正方向（注意：务必确保 $X1X2$ 连线和 $X1Y1$ 连线垂直，否则 $X1$ 点就不是原点），如图所示	
11	手动操纵机器人使其工具的参考点靠近定义工件坐标的 $Y1$ 点，点击图示“修改位置”按钮，记录 $Y1$ 点的位置数据	
12	三点位置数据设置完成，按照图示在窗口中点击“确定”按钮	

续表

序号	操作步骤	示意图
13	确认好自动生成的工件坐标数据后，按照图示点击“确定”按钮	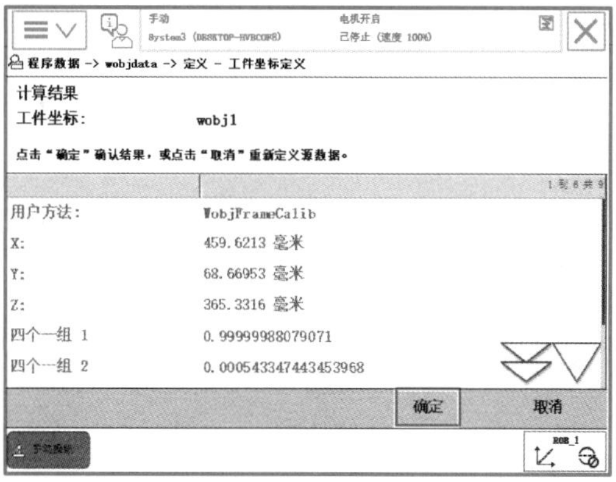
14	确定后，如图所示在工件坐标系界面中，选中“wobj1”，然后点击“确定”按钮，即可完成工件坐标系的切换	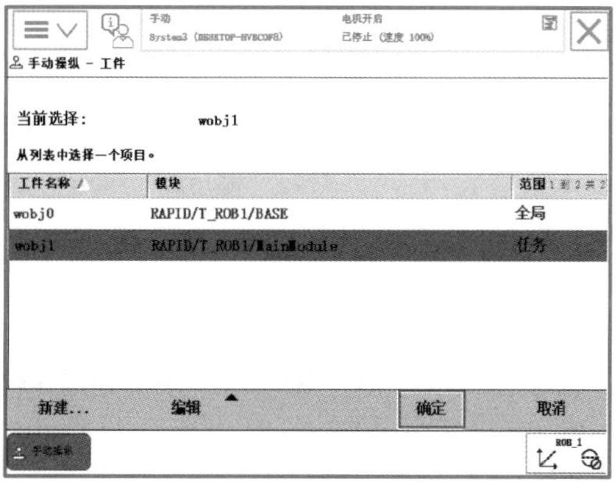
15	按照图示选择新创建的工件坐标系“wobj1”，按下使能器，用手拨动机器人手动操纵杆使用线性动作模式，观察机器人在工件坐标系下移动的方式	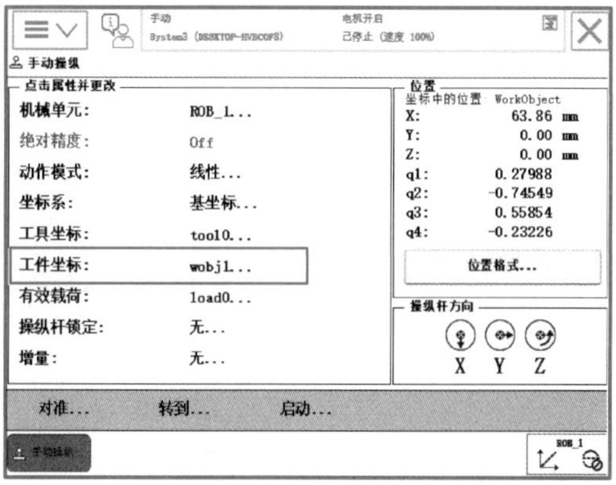

5.2.10　任务操作——利用工件坐标系偏移三角形示教轨迹

1. 任务引入

在 5.2.8 中介绍了坐标的偏移，可以简单理解为切换工件坐标系可以实现示教轨迹的偏移。在本任务操作中，将实现三角形轨迹从坐标系 1(图 5-20)到坐标系 2 的偏移。

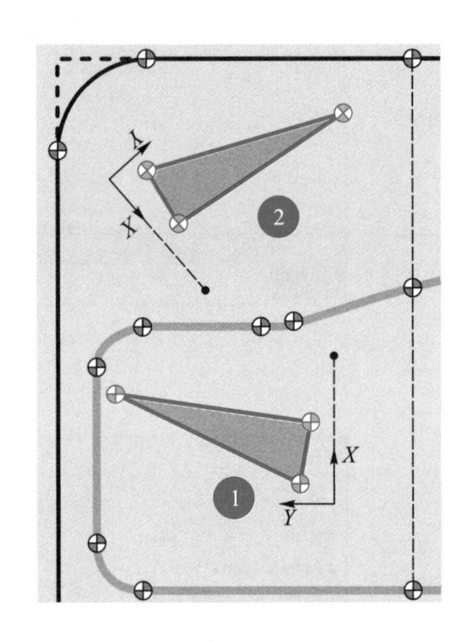

图 5-20　利用工件坐标系偏移三角形轨迹

2. 任务要求

掌握如何利用工件坐标系实现三角形轨迹的偏移。

3. 任务实操

序号	操作步骤	示意图
1	按照 5.2.9 中步骤 1~13 完成工件坐标系“wobj1”和“wobj2”(如图所示)的新建和定义	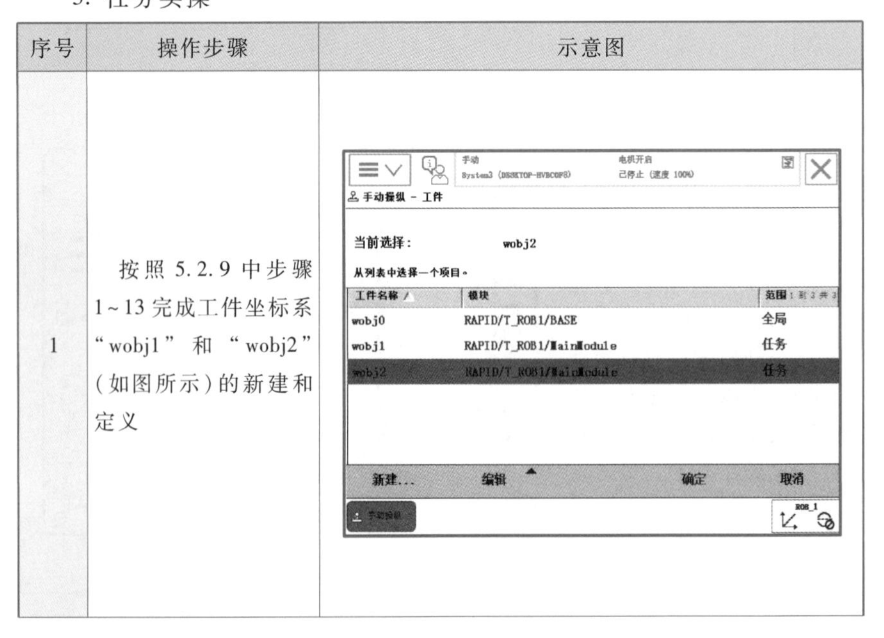

续表

序号	操作步骤	示意图
2	“wobj1”和“wobj2”中将“用户方法”设定为“3点”，点 $X1$、$X2$ 和 $Y1$ 位置如图所示	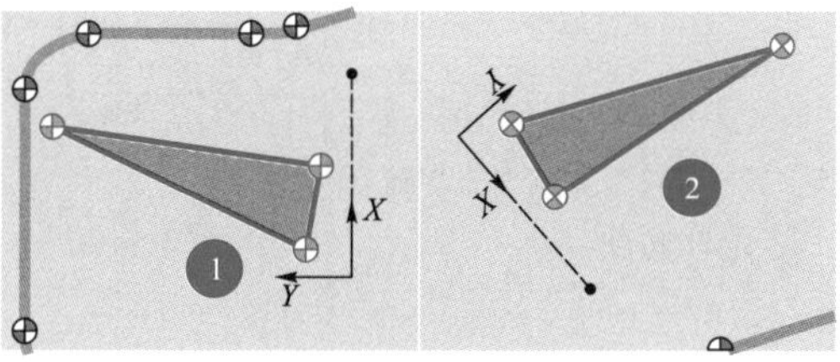
3	在手动操纵界面中选择对应的工件坐标系“wobj1”，新建例行程序“pianyi”，先完成三角形轨迹的示教编程，如图所示	
4	将例行程序“pianyi”中的工件坐标系更改为“wobj2”，便可实现三角形轨迹的偏移；按照图示双击程序句中的“wobj1”	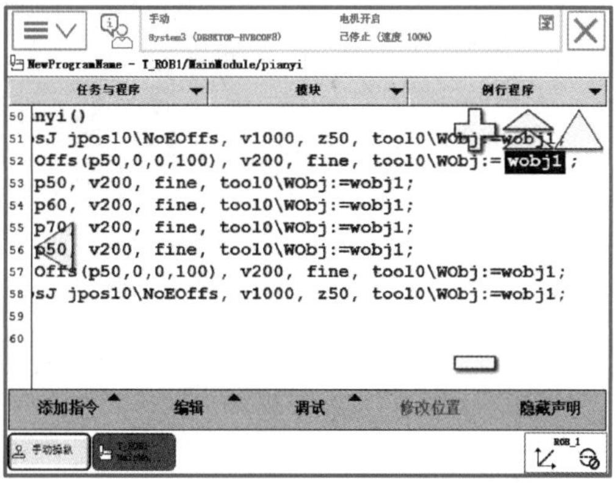

续表

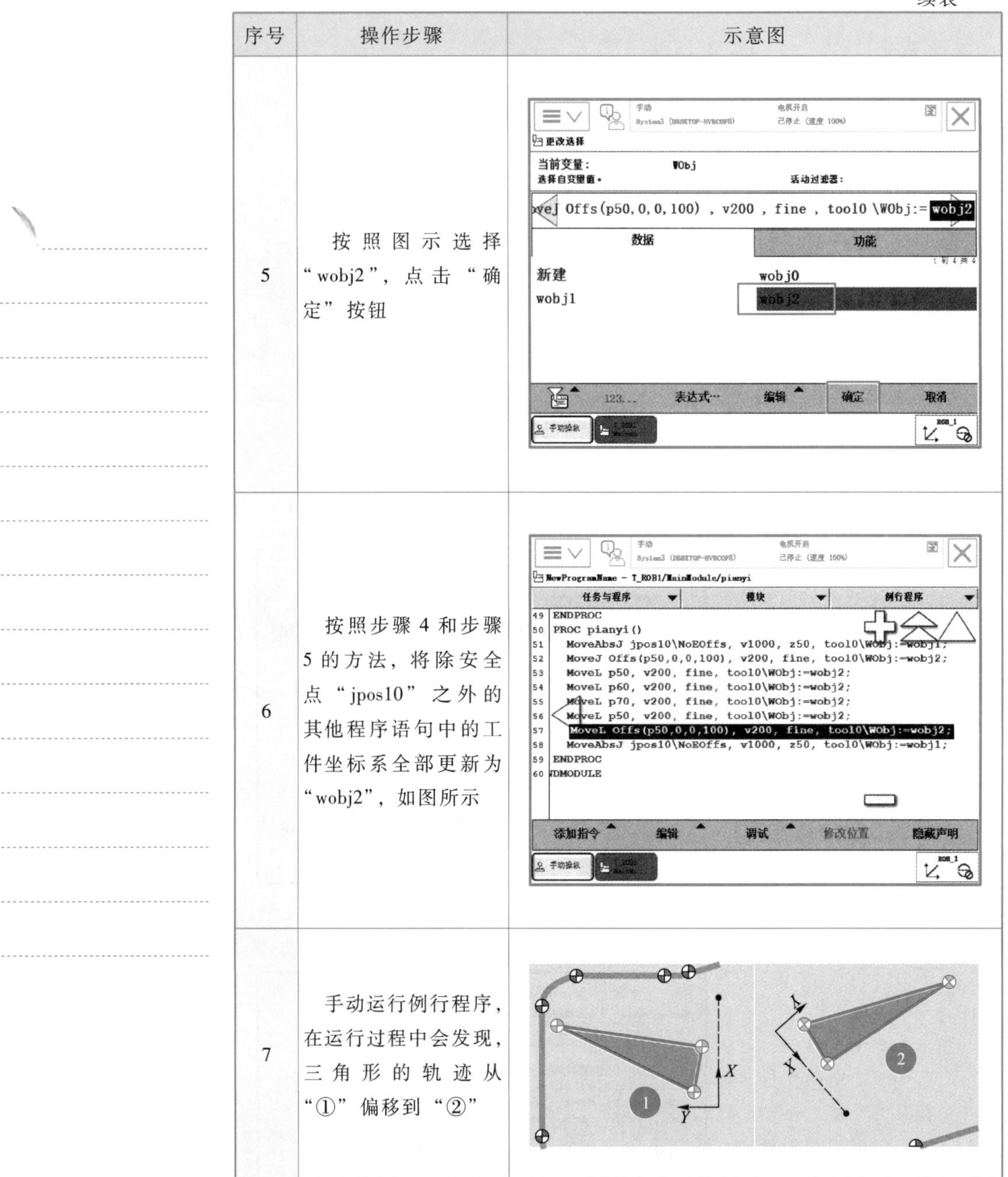

序号	操作步骤	示意图
5	按照图示选择"wobj2"，点击"确定"按钮	
6	按照步骤4和步骤5的方法，将除安全点"jpos10"之外的其他程序语句中的工件坐标系全部更新为"wobj2"，如图所示	
7	手动运行例行程序，在运行过程中会发现，三角形的轨迹从"①"偏移到"②"	

视频

更改运动指令参数实现轨迹逼近

5.2.11 任务操作——更改运动指令参数实现轨迹逼近

1. 任务引入

运动指令：MoveL p1，v200，z10，tool1 \ \ Wobj1，说明机器人的TCP以线性运动方式从当前位置向p1点前进，速度是200 mm/s，转弯区数据是10 mm即表示在距离p1点还有10 mm的时候开始转弯（图5-

21），使用的工具数据（tooldata）是 tool1，工件坐标数据（wobjdata）是 wobj1。在 5.2.1 中介绍到转弯区数据，其数值越大，机器人的动作越圆滑与流畅。

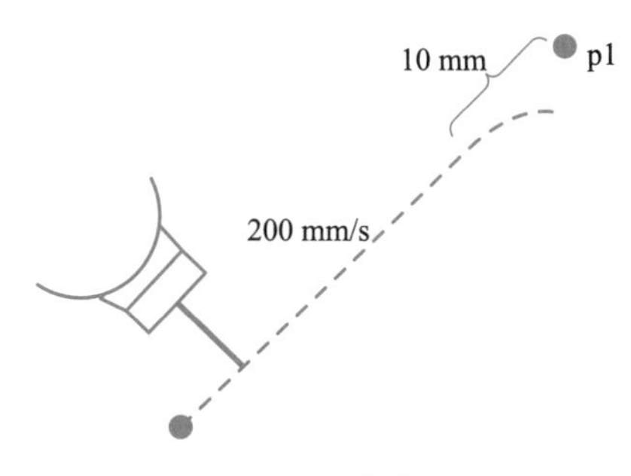

图 5-21 运动指令参数示意图

2. 任务要求

掌握如何通过更改运动指令参数实现轨迹逼近。

3. 任务实操

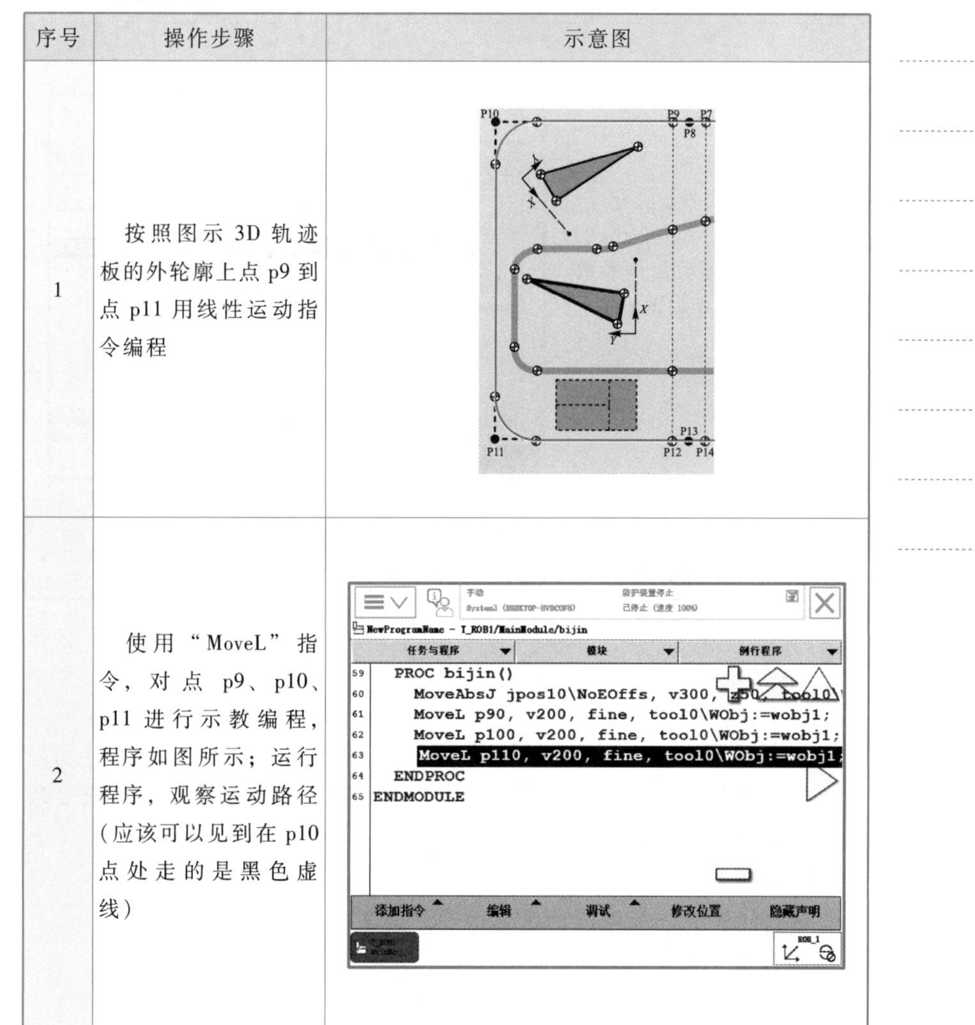

序号	操作步骤	示意图
1	按照图示 3D 轨迹板的外轮廓上点 p9 到点 p11 用线性运动指令编程	
2	使用“MoveL”指令，对点 p9、p10、p11 进行示教编程，程序如图所示；运行程序，观察运动路径（应该可以见到在 p10 点处走的是黑色虚线）	

续表

序号	操作步骤	示意图
3	现需要通过更改运动指令参数"z"实现3D轨迹板的外轮廓上点p10的(图示左上角方框内圆弧轨迹)逼近	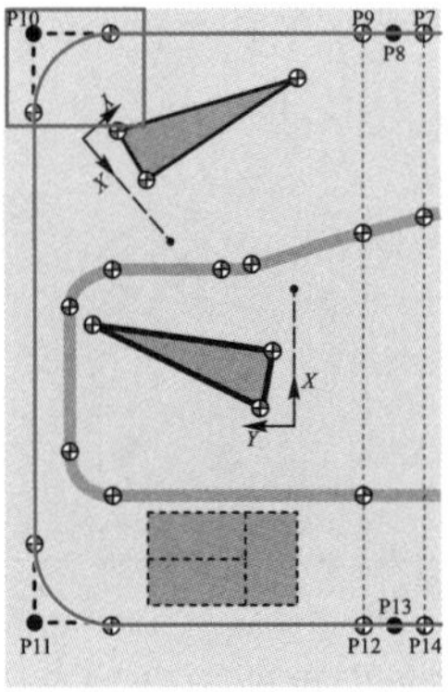
4	更改运动指令参数"z"，程序如图所示	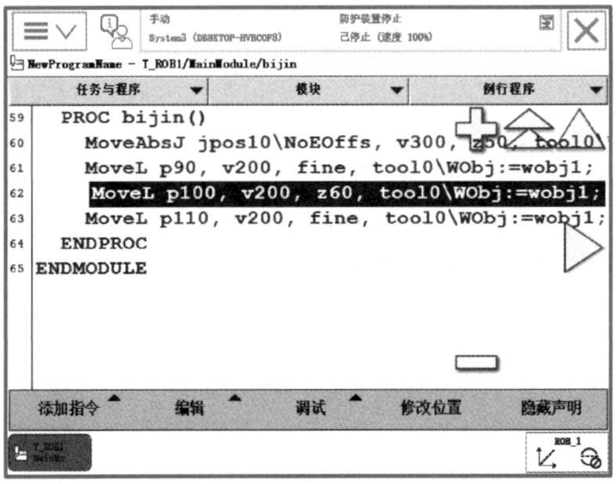
5	运行程序并观察运动轨迹，与之前路径进行对比	

5.2.12　任务操作——综合运用运动指令示教复杂轨迹

1. 任务引入

在本任务操作中，综合5.2.1中学习到的常用运动指令，完成复杂轨迹的示教，如图5-22所示。

2. 任务要求

掌握如何综合运用运动指令示教复杂轨迹。

3. 任务实操

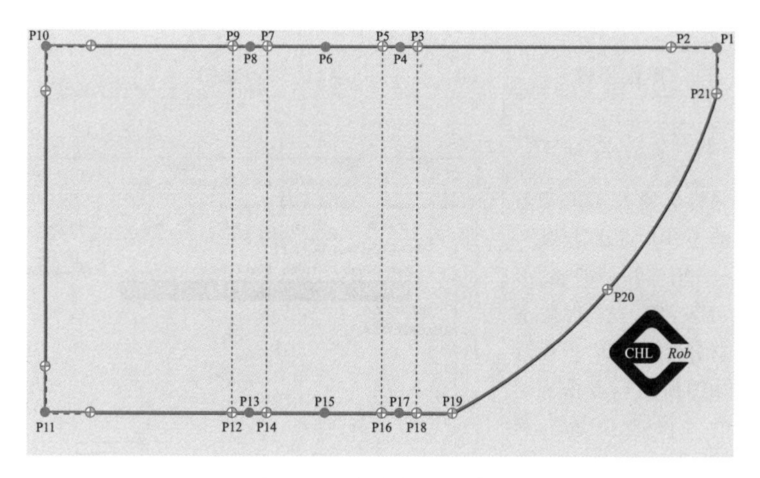

图 5-22　复杂轨迹示意图

序号	操作步骤	示意图
1	按照图示新建例行程序，命名为“fuzaguiji”，具体操作方法在 5.1.2 中有详细介绍	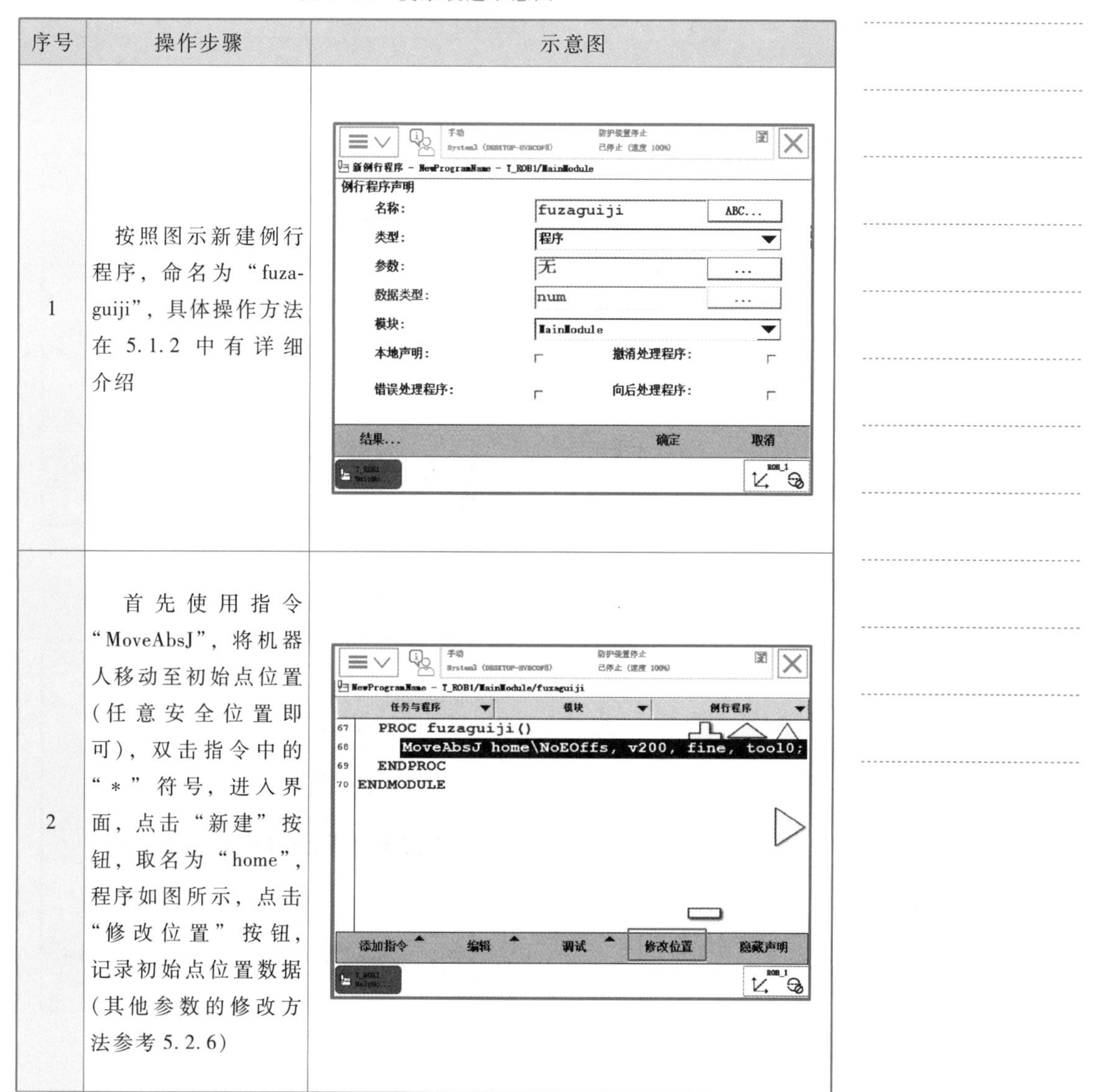
2	首先使用指令“MoveAbsJ”，将机器人移动至初始点位置（任意安全位置即可），双击指令中的“*”符号，进入界面，点击“新建”按钮，取名为“home”，程序如图所示，点击“修改位置”按钮，记录初始点位置数据（其他参数的修改方法参考 5.2.6）	

续表

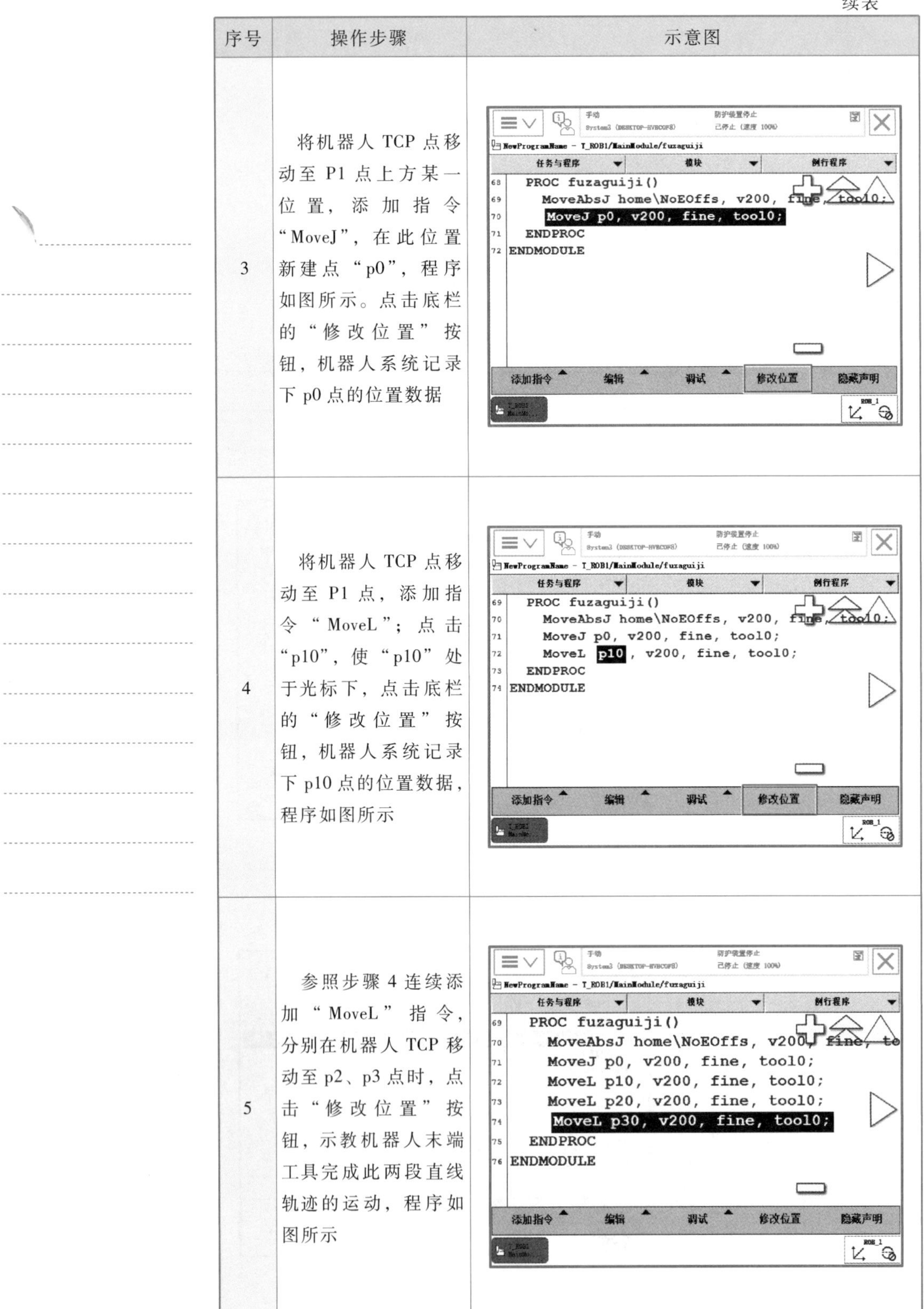

序号	操作步骤	示意图
3	将机器人TCP点移动至P1点上方某一位置，添加指令“MoveJ”，在此位置新建点“p0”，程序如图所示。点击底栏的“修改位置”按钮，机器人系统记录下p0点的位置数据	
4	将机器人TCP点移动至P1点，添加指令“MoveL”；点击“p10”，使“p10”处于光标下，点击底栏的“修改位置”按钮，机器人系统记录下p10点的位置数据，程序如图所示	
5	参照步骤4连续添加“MoveL”指令，分别在机器人TCP移动至p2、p3点时，点击“修改位置”按钮，示教机器人末端工具完成此两段直线轨迹的运动，程序如图所示	

续表

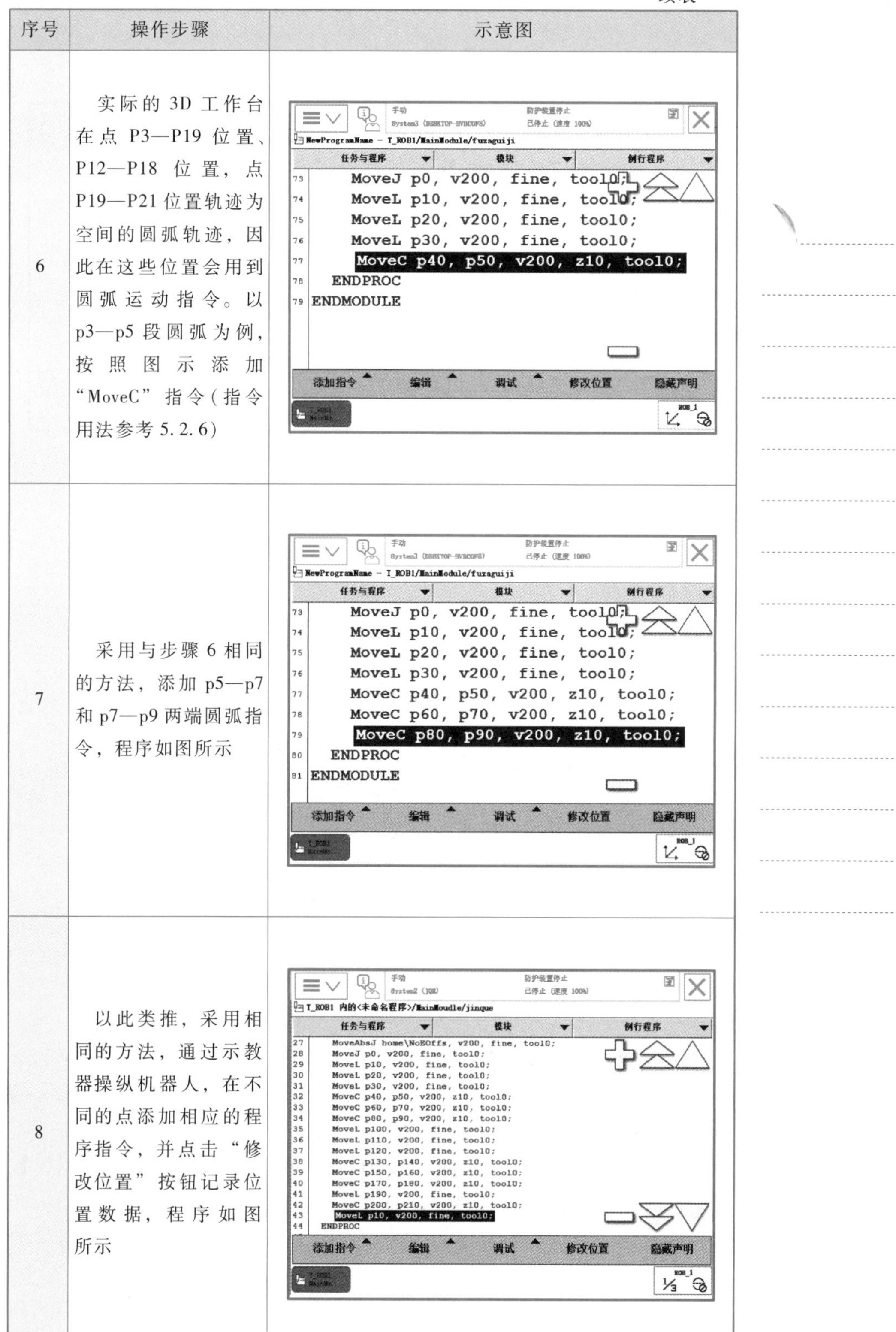

序号	操作步骤	示意图
6	实际的 3D 工作台在点 P3—P19 位置、P12—P18 位置，点 P19—P21 位置轨迹为空间的圆弧轨迹，因此在这些位置会用到圆弧运动指令。以 p3—p5 段圆弧为例，按照图示添加“MoveC”指令（指令用法参考 5.2.6）	NewProgramName - T_ROB1/MainModule/fuzaguiji 73 MoveJ p0, v200, fine, tool0; 74 MoveL p10, v200, fine, tool0; 75 MoveL p20, v200, fine, tool0; 76 MoveL p30, v200, fine, tool0; 77 MoveC p40, p50, v200, z10, tool0; 78 ENDPROC 79 ENDMODULE
7	采用与步骤 6 相同的方法，添加 p5—p7 和 p7—p9 两端圆弧指令，程序如图所示	NewProgramName - T_ROB1/MainModule/fuzaguiji 73 MoveJ p0, v200, fine, tool0; 74 MoveL p10, v200, fine, tool0; 75 MoveL p20, v200, fine, tool0; 76 MoveL p30, v200, fine, tool0; 77 MoveC p40, p50, v200, z10, tool0; 78 MoveC p60, p70, v200, z10, tool0; 79 MoveC p80, p90, v200, z10, tool0; 80 ENDPROC 81 ENDMODULE
8	以此类推，采用相同的方法，通过示教器操纵机器人，在不同的点添加相应的程序指令，并点击“修改位置”按钮记录位置数据，程序如图所示	T_ROB1 内的<未命名程序>/MainMoudle/jinque 27 MoveAbsJ home\NoEOffs, v200, fine, tool0; 28 MoveJ p0, v200, fine, tool0; 29 MoveL p10, v200, fine, tool0; 30 MoveL p20, v200, fine, tool0; 31 MoveL p30, v200, fine, tool0; 32 MoveC p40, p50, v200, z10, tool0; 33 MoveC p60, p70, v200, z10, tool0; 34 MoveC p80, p90, v200, z10, tool0; 35 MoveL p100, v200, fine, tool0; 36 MoveL p110, v200, fine, tool0; 37 MoveL p120, v200, fine, tool0; 38 MoveC p130, p140, v200, z10, tool0; 39 MoveC p150, p160, v200, z10, tool0; 40 MoveC p170, p180, v200, z10, tool0; 41 MoveL p190, v200, fine, tool0; 42 MoveC p200, p210, v200, z10, tool0; 43 MoveL p10, v200, fine, tool0; 44 ENDPROC

续表

序号	操作步骤	示意图
9	最后按照图示添加指令语句“MoveAbsJ…”，移动至机器人“home”点，轨迹的精确定位编程完成	T_ROB1 内的<未命名程序>/MainMoudle/jinque 27 MoveAbsJ home\NoEOffs, v200, fine, tool0; 28 MoveJ p0, v200, fine, tool0; 29 MoveL p10, v200, fine, tool0; 30 MoveL p20, v200, fine, tool0; 31 MoveL p30, v200, fine, tool0; 32 MoveC p40, p50, v200, z10, tool0; 33 MoveC p60, p70, v200, z10, tool0; 34 MoveC p80, p90, v200, z10, tool0; 35 MoveL p100, v200, fine, tool0; 36 MoveL p110, v200, fine, tool0; 37 MoveL p120, v200, fine, tool0; 38 MoveC p130, p140, v200, z10, tool0; 39 MoveC p150, p160, v200, z10, tool0; 40 MoveC p170, p180, v200, z10, tool0; 41 MoveL p190, v200, fine, tool0; 42 MoveC p200, p210, v200, z10, tool0; 43 MoveL p10, v200, fine, tool0; 44 MoveAbsJ home\NoEOffs, v200, fine, tool0; 添加指令 编辑 调试 修改位置 隐藏声明

思考题

一、填空题

1. 本书所述机器人常用的运动指令有(　　)、(　　)、(　　)、(　　)。

2. 程序调试控制按钮有(　　)、(　　)、(　　)和(　　)。

二、简答题

请简要叙述工件坐标系的定义。

任务 5.3　程序数据的定义及赋值

5.3.1　常用的程序数据类型及定义方法

前面学习完任务 5.2，让我们学会了如何操作机器人执行简单的运动轨迹，要想实现复杂的逻辑判断和流程设计还需进行下面知识内容的学习。

在前文的 5.1.1 中提到过 RAPID 语言中共有上百种程序数据，数据中存放的是编程需要用到的各种类型的常量和变量。在这里我们将介绍一些常用的数据类型及定义方法，如图 5-23 所示为“程序数据”的界面窗口。

程序数据的存储类型可以分为三大类：变量 VAR，可变量 PERS 和常量 CONTS。它们三个数据存储类型的特点如下：

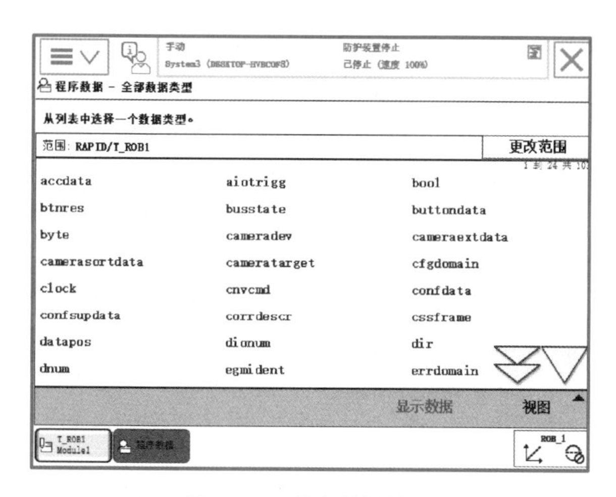

图 5-23 程序数据界面

① 变量 VAR：在执行或停止时，会保留当前的值，当程序指针被移到主程序后，数值会丢失。定义变量时可以赋初始值，也可以不赋予初始值。

② 可变量 PERS：不管程序的指针如何，都会保持最后被赋予的值。在定义时，所有可变量必须被赋予一个相应的初始值。

③ 常量 CONTS：在定义时就被赋予了特定的数值，并不能在程序中进行改动，只能手动进行修改。在定义时，所有常量必须被赋予一个相应的初始值。

在新建程序数据时，可在其声明界面(图 5-24)对程序数据类型的名称、范围、存储类型、任务、模块、例行程序和维数进行设定。数据参数说明见表 5-7。

手动
System3 (DESKTOP-HVBCOFS)
防护装置停止
已停止 (速度 100%)
新数据声明
数据类型: num
当前任务: T_ROB1
名称: count
范围: 全局
存储类型: 变量
任务: T_ROB1
模块: MainModule
例行程序: <无>
维数 <无>
初始值
确定
取消
ROB_1

图 5-24 数据声明界面

表 5-7 数据参数说明

数据设定参数	说明
名称	设定数据的名称
范围	设定数据可使用的范围，分全局、本地和任务三个选择，全局是表示数据可以应用在所有的模块中；本地是表示定义的数据只可以应用于所在的模块中；任务则是表示定义的数据只能应用于所在的任务中
存储类型	设定数据的可存储类型：变量，可变量，常量
任务	设定数据所在的任务
模块	设定数据所在的模块
例行程序	设定数据所在的例行程序
维数	设定数据的维数，数据的维数一般是指数据不相干的几种特性
初始值	设定数据的初始值，数据类型不同初始值不同，根据需要选择合适的初始值

下面对常用的数据进行详细介绍，为后续编写程序打好基础。程序数据是根据不同的数据用途进行定义的，常用的程序数据类型有：bool，byte，clock，jointtarget，loaddata，num，pos，robjoint，speeddata，string，tooldata 和 wobjdata 等。不同类型的常用程序数据的用法如下：

① bool：布尔量，用于逻辑值，bool 型数据值可以为 true 或 false。

例如：VAR bool flag1；

flag1：=true；

② byte：用于符合字节范围(0~255)的整数数值，代表一个整数字节值。

例如：VAR byte data1：=130；

③ clock：用于时间测量，功能类似秒表，用于定时；存储时间测量值，以 s 为单位，分辨率为 0.001 s 且必须为 VAR 变量。

例如：VAR clock myclock；

ClkReset myclock；

重置时钟 clock。

④ jointtarget：用于通过指令 MoveAbsJ 确定机械臂和外轴移动到的位置，规定机械臂和外轴的各单独轴位置。其中 robax axes 表示机械臂轴位置，以度为单位。extemal axes 表示外轴的位置，对于线性外轴，其位置定义为与校准位置的距离(mm)；对于旋转外轴，其位置定义为从校准位置起旋转的度数。

例如：CONTS jointtarget calib _ pos：=[[0,0,0,0,0,0],[0,9E9,9E9,9E9,9E9,9E9]]；

定义机器人在 calib_ pos 的正常校准位置，以及外部轴 a 的正常校准值位置值 0(度或毫米)，未定义外轴 b 到 f。

⑤ loaddata：用于描述附于机械臂机械界面(机械臂安装法兰)的负载，负载数据常常定义机械臂的有效负载或支配负载(通过定位器的指令 GripLoad 或 MechUnitLoad 来设置)，即机械臂夹具所施加的负载。同时将 loaddata 作为 tooldata 的组成部分，以描述工具负载。loaddata 参数表见表 5-8。

表 5-8 loaddata 参数表

序号	参数	名称	类型	单位
1	mass	负载的质量	num	kg
2	cog	有效负载的重心	pos	mm
3	aom	矩轴的姿态	orient	
4	inertia x	力矩 x 轴负载的惯性矩	num	$kg \cdot m^2$
5	inertia y	力矩 y 轴负载的惯性矩	num	$kg \cdot m^2$
6	inertia z	力矩 z 轴负载的惯性矩	num	$kg \cdot m^2$

例如：PERS loaddata piece1：=[5,[50,0,50],[1,0,0,0],0,0,0]；

质量 5 kg，重心坐标 $x=50$，$y=0$ 和 $z=50$ mm，有效负载为一个点质量。

⑥ num：此数据类型的值可以为整数(例如-5)和小数(例如 3.45)，也可以呈指数形式写入(例如 2E3=2×10^3)，该数据类型始终将-8 388 607 与+8 388 608 之间的整数作为准确的整数储存。小数仅为近似数字，因此，不得用于等于或不等于对比。若为使用小数的除法运算，则结果也将为小数，即并非一个准确的整数。

例如：VAR num reg1；

…

reg1：=3；

将 reg1 指定为值 3。

⑦ pos：用于各位置(仅 X、Y、Z)，描述 X、Y 和 Z 位置的坐标。其中 X、Y 和 Z 参数的值均为 num 数据类型。

例如：VAR pos pos1；

…

Pos1：=[500,0,940]；

pos1 的位置为 $X=500$ mm，$Y=0$ mm，$Z=940$ mm。

⑧ robjoint：robjoint 用于定义机械臂轴的位置，单位度。robjoint 类数据用于储存机械臂轴 1 到 6 的轴位置，将轴位置定义为各轴(臂)从轴校准位置沿正方向或负方向旋转的度数。

例如：rax_1：robot axis 1；

机械臂轴 1 位置距离校准位置的度数，数据类型 num。

⑨ speeddata：用于规定机械臂和外轴均开始移动时的速率。速度数据定义以下速率：工具中心点移动时的速率；工具的重新定位速度；线性或旋转外轴移动时的速率。当结合多种不同类型的移动时，其中一个速率常常限制所有运动。这时将减小其他运动的速率，以便所有运动同时停止执行。与此同时通过机械臂性能来限制速率，将会根据机械臂类型和运动路径而有所不同。

例如：VAR speeddata vmedium：=[1 000,30,200,15]；

定义速度数据 vmedium，对于 TCP，速率为 1 000 mm/s；对于工具的重新定位，速率为 30°/s；对于线性外轴，速率为 200 mm/s；对于旋转外轴，速率为 15°/s。

⑩ string：用于字符串。字符串由一系列附上引号(" ")的字符(最多 80 个)组成，例如，"这是一个字符串"。如果字符串中包括引号，则必须保留两个引号，例如，"本字符串包含一个" "字符"。如果字符串中包括反斜线，则必须保留两个反斜线符号，例如，"本字符串包含一个\\字符"。

例如：VAR string text；

…

text：="start welding pipe 1"；

TPWrite text；

在 FlexPendant 示教器上写入文本 start welding pipe 1。

⑪ tooldata：用于描述工具(例如焊枪或夹具)的特征。此类特征包括工具中心点(TCP)的位置和方位以及工具负载的物理特征。如果工具得以固定在空间中(固定工具)，则工具数据首先定义空间中该工具的位置和方位以及 TCP。随后，描述机械臂所移动夹具的负载。

例如：PERS tooldata gripper ：=[TRUE,[[97.4,0,223.1],[0.924,0,0.383,0]],[5,[23,0,75],[1,0,0,0],0,0,0]]；

机械臂正夹持着工具，TCP 所在点与安装法兰的直线距离为 223.1 mm，且沿腕坐标系 X 轴 97.4 mm；工具的 X' 方向和 Z' 方向相对于腕坐标系 Y 方向旋转 45°；工具质量为 5 kg；重心所在点与安装法兰的直线距离为 75 mm，且沿腕坐标系 X 轴 23 mm；可将负载视为一个点质量，即不带任何惯性矩。

⑫ wobjdata：用于描述机械臂处理其内部移动的工件，例如焊接。如果在定位指令中定义工件，则位置将基于工件坐标。如果使用固定工具或协调外轴，则必须定义工件，因为路径和速率随后将与工件而非 TCP 相关。工件数据亦可用于点动：可使机械臂朝工件方向点动，根据工件坐标系，显示机械臂当前位置。

例如：PERS wobjdata wobj2：=[FALSE,TRUE,"",[[300,600,200],[1,0,0,0]],[[0,200,30],[1,0,0,0]]]；

“FALSE”代表机械臂未夹持着工件，“TRUE”代表使用固定的用户坐标系。用户坐标系不旋转，且其在大地坐标系中的原点坐标为 x = 300 mm、y = 600 mm 和 z = 200 mm；目标坐标系不旋转，且其在用户坐标系中的原点坐标为 x = 0、y = 200 mm 和 z = 30 mm。

例如：wobj2. oframe. trans. z： =38. 3；

将工件 wobj2 的位置调整至沿 z 方向 38. 3 mm 处。

5. 3. 2 常用的数学运算指令

PPT 机器人的数学运算指令

RAPID 程序指令含有丰富的功能，按照功能的用途可以对其进行分类。本书重点介绍日常编程中运用到的一些常用的数学运算指令。

1. Clear

用于清除数值变量或永久数据对象，即，将数值设置为 0。

例如：Clear reg1；

Reg1 得以清除，即，reg1： =0。

2. Add

用于从数值变量或者永久数据对象增减一个数值。

例如：Add reg1， 3；

将 3 增加到 reg1，即 reg1： =reg1+3。

例如：Add reg1， -reg2；

reg2 的值得以从 reg1 中减去，即，reg1： =reg1-reg2。

3. Incr

用于向数值变量或者永久数据对象增加 1。

```
例如：VAR num no _ of _ parts： =0；
…
WHILE stop _ production=0 DO
produce _ part；
Incr no _ of _ parts；
TPWrite"No of produced parts=" \ \ Num： =no _ of _ parts；
ENDWHILE
```

更新 FlexPendant 示教器上各循环所产生的零件数。只要未设置输入信号 stop _ production，则继续进行生产。

4. Decr

用于从数值变量或者永久数据对象减去 1，与 Incr 用法一样，但是作用刚好相反。

```
例如：VAR dnum no _ of _ parts： =0；
…
TPReadDnum no _ of _ parts， "How many parts should be produced？ "；
WHILE no _ of _ parts>0 DO
produce _ part；
Decr no _ of _ parts；
```

ENDWHILE

要求操作员输入待生产零件的数量。变量 no _ of _ parts 用于统计必须继续生产的数量。

5.3.3　赋值指令与程序数据的两种赋值方法

赋值指令“：=”，如图 5-25 所示，用于对程序中的数据进行赋值，赋值的方式可以为将一个常量赋值给程序数据，还可以为将数学表达式赋值给程序数据，方法示例如下：

① 常量赋值：reg1：=5。

② 表达式赋值：reg2：=reg1+4。

数据赋值时，变量与值数据类型必须相同。程序运行时，常量数据不允许赋值。

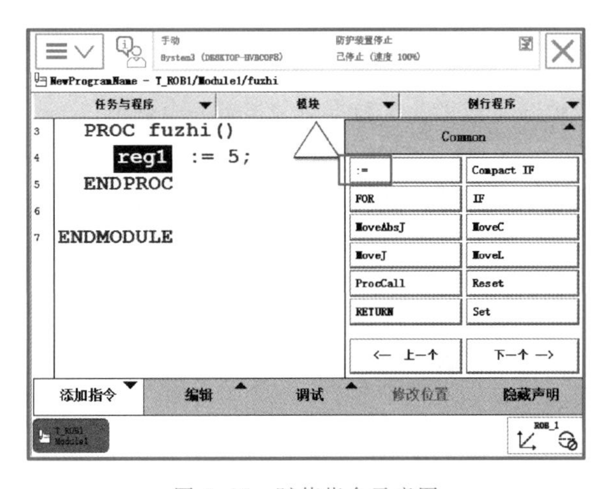

图 5-25　赋值指令示意图

我们还可以通过赋值指令，运用表达式的方法实现数学计算中像加减乘除这样的基础运算。选择“：=”后，在如图 5-26 所示界面中，

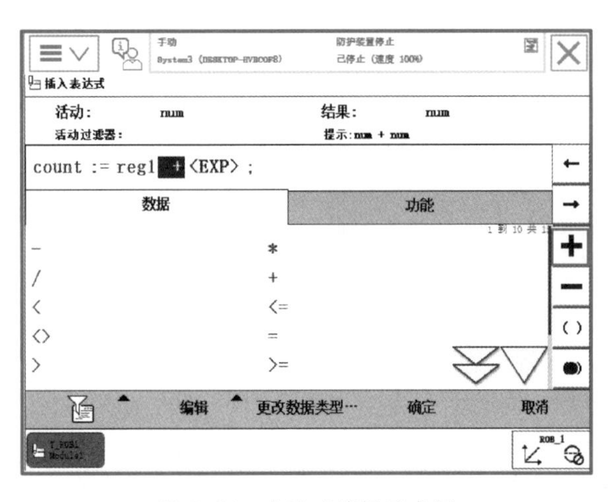

图 5-26　表达式编辑示意图

点击“+”便可进行加减乘除表达式的编辑。

5.3.4　任务操作——定义数值数据变量并赋值

1. 任务要求

掌握如何定义数值数据变量 count 并赋值。

2. 任务实操

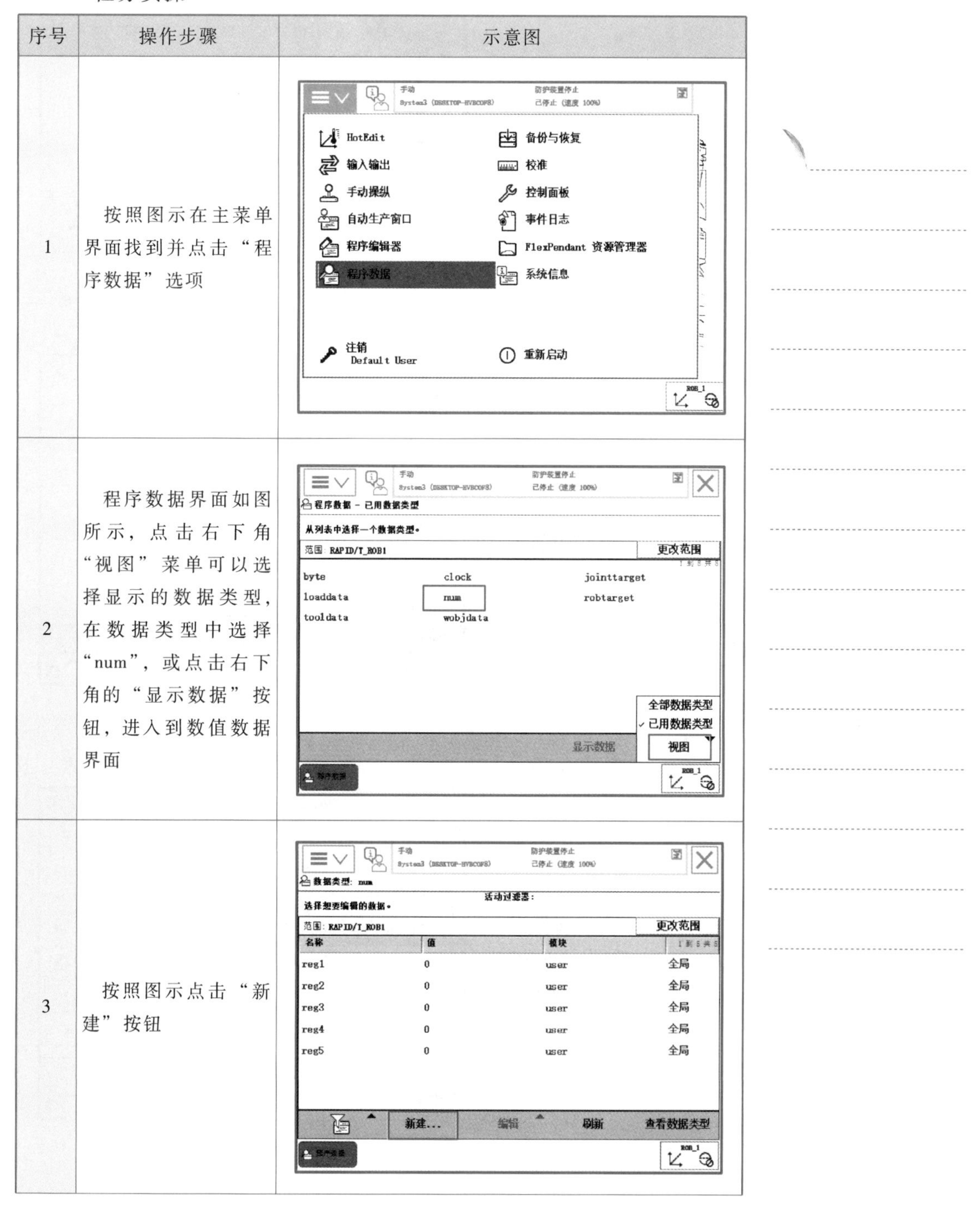

序号	操作步骤	示意图
1	按照图示在主菜单界面找到并点击“程序数据”选项	
2	程序数据界面如图所示，点击右下角“视图”菜单可以选择显示的数据类型，在数据类型中选择“num”，或点击右下角的“显示数据”按钮，进入到数值数据界面	
3	按照图示点击“新建”按钮	

续表

序号	操作步骤	示意图
4	按照图示定义一个数值数据“count”	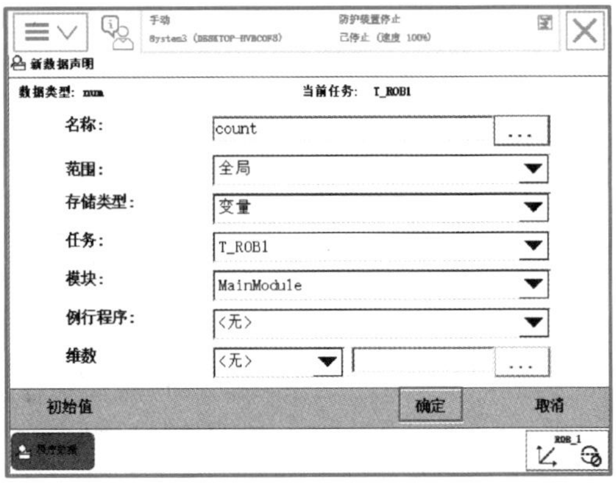
5	对数值数据“count”进行常量赋值的操作方法有两种。第一种方法，按照图示在定义界面点击左下角的“初始值”按钮	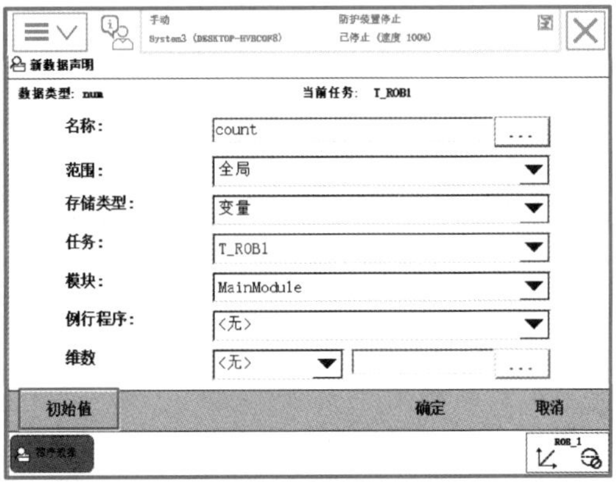
6	按照图示在界面中点击“0”，可以对“count”进行赋值	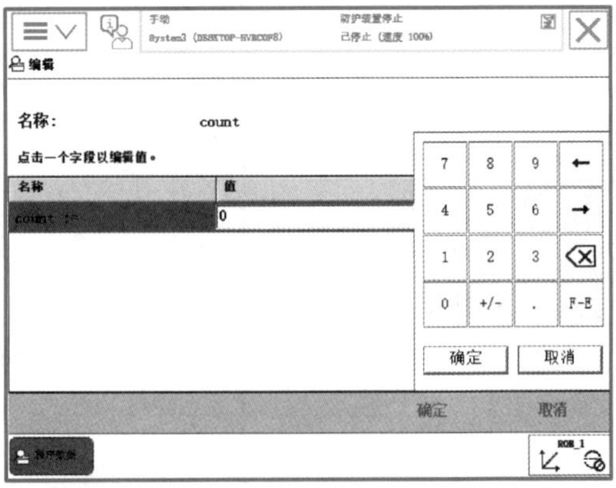

续表

序号	操作步骤	示意图
7	第二种方法，即采用赋值指令“：=”如图所示，实现“count”的赋值	手动 System3 (DESKTOP-HVBCOP8) 防护装置停止 已停止（速度 100%） NewProgramName - T_ROB1/Module1/fuzhi 任务与程序 模块 例行程序 3 PROC fuzhi() 4 reg1 := 5; 5 ENDPROC 6 7 ENDMODULE Common := Compact IF FOR IF MoveAbsJ MoveC MoveJ MoveL ProcCall Reset RETURN Set <— 上一个 下一个 —> 添加指令 编辑 调试 修改位置 隐藏声明 ROB_1
8	按照上图图示找到赋值指令并点击，在图示界面中找到数值数据变量“count”并点击	手动 System3 (DESKTOP-HVBCOP8) 防护装置停止 已停止（速度 100%） 插入表达式 活动： num 结果： num 活动过滤器： 提示： <VAR> := <EXP> ; 数据 功能 新建 count reg1 reg2 reg3 reg4 reg5 编辑 更改数据类型… 确定 取消 ROB_1
9	按照图示选中“EXP”，点击“编辑”菜单并选择“仅限选定内容”命令进行常量赋值	手动 System3 (DESKTOP-HVBCOP8) 防护装置停止 已停止（速度 100%） 插入表达式 活动： num 结果： num 活动过滤器： 提示：any type count := <EXP> ; 数据 功能 新建 Optional Arguments nt END_OF_LIST 添加记录组件 _BIN EOF_NUM 删除记录组件 1 reg2 数组索引 3 reg4 全部 5 仅限选定内容 编辑 更改数据类型… 确定 取消 ROB_1

续表

序号	操作步骤	示意图
10	表达式赋值方法：可以点击“新建”命令新建变量，也可以在“数据”列表中选择已定义过的变量，如图所示	
11	按照图示选中“reg1”，点击图示中右侧的“+”号可以调出运算符调用界面，编辑表达式	
12	在列表中选择所需的运算符号，如图所示	

续表

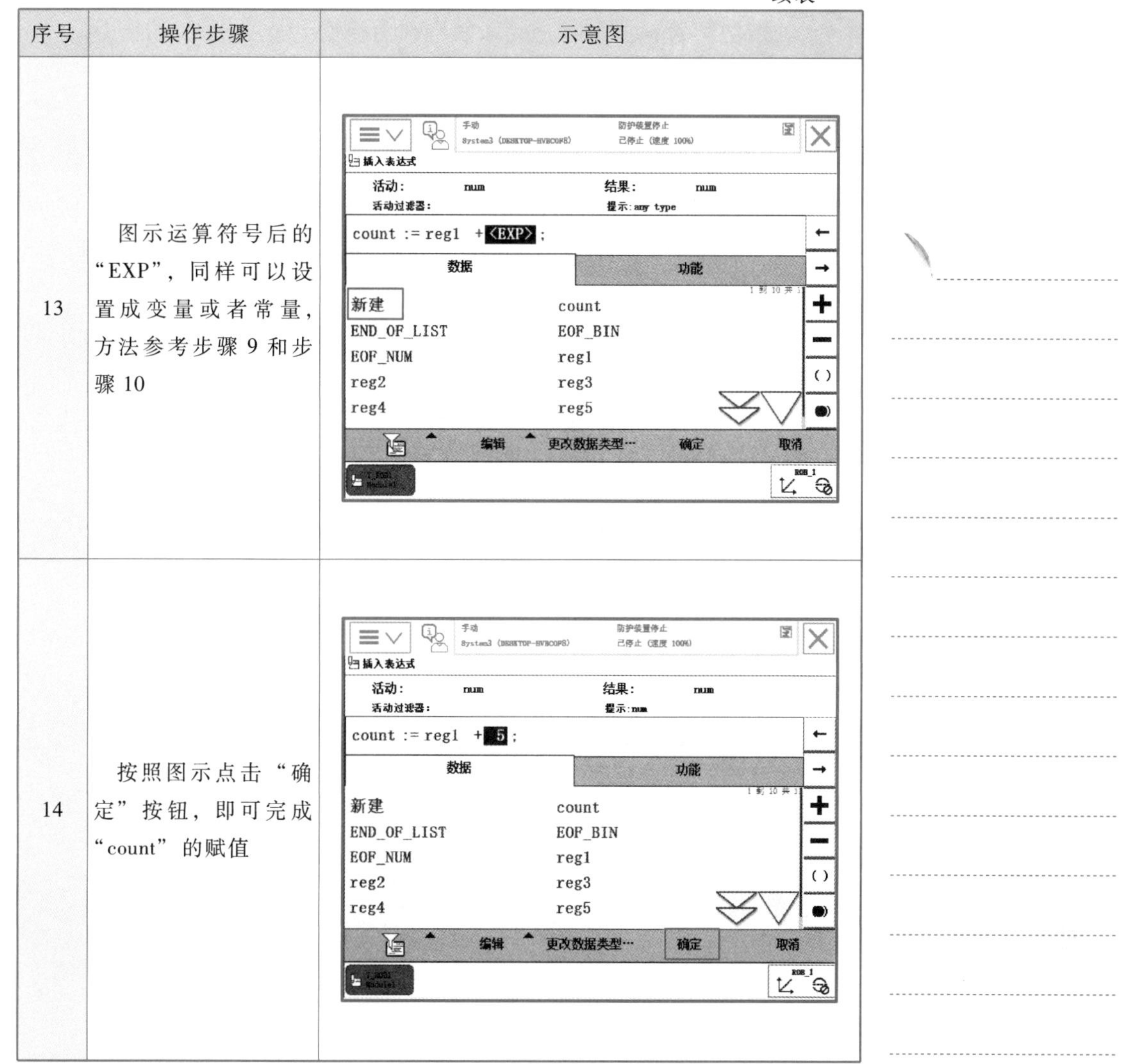

序号	操作步骤	示意图
13	图示运算符号后的“EXP”，同样可以设置成变量或者常量，方法参考步骤 9 和步骤 10	
14	按照图示点击“确定”按钮，即可完成“count”的赋值	

思考题

一、填空题

程序数据的存储类型可以分为三大类，分别为(　　)，(　　)和(　　)。

二、简答题

1. 程序数据有哪几种赋值方法？
2. 可以用哪种常用的数学运算指令实现加减运算？

任务 5.4　逻辑判断指令与调用例行程序指令的应用

PPT
机器人的逻辑判断指令

5.4.1　常用的逻辑判断指令及用法

逻辑判断指令用于对条件进行判断后，执行满足其对应条件的相应的操作。常用的条件判断指令有 Compact IF ，IF，FOR，WHILE 和 TEST。

1. Compact IF

紧凑型条件判断指令，用于当一个条件满足了以后，就执行一句指令。

例如：IF reg1 =0　reg1：=reg1+1；

如果 reg1=0，将 reg1+1 赋值给 reg1。

2. IF

条件判断指令，满足 IF 条件，则执行满足该条件下的指令。

例如：IF reg1>5 THEN

Set do1；

Set do2；

ENDIF

仅当 reg1 大于 5 时，设置信号 do1 和 do2。

例如：IF counter>100 THEN

counter：=100；

ELSEIF counter<0 THEN

counter：=0；

ELSE

counter：=counter+1；

ENDIF

通过赋值加 1，使 counter 增量。但是，如果 counter 的数值超出限值 0~100，则向 counter 分配相应的限值。

3. FOR

重复执行判断指令，用于一个或多个指令需要重复执行多次的情况。

例如：FOR　i　FROM 1 TO 10 DO

routine1；

ENDFOR

重复执行 routine1 10 次。

4. WHILE

条件判定指令，用于满足给定条件的情况下，重复执行对应指令。

例如：WHILE reg1<reg2 DO

…

```
reg1：=reg1+1；
ENDWHILE
```

只要 reg1<reg2，则重复 WHILE 块中的指令。

5. TEST

根据表达式或数据的值，执行不同指令。当有待执行不同的指令时，使用 TEST。

```
例如：TEST reg1
CASE1，2，3：
routine1；
CASE4：
routine2；
DEFAULT：
TPWrite"Illegal choice"；
ENDTEST
```

根据 reg1 的值，执行不同的指令。如果该值为 1、2 或 3 时，则执行 routine1。如果该值为 4，则执行 routine2。否则，打印出错误消息。

以上介绍的这几种指令各自的用途和优势。紧凑型条件判断指令是只有满足条件时才能执行指令；条件判断指令基于是否满足条件，执行指令序列；重复执行判断指令重复一段程序多次，可以简化程序语句；条件判定指令重复指令序列，直到满足给定条件。一个 TEST 指令便可以对不同情况进行处理。

5.4.2　ProcCall 调用例行程序指令的用法

在实际应用中，在一个完整的生产流程里，机器人经常会需要重复执行某一段动作或逻辑判断，此时我们是否需要按照重复的流程编写重复的程序呢？答案是否定的。一般来说，设计机器人程序时，需要根据完整的工作流程分解和提取出相对独立的小流程，进而为独立小流程编制对应的程序。在流程重复时只需要反复调用对应程序即可。RAPID 语言中设置了调用例行程序的专用指令：ProcCall。

ProcCall 调用例行程序指令（图 5-27）是用于调用现有例行程序

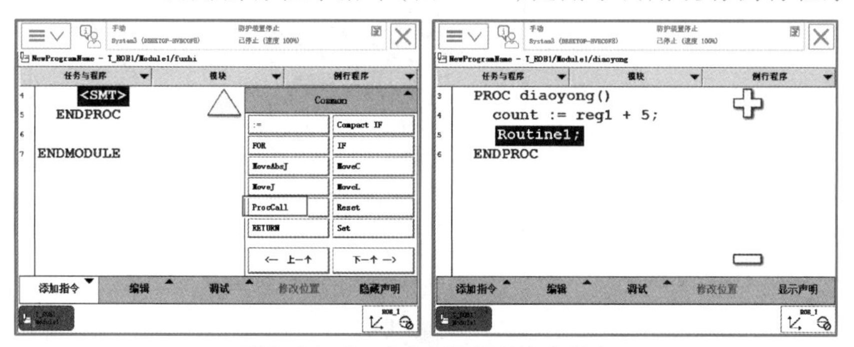

图 5-27　ProcCall 调用例行程序指令

(Procedure)的指令。当程序执行到该指令时，执行完整的被调用例行程序。当执行完此例行程序后，程序将继续执行调用后的指令语句。程序可相互调用，亦可自我调用(即递归调用)。

Procedure 类型的程序没有返回值，可以用指令直接调用；Function 类型的程序有特定类型的返回值，必须通过表达式调用；Trap 例行程序不能在程序中直接调用。

视频

利用 IF 指令实现圆形和三角形示教轨迹的选择

5.4.3 任务操作——利用 IF 指令实现圆形和三角形示教轨迹的选择

1. 任务引入

在此任务操作中使用 IF 条件判断指令，实现圆形和三角形示教轨迹的选择，当数据变量 D=1 时，机器人走圆形轨迹；当数据变量 D=2 时，机器人走三角形轨迹。

2. 任务要求

掌握如何利用 IF 指令和数据变量实现圆形和三角形示教轨迹的选择。

3. 任务实操

序号	操作步骤	示意图
1	按照图示在新建的例行程序中，选择“IF”条件判断指令完成此任务操作	手动 System3 (DESKTOP-HVBCOF8) 防护装置停止 已停止 (速度 100%) NewProgramName - T_ROB1/Module1/diaoyong 任务与程序 模块 例行程序 PROC diaoyong() <SMT> ENDPROC Common := Compact IF FOR IF MoveAbsJ MoveC MoveJ MoveL ProcCall Reset RETURN Set <— 上一个 下一个 —> 添加指令 编辑 调试 修改位置 显示声明 T_ROB1 Module1 ROB_1

2	点击图示中的“EXP”	手动 System3 (DESKTOP-HVBCOF8) 防护装置停止 已停止 (速度 100%)
		NewProgramName - T_ROB1/Module1/diaoyong
		任务与程序 模块 例行程序
		PROC diaoyong()
		IF <EXP> THEN
		<SMT>
		ENDIF
		ENDPROC
		添加指令 编辑 调试 修改位置 显示声明
		T_ROB1 Module1 T_ROB1 Module1 ROB_1

续表

序号	操作步骤	示意图
3	点击图示中的“更改数据类型...”按钮，选择“num”确定后，点击“新建”命令，完成数据变量“D”的定义	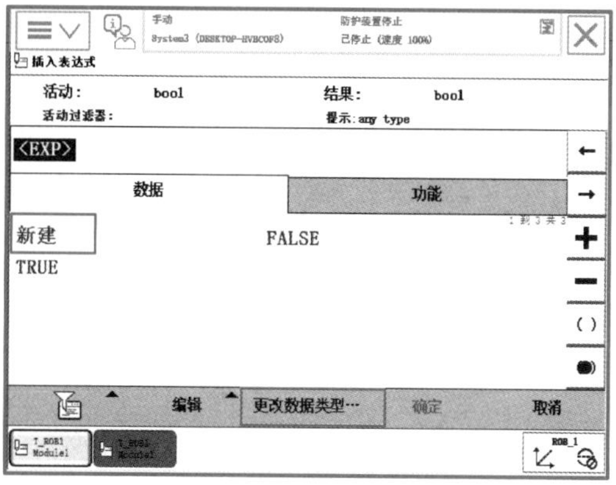 手动 System3 (DESKTOP-HVBCOPS) 防护装置停止 已停止 (速度 100%) 插入表达式 活动: bool 结果: bool 活动过滤器: 提示: any type <EXP> 数据 功能 新建 FALSE TRUE 编辑 更改数据类型… 确定 取消 T_ROB1 Module1 ROB_1
4	将 D 赋值为 1(方法见 5.3.4，也可直接选用“count”)，点击“确定”按钮	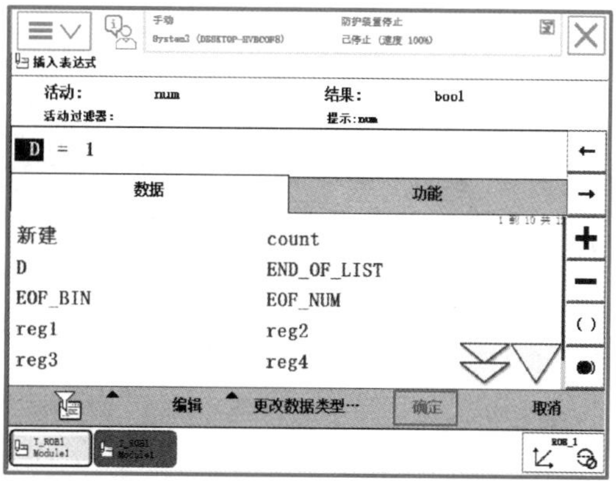 手动 System3 (DESKTOP-HVBCOPS) 防护装置停止 已停止 (速度 100%) 插入表达式 活动: num 结果: bool 活动过滤器: 提示: num D = 1 数据 功能 新建 count D END_OF_LIST EOF_BIN EOF_NUM reg1 reg2 reg3 reg4 编辑 更改数据类型… 确定 取消 T_ROB1 Module1 ROB_1
5	点击图示中的“ProCall”指令调用圆形轨迹的示教编程(详见 5.2.6)	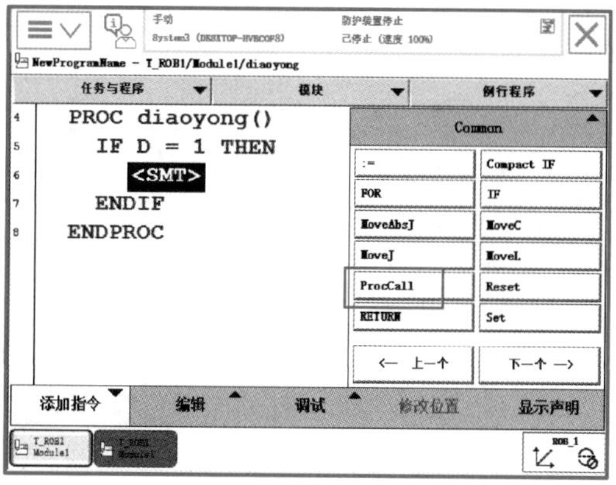 手动 System3 (DESKTOP-HVBCOPS) 防护装置停止 已停止 (速度 100%) NewProgramName - T_ROB1/Module1/diaoyong 任务与程序 模块 例行程序 4 PROC diaoyong() 5 IF D = 1 THEN 6 <SMT> 7 ENDIF 8 ENDPROC Common := Compact IF FOR IF MoveAbsJ MoveC MoveJ MoveL ProcCall Reset RETURN Set ← 上一个 下一个 → 添加指令 编辑 调试 修改位置 显示声明 T_ROB1 Module1 ROB_1

续表

序号	操作步骤	示意图
6	在图示的子程序调用的列表中找到“yuanxing”并点击，点击右下角的“确定”按钮完成圆形轨迹程序的调用	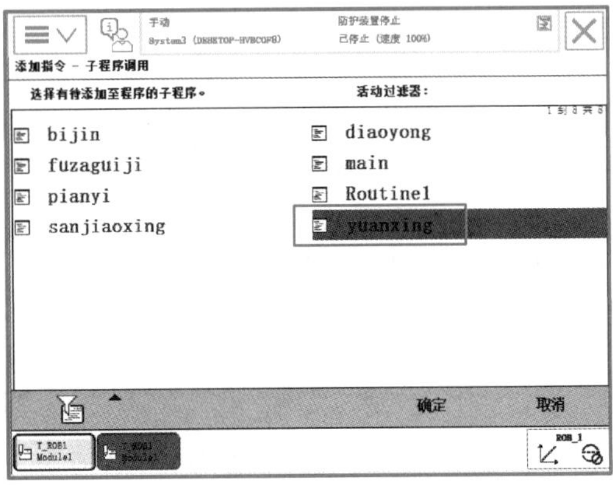 手动 System3 (DESKTOP-HVBCOF8) 防护装置停止 已停止（速度 100%） 添加指令 - 子程序调用 选择有待添加至程序的子程序。 活动过滤器： bijin diaoyong fuzaguiji main pianyi Routine1 sanjiaoxing yuanxing 确定 取消 T_ROB1 Module1 ROB_1
7	按照图示选中“IF”语句，点击“添加指令”菜单，并选择“：=”指令，完成数据变量“D”的增1	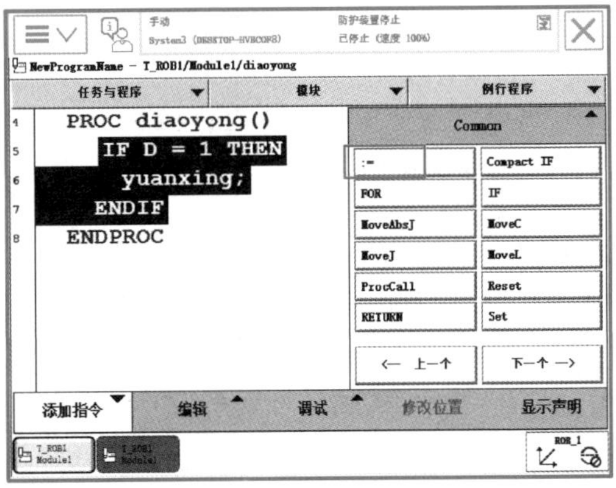 手动 System3 (DESKTOP-HVBCOF8) 防护装置停止 已停止（速度 100%） NewProgramName - T_ROB1/Module1/diaoyong 任务与程序 模块 例行程序 4 PROC diaoyong() 5 IF D = 1 THEN 6 yuanxing; 7 ENDIF 8 ENDPROC Common := Compact IF FOR IF MoveAbsJ MoveC MoveJ MoveL ProcCall Reset RETURN Set ← 上一个 下一个 → 添加指令 编辑 调试 修改位置 显示声明 T_ROB1 Module1 ROB_1
8	参考5.3.4中的操作，完成如图所示的赋值表达式并点击“确定”按钮	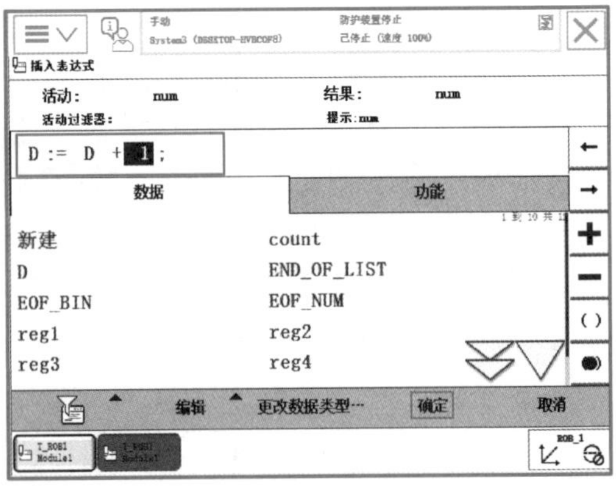 手动 System3 (DESKTOP-HVBCOF8) 防护装置停止 已停止（速度 100%） 插入表达式 活动： num 结果： num 活动过滤器： 提示：num D := D + 1 ; 数据 功能 新建 count D END_OF_LIST EOF_BIN EOF_NUM reg1 reg2 reg3 reg4 编辑 更改数据类型… 确定 取消 T_ROB1 Module1 ROB_1

续表

序号	操作步骤	示意图
9	参考步骤 1~6，完成三角形轨迹示教编程的调用，程序如图所示	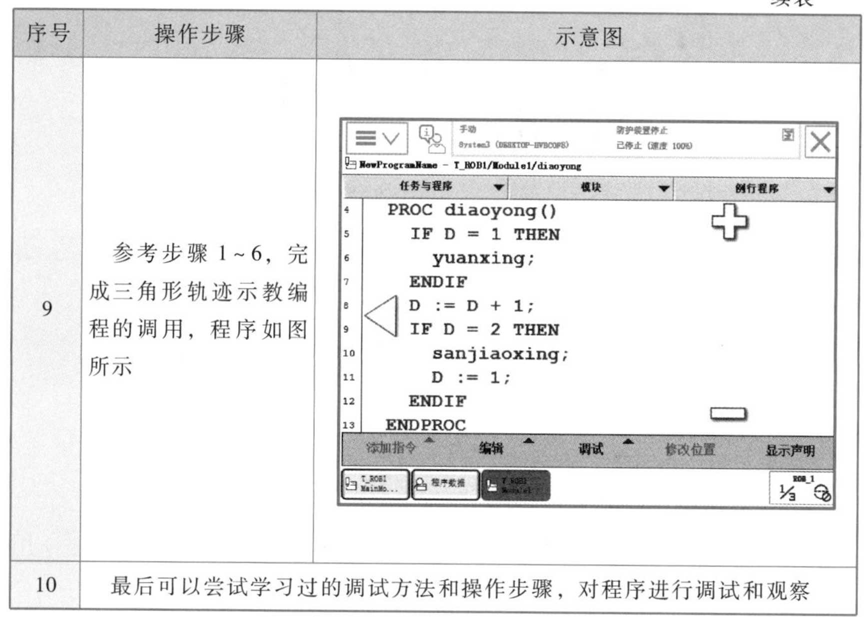
10	最后可以尝试学习过的调试方法和操作步骤，对程序进行调试和观察	

思考题

一、填空题

1. ProcCall 调用例行程序指令，调用(　　)的指令，当程序执行到该指令时，执行(　　)的例行程序。

2. 紧凑型条件判断指令(　　)，用于当一个条件满足了以后，就执行一句指令。

二、简答题

如何使用 ProcCall 调用例行程序指令实现程序的调用？

任务 5.5　I/O 控制指令

PPT

机器人的 I/O 指令

5.5.1　常用的 I/O 控制指令及用法

I/O 控制指令用于控制 I/O 信号，以实现机器人系统与机器人周边设备进行通信。在工业机器人中，主要是指通过对 PLC 的通信设置来实现信号的交互，例如当打开相应开关，使 PLC 输出信号，机器人系统接收到信号后，做出对应的动作，以完成相应的任务。

1. Set 数字信号置位指令

如图 5-28 所示，添加 “Set” 指令。Set 数字信号置位指令用于将数字输出(Digital Output)置位为 “1”。

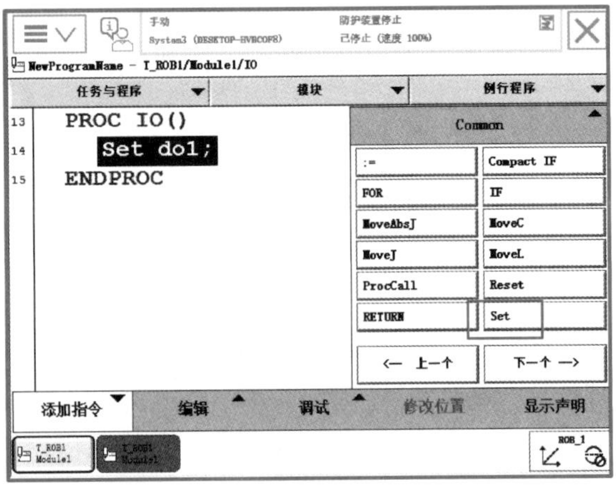

图 5-28

2. Reset 数字信号复位指令

如图 5-29 所示，添加 “Reset” 指令。Reset 数字信号复位指令用于将数字输出(Digital Output)置位为 “0”。

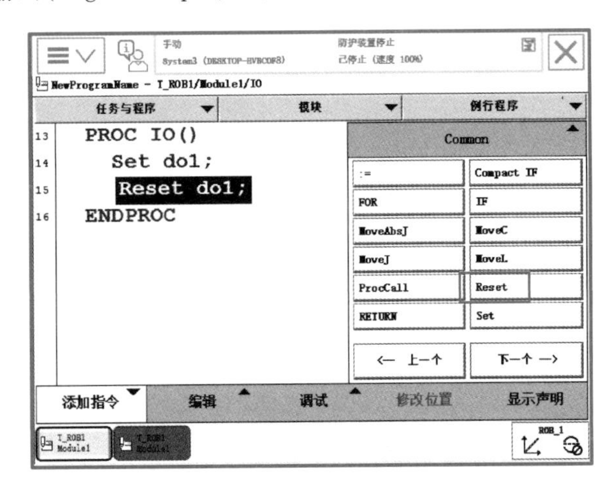

图 5-29

提示：如果在 Set、Reset 指令前有运动指令 MoveL、MoveJ、MoveC 或 MoveAbsJ 的转弯区数据，必须使用 fine 才可以准确地输出 I/O 信号状态的变化，否则信号会被提前触发。

3. SetAO

用于改变模拟信号输出信号的值。

例如：SetAO ao2，5.5；

将信号 ao2 设置为 5.5。

4. SetDO

用于改变数字信号输出信号的值。

例如：SetDO do1，1；

将信号 do1 设置为 1。

5. SetGO

用于改变一组数字信号输出信号的值。

例如：SetGO go1，12；

将信号 go1 设置为 12。在本书 4.2.4 中定义 go1 占用 8 个地址位，即 go1 输出信号的地址位 4～7 和 0～1 设置为 0，地址位 2 和 3 设置为 1，其地址的二进制编码为 00001100。

6. WaitAI

即 Wait Analog Input 用于等待，直至已设置模拟信号输入信号值。

例如：WaitAI ai1，\GT，5；

仅在 ai1 模拟信号输入具有大于 5 的值之后，方可继续程序执行。其中 GT 即 Greater Than，LT 即 Less Than。

7. WaitDI

Wait Digital Input 用于等待，直至已设置数字信号输入。

例如：WaitDI di1，1；

仅在已设置 di1 输入后，继续程序执行。

8. WaitGI

Wait Group digital Input 用于等待，直至将一组数字信号输入信号设置为指定值。

例如：WaitGI gi1，5；

仅在 gi1 输入已具有值 5 后，继续程序执行。

5.5.2 任务操作——利用 Set 指令将数字信号置位

1. 任务要求

掌握如何利用 Set 数字信号置位指令将 do1 置位。

2. 任务实操

序号	操作步骤	示意图
1	按照图示进入程序编辑器界面，在选择对应的例行程序下添加指令“Set”	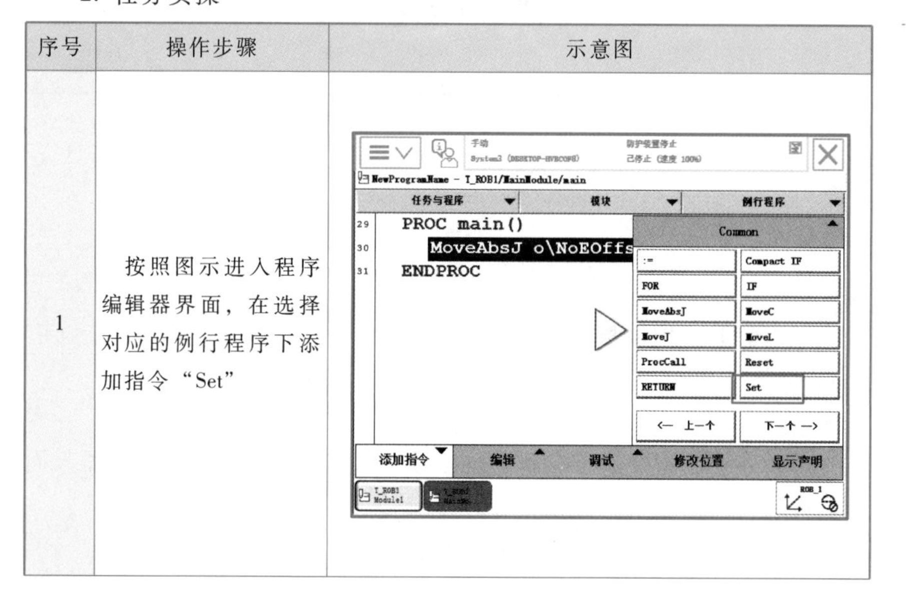

续表

序号	操作步骤	示意图
2	在列表中选择所需的 I/O 信号，点击图示中的“do1”，并确定	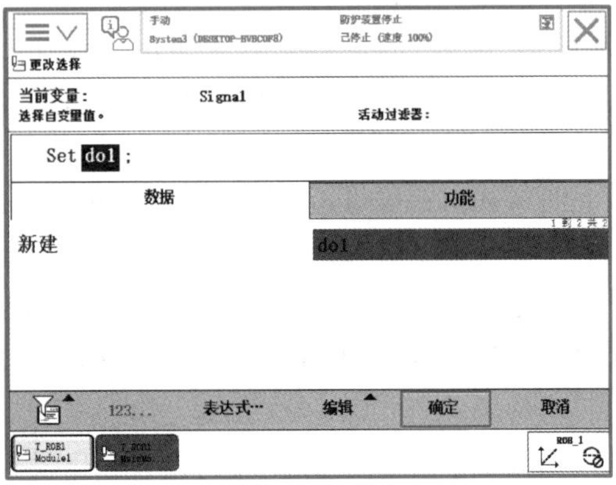 手动 System3 (DESKTOP-HVBCOF8) 防护装置停止 已停止（速度 100%） 更改选择 当前变量： Signal 选择自变量值。 活动过滤器： Set do1 ; 数据 功能 新建 do1 123... 表达式… 编辑 确定 取消 T_ROB1 Module1 ROB_1
3	到此完成信号“do1”的置位程序的编写，如图所示（运行程序后，参考 4.2.5 对信号进行查看）	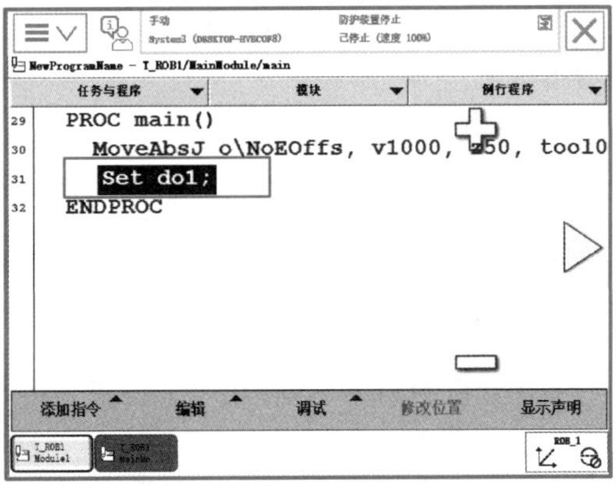 手动 System3 (DESKTOP-HVBCOF8) 防护装置停止 已停止（速度 100%） NewProgramName - T_ROB1/MainModule/main 任务与程序 模块 例行程序 29 PROC main() 30 MoveAbsJ o\NoEOffs, v1000, z50, tool0 31 Set do1; 32 ENDPROC 添加指令 编辑 调试 修改位置 显示声明 T_ROB1 Module1 ROB_1

思考题

一、填空题

常用的 I/O 控制指令有（　　）、（　　）、（　　）、（　　）、（　　）、（　　）和（　　）等。

二、判断题

1. I/O 控制指令用于控制 I/O 信号，以实现机器人系统与机器人周边设备进行通信。（　　）

2. SetAO 指令用于改变模拟信号输出信号的值。（　　）

任务 5.6 基础示教编程的综合应用

5.6.1 数组的定义及赋值方法

在程序设计中，为了处理方便，把相同类型的若干变量按有序的形式组织起来，这些按序排列的同类数据元素的集合称为数组。

一维数组是最简单的数组，其逻辑结构是线性表。二维数组在概念上是二维的，即在两个方向上变化，而不是像一维数组只是一个向量；一个二维数组也可以分解为多个一维数组。

数组中的各元素是有先后顺序的，元素用整个数组的名字和它自己所在顺序位置来表示。例如：数组 a[3][4]，是一个三行四列的二维数组，见表 5-9。例如 a[2][3]代表数组的第 2 行第 3 列，故 a[2][3]=6。

表 5-9 二维数组 a[3][4]元素表

	a[ ][1]	a[ ][2]	a[ ][3]	a[ ][4]
a[1][ ]	0	1	2	3
a[2][ ]	4	5	6	7
a[3][ ]	8	9	10	11

在 RAPID 语言中，数组的定义为 num 数据类型。程序调用数组时从行列数“1”开始计算。

例如：MoveL RelTool (row _ get, array _ get {count, 1}, array _ get {count,2}, array _ get{count,3}), v20, fine, tool0;

此语句中调用数组“array _ get”，当 count 值为 1 时，调用的即为“array _ get”数组的第一行的元素值，使得机器人运动到对应位置点。

5.6.2 WaitTime 时间等待指令及用法

WaitTime 时间等待指令，用于程序中等待一个指定的时间，再往下执行程序。如图 5-30 所示，指令表示等待 3 s 以后，程序向下执行。

⚠ 提示：如果在该指令之前采用 Move 指令，则必须通过停止点(fine)而非飞越点(即 *Z* 是有数值的点)来编程 Move 指令。否则，不可能在电源故障后重启。

5.6.3 RelTool 工具位置及姿态偏移函数的用法

RelTool(图 5-31)用于将通过有效工具坐标系表达的位移和/或旋转增加至机械臂位置(解析见表 5-10)。其用法上与前文介绍的 Offs 函数相同，详情参照 5.2.5。

图 5-30　WaitTime 时间等待指令

例如：MoveL RelTool（p1,0,0,100），v100，fine，tool1；

沿工具的 Z 方向，将机械臂移动至距 p1 达 100 mm 的一处位置。

MoveL RelTool(p1,0,0,0\\Rz:=25)，v100，fine，tool1；

将工具围绕其 Z 轴旋转 25°。

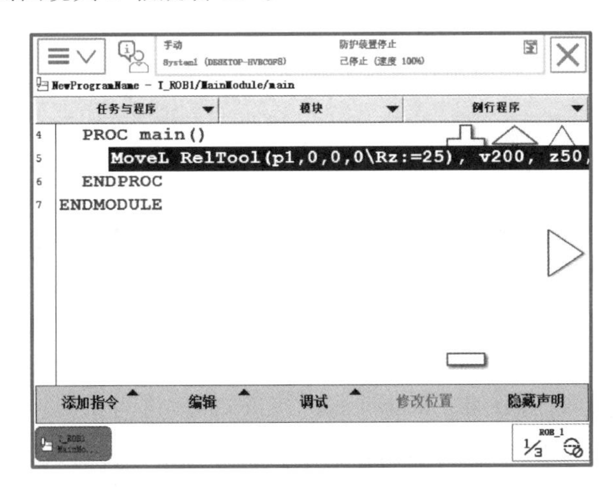

图 5-31　工具位置及姿态偏移函数

表 5-10　RelTool 参数变量解析

参数	定义	操作说明
p1	目标点位置数据	定义机器人 TCP 的运动目标
0	X 方向上的偏移量	定义 X 方向上的偏移量
0	Y 方向上的偏移量	定义 Y 方向上的偏移量
100	Z 方向上的偏移量	定义 Z 方向上的偏移量
\ RX	绕 X 轴旋转的角度	定义 X 方向上的旋转量
\ RY	绕 Y 轴旋转的角度	定义 Y 方向上的旋转量
\ RZ：=25	绕 Z 轴旋转的角度	定义 Z 方向上的旋转量

5.6.4　任务操作——利用数组实现搬运码垛

1. 任务引入

在本任务中，码垛的过程为依次从物料架上吸取物料块，搬运至码垛区相应位置，详见图5-32。

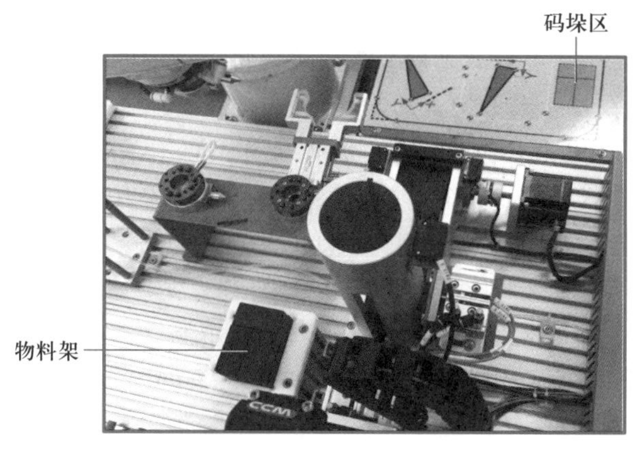

图5-32　码垛示意图

物料块(尺寸为50 mm×25 mm×20 mm)从物料架到码垛区过程中的对应位置，如图5-33所示。

图5-33　码垛位置示意图

在本任务中利用数组实现搬运码垛，采用4个示教点和2个数组来实现码垛程序的编写。程序中运用“Reltool”指令调用数组，在“RelTool”语句中有4个可选项，第一个选项定义为参考点(示教点)，后面三个选项为三个方向的偏移，全部调用对应数组的数值。

4个示教点的位置定义如下：“row _ get”是物料架上物料块1上的吸取示教点；“row _ put”是码垛区放物料块1的示教点；“column _ get”是物料架上物料块3上的吸取示教点；“column _ put”是码垛区放物料块3的示教点。

2个数组分别为取物料数组“array _ get”和放物料数组“array _ put”，数组定义为6行3列的二维数组，每一行中的数值对应物料块在示教点位置 X、Y、Z 方向上的偏移量(第一行对应物料块1,以此类推)。在取物料时，用“RelTool”语句调用“array _ get”；放物料时，用“RelTool”语句调用“array _ put”。以物料块2的取放为例说明，取物料块2时，“RelTool”调用数组“array _ get”的第二行的数值；放物料块2时，“RelTool”调用“array _ put”的第二行的数值。

数组数值的定义与物料块的尺寸相关。取料、放料时，物料块1的吸取位置和放置位置相对于“row _ get”和“row _ put”示教点的位置都没有任何偏移量，故此时“array _ get”和“array _ put”的第一行均为[0,0,0]。再以物料块2，举例说明。取物料块时，物料块2的吸取位置相对物料块1的吸取位置在 Y 的负方向偏移25 mm(由物料块的尺寸得知)，所以此时“array _ get”第二行为[0,-25,0]；放物料块时，物料块2的放置位置相对物料块1的放置位置在 Y 的负方向偏移25 mm，则“array _ put”第二行为[0,-25,0]。物料块6的吸取和放置位置是以物料块3的吸取示教点和放置示教点进行偏移实现的。在此每个物料块相对应的数组行的数值便可类推得知。

2. 任务要求

掌握如何利用数组实现搬运码垛。

3. 任务实操

序号	操作步骤	示意图
1	按照图示建立取料二维数组，点击“程序数据”选项	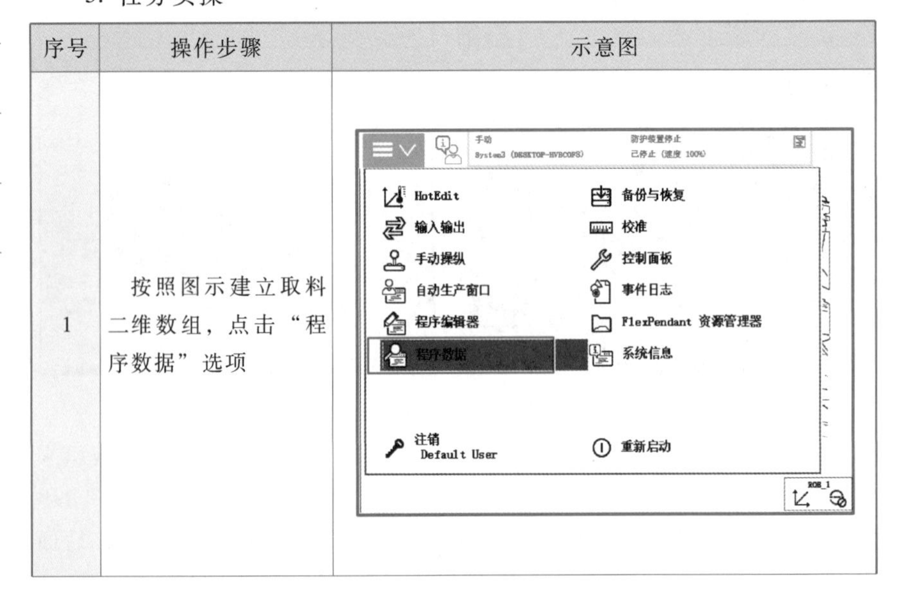

续表

序号	操作步骤	示意图
2	按照图示选择数据类型“num”并点击右下角“显示数据”按钮	手动　防护装置停止 System3 (DESKTOP-HVBCOF8)　已停止（速度 100%） 程序数据 - 已用数据类型 从列表中选择一个数据类型。 范围：RAPID/T_ROB1　更改范围 1 到 8 共 8 byte　clock　jointtarget loaddata　num　robtarget tooldata　wobjdata 显示数据　视图 ROB_1
3	点击图示底栏的“新建...”按钮	手动　防护装置停止 System3 (DESKTOP-HVBCOF8)　已停止（速度 100%） 数据类型：num 活动过滤器： 选择想要编辑的数据。 范围：RAPID/T_ROB1　更改范围 名称　值　模块　1 到 6 共 6 D　0　Module1　全局 reg1　0　user　全局 reg2　0　user　全局 reg3　0　user　全局 reg4　0　user　全局 reg5　0　user　全局 新建...　编辑　刷新　查看数据类型 ROB_1
4	按照图示将“名称”改为“array _ get”，“存储类型”选为“常量”，“维数”选为“2”，然后点击右侧“...”按钮	手动　防护装置停止 System3 (DESKTOP-HVBCOF8)　已停止（速度 100%） 新数据声明 数据类型：num　当前任务：T_ROB1 名称：array_get ... 范围：全局 存储类型：常量 任务：T_ROB1 模块：MainModule 例行程序：<无> 维数：2　{1, 1} ... 确定　取消 ROB_1

续表

序号	操作步骤	示意图
5	按照图示将“第一”改为“6”，将“第二”改为“3”，此数组为6行3列，点击“确定”按钮	
6	根据预先规划好的使用需求，对此数组中的值进行相应的设置，如图所示。取物料时的数组“array_get”定义为：[0,0,0]，[0,-25,0]，[0,0,0]，[-25,0,20]，[-25,-25,20]，[0,-50,20]	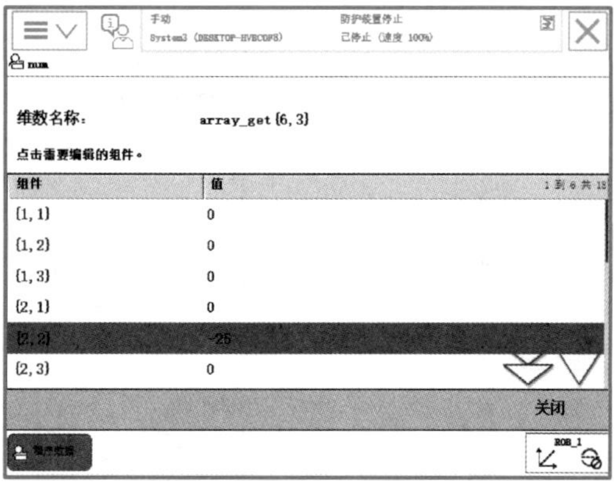
7	采用相同的方法建立放料数组，命名为“array_put”，对数组中的值进行相应的设置，如图所示。该数组定义为：[0,0,0]，[0,-25,0]，[0,0,0]，[-25,0,-20]，[-25,-25,-20]，[0,-50,-20]	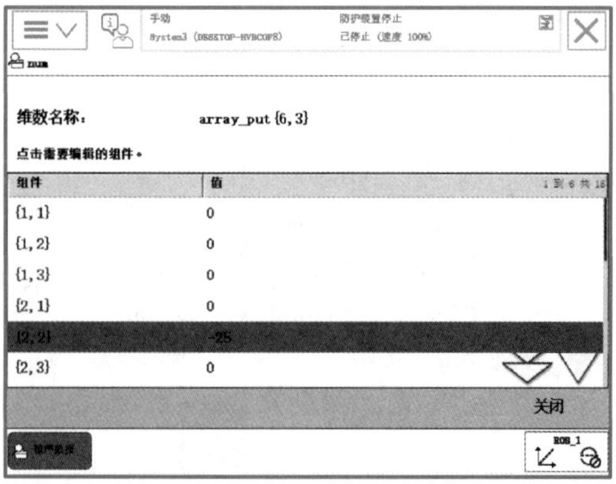

续表

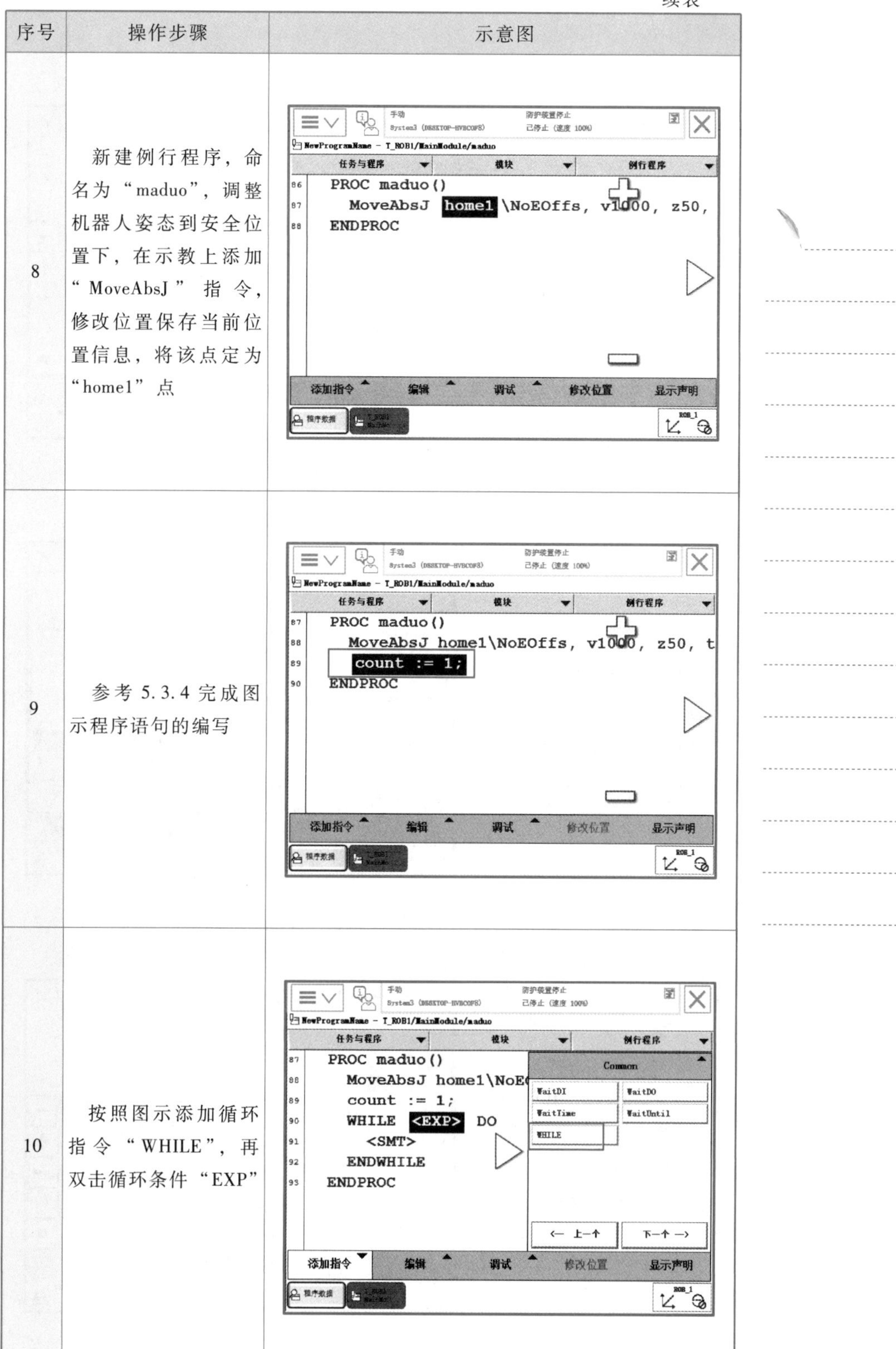

序号	操作步骤	示意图
8	新建例行程序，命名为“maduo”，调整机器人姿态到安全位置下，在示教上添加“MoveAbsJ”指令，修改位置保存当前位置信息，将该点定为“home1”点	
9	参考 5.3.4 完成图示程序语句的编写	
10	按照图示添加循环指令“WHILE”，再双击循环条件“EXP”	

续表

序号	操作步骤	示意图
11	点击图示“更改数据类型…”按钮	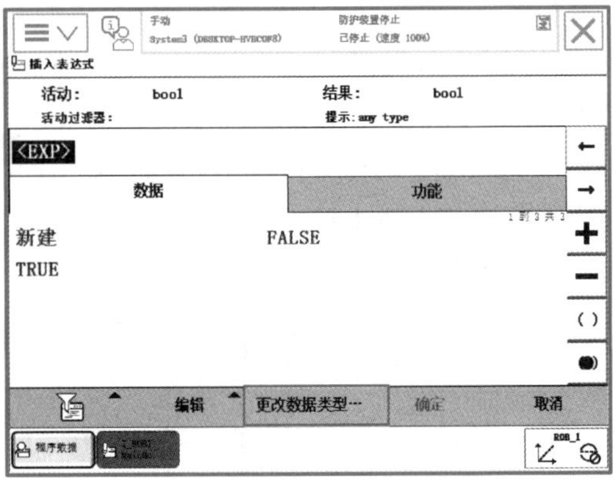
12	按照图示选择“num”数据类型，点击“确定”按钮	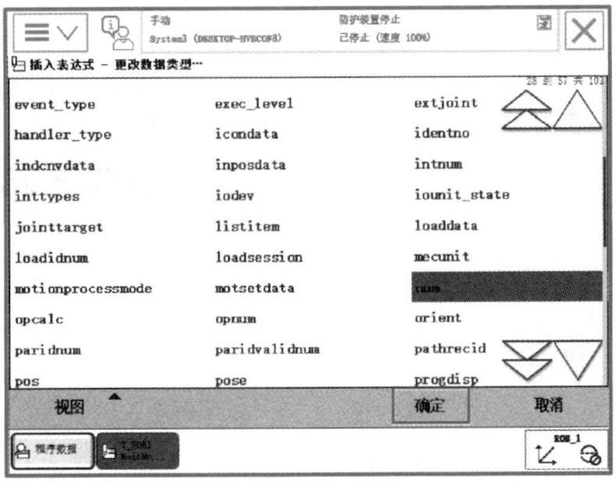
13	将循环条件设置为“count<7”，其中的符号点击右侧“+”号可以输入，然后点击“确定”按钮，如图所示	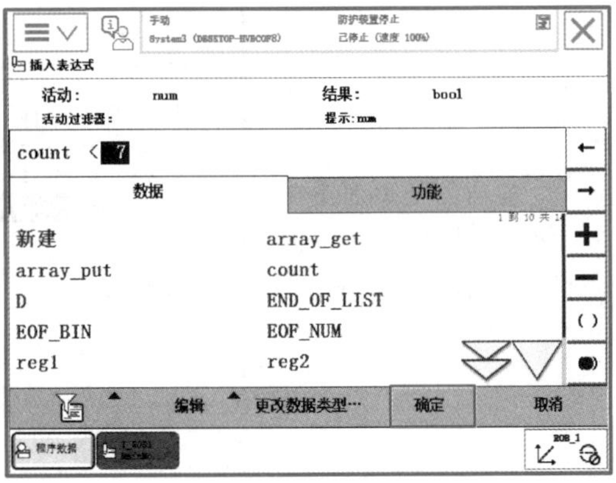

续表

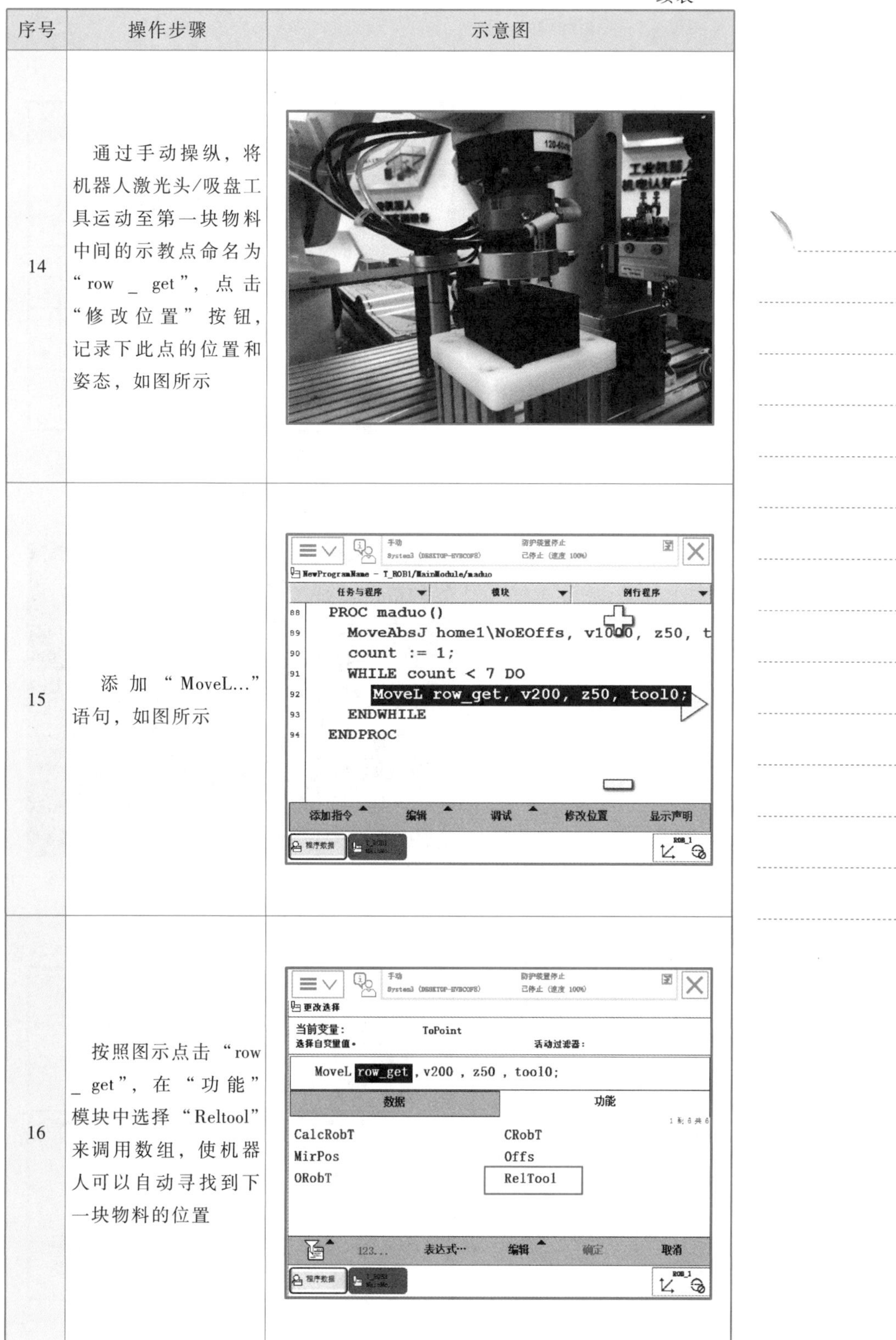

序号	操作步骤	示意图
14	通过手动操纵，将机器人激光头/吸盘工具运动至第一块物料中间的示教点命名为“row _ get”，点击“修改位置”按钮，记录下此点的位置和姿态，如图所示	
15	添加“MoveL...”语句，如图所示	
16	按照图示点击“row _ get”，在“功能”模块中选择“Reltool”来调用数组，使机器人可以自动寻找到下一块物料的位置	

续表

序号	操作步骤	示意图
17	在“RelTool”后面有四个可选项，第一个为参考点，选为第一个物料的位置“row _ get”，后面三个方向的偏移全部调用数组“array _ get”	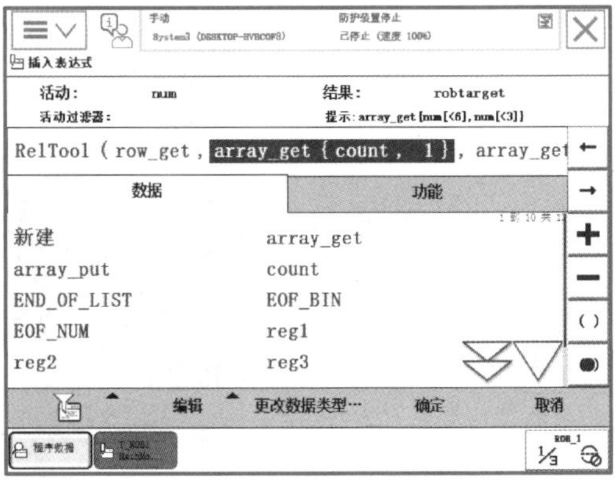 手动 System3 (DESKTOP-HVBCOF8) 防护装置停止 已停止 (速度 100%) 插入表达式 活动: num 结果: robtarget 活动过滤器: 提示: array_get{num[<6],num[<3]} RelTool (row_get , array_get { count , 1 } , array_get 数据 功能 1 到 10 共 1 新建 array_get array_put count END_OF_LIST EOF_BIN EOF_NUM reg1 reg2 reg3 编辑 更改数据类型… 确定 取消 程序数据 T_ROB1 MainMo... ROB_1 1/3
18	如图所示，第一块物料夹取点为“row _ get”	
19	在第一块物料夹取点上方 80 mm 设置过渡点，在示教器中，程序如图所示。重复此任务步骤 17 ~ 19，建立其余 3 个示教点，分别为“row _ put”、“column _ get”、“column _ put”	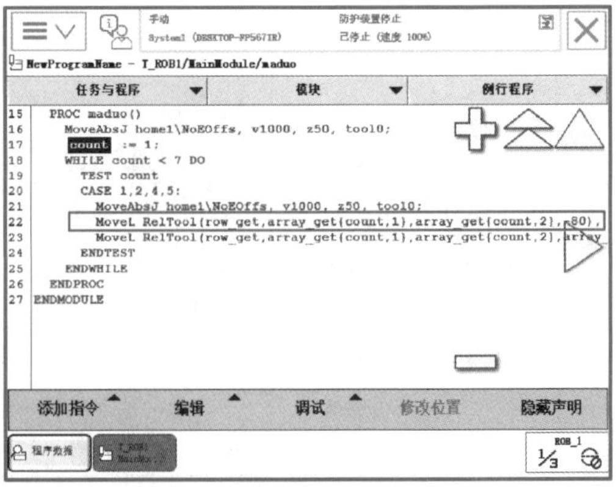 手动 System1 (DESKTOP-FP567IR) 防护装置停止 已停止 (速度 100%) NewProgramName - T_ROB1/MainModule/maduo 任务与程序 模块 例行程序 15 PROC maduo() 16 MoveAbsJ home1\NoEOffs, v1000, z50, tool0; 17 count := 1; 18 WHILE count < 7 DO 19 TEST count 20 CASE 1,2,4,5: 21 MoveAbsJ home1\NoEOffs, v1000, z50, tool0; 22 MoveL RelTool(row_get,array_get{count,1},array_get{count,2},-80), 23 MoveL RelTool(row_get,array_get{count,1},array_get{count,2},array 24 ENDTEST 25 ENDWHILE 26 ENDPROC 27 ENDMODULE 添加指令 编辑 调试 修改位置 隐藏声明 程序数据 T_ROB1 MainMo... ROB_1 1/3

续表

序号	操作步骤	示意图
20	“row _ put” 示教点的位置，如图所示	
21	“column _ get” 示教点位置，如图所示	
22	“column _ put” 示教点位置，如图所示	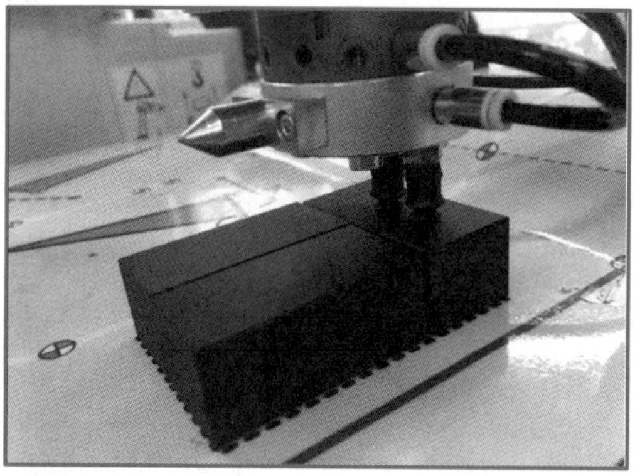

续表

序号	操作步骤	示意图
23	在每一个物料块上方设置过渡点。复制上一条语句，将 Z 方向的偏移设置为适宜的值，然后记得修改从过渡点到取料点的速度，程序如图所示	
24	取物料时，调用数组“array _ get”；放物料时，调用数组“array _ put”。参照码垛程序实例，完成码垛程序的编写	

码垛程序实例：

MoveAbsJ home1，v1000，z50，tool0；调整姿态

count：=1；把 1 赋值给变量 count，记录搬运物料块的数量

WHILE count<7DO

TEST count

CASE1，2，4，5：

MoveAbsJ home1，v1000，z50，tool0；防止机器人运动状态下发生碰撞的安全点

MoveL RelTool(row _ get,array _ get{count,1},array _ get{count,2},-80)，v200，fine，tool0；吸取物料示教点正上方过渡点

MoveL RelTool(row _ get,array _ get{count,1},array _ get{count,2},array _ get{count,3})，v20，fine，tool0；吸取物料示教点

WaitTime 0.5；

Set DO10 _ 11；吸取物料信号

WaitTime 0.5；

MoveL RelTool(row _ get,array _ get{count,1},array _ get{count,2},-80)，v20，fine，tool0；吸取物料示教点正上方过渡点

MoveAbsJ home11，v200，fine，tool0；设置过渡点 1

MoveAbsJ home21，v200，fine，tool0；设置过渡点 2

MoveL RelTool(row _ put,array _ put{count,1},array _ put{count,2},-100)，v200，fine，tool0；码放物料示教点正上方过渡点

MoveL RelTool(row _ put,array _ put{count,1},array _ put{count,2},array _ put{count,3})，v20，fine，tool0；码放物料示教点

```
WaitTime 0.5;
Reset DO10_11; 复位吸取信号
WaitTime 0.5;
MoveL RelTool(row_put,array_put{count,1},array_put{count,2},
-100), v200, fine, tool0; 码放物料示教点正上方过渡点
MoveAbsJ home21, v200, fine, tool0; 过渡点 2
  CASE 3, 6:
MoveAbsJ home1, v1000, z50, tool0; 防止机器人运动状态下发生
碰撞的安全点
MoveL RelTool(column_get,array_get{count,1},array_get{count,
2},-80), v200, fine, tool0; 吸取物料示教点正上方过渡点
MoveL RelTool(column_get,array_get{count,1},array_get{count,
2},array_get{count,3}), v20, fine, tool0; 吸取物料示教点
WaitTime 0.5;
Set DO10_11; 吸取物料信号
WaitTime 0.5;
MoveL RelTool(column_get,array_get{count,1},array_get{count,
2},-80), v20, fine, tool0; 吸取物料示教点正上方过渡点
MoveAbsJ home11, v200, fine, tool0; 设置过渡点 1
MoveAbsJ home21, v200, fine, tool0; 设置过渡点 2
MoveL RelTool(column_put,array_put{count,1},array_put{count,
2},-100), v200, fine, tool0; 码放物料示教点正上方过渡点
MoveL RelTool(column_put,array_put{count,1},array_put{count,
2},array_put{count,3}), v20, fine, tool0; 码放物料示教点
WaitTime 0.5;
Reset DO10_11; 复位吸取信号
WaitTime 0.5;
MoveL RelTool(column_put,array_put{count,1},array_put{count,
2},-100), v200, fine, tool0; 码放物料示教点正上方过渡点
MoveAbsJ home21, v200, fine, tool0; 过渡点 2
  ENDTEST
count := count+1; 计数码垛数量
  ENDWHILE 完成 6 个码垛搬运，跳出循环
    MoveAbsJ home1, v1000, z50, tool0; 返回初始姿态
```

思考题

一、填空题

1. 在 RAPID 语言中，数组的定义为(　　)类型。程序调用数组时

从(　　)开始计算。

2. RelTool 用于将通过有效工具坐标系表达的(　　)增加至机械臂位置。

二、简答题

运用 WaitTime 时间等待指令时，应注意什么问题？为什么？

习题

一、填空题

1. 常用的逻辑判断指令有(　　)，(　　)，FOR，(　　)和(　　)。

2. WaitTime 时间等待指令用于程序中等待(　　)，再(　　)。

二、简答题

1. 如何使用条件判断指令 WHILE 实现圆形和三角形示教轨迹的选择？

2. 为什么需要用到 WaitTime 时间等待指令？

项目六　工业机器人的高级示教编程与调试

在项目五中，介绍了常用的 RAPID 指令、函数的应用方法，学习了 RAPID 程序中 Procedure 类型的程序的编写方法。在本项目中将重点介绍 Function 类型的程序(函数)和 Trap 类型的程序(中断程序)的特点，程序的编写方法以及相关指令的用法，还将讲述如何实现带参程序的调用。

学习任务

- 任务 6.1　编写并调用 Function 函数程序
- 任务 6.2　程序的跳转和标签
- 任务 6.3　程序的中断和停止
- 任务 6.4　程序的自动运行和导入导出

学习目标

■ 知识目标

- 了解示教编程与调试的高级指令。
- 了解程序的中断和停止。
- 了解程序自动运行的条件。

■ 技能目标

- 掌握 Function 函数程序的编写和调用。
- 掌握程序跳转指令的使用方法。
- 掌握中断程序的编写和使用。
- 掌握自动运行程序的方法。
- 掌握程序的导入和导出。

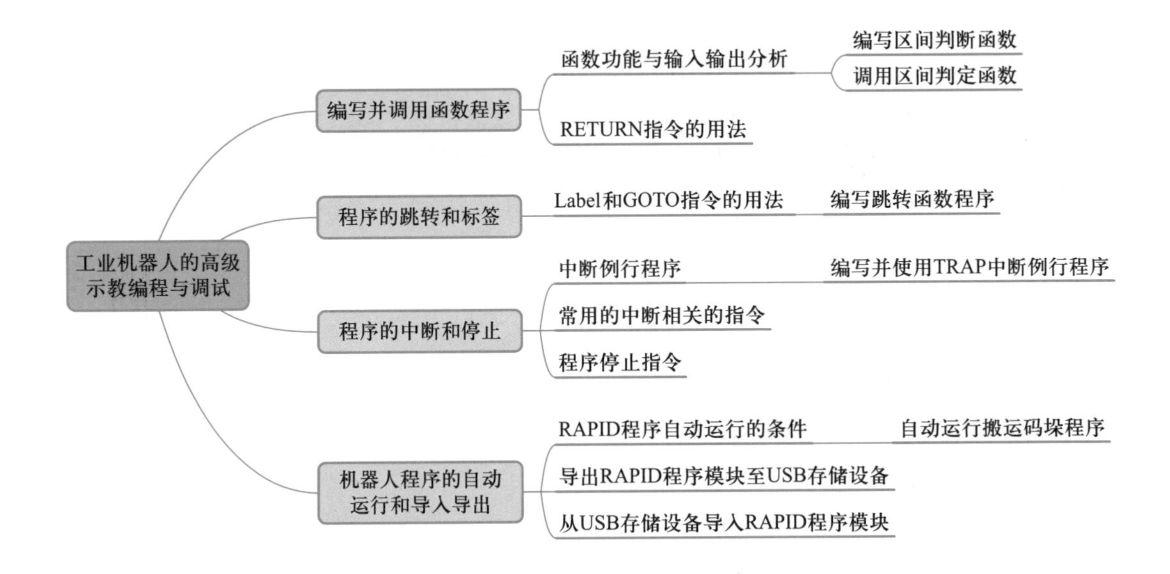
工业机器人的高级示教编程与调试
编写并调用函数程序
函数功能与输入输出分析
编写区间判断函数
调用区间判定函数
RETURN指令的用法
程序的跳转和标签
Label和GOTO指令的用法
编写跳转函数程序
程序的中断和停止
中断例行程序
编写并使用TRAP中断例行程序
常用的中断相关的指令
程序停止指令
机器人程序的自动运行和导入导出
RAPID程序自动运行的条件
自动运行搬运码垛程序
导出RAPID程序模块至USB存储设备
从USB存储设备导入RAPID程序模块

任务 6.1　编写并调用 Function 函数程序

PPT
函数功能与输入输出

6.1.1　函数功能与输入输出分析

在项目五中介绍了如何调用 RAPID 语言封装好的 Offs 和 RelTool 函数，下面来讲用户自行编写 Function 函数的方法。

先来看一个典型函数的结构，如图 6-1 所示，通过观察可以发现，函数包含输入变量、输出返回值和程序语句三个要素。

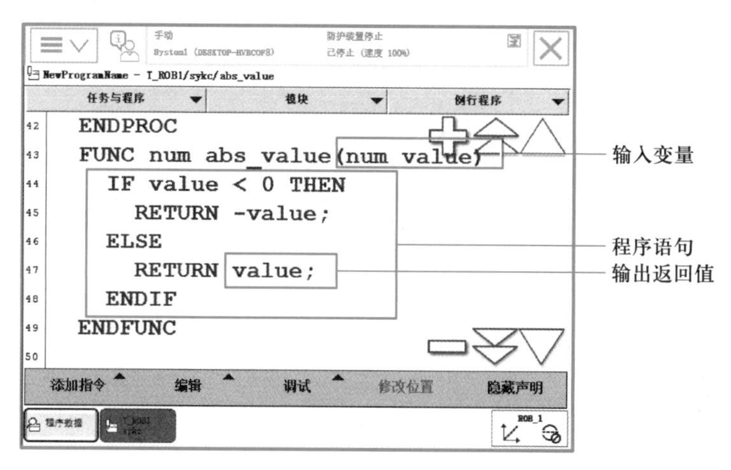

图 6-1　函数结构

假设我们现在需要定义一个功能为判断任意输入数据所处的区间范围(0~10,11~20 或 21~30)的函数，以此函数的编写为例讲解其分析思路。

首先，根据函数功能要求明确输入变量：输入的是一个待比较的数，再根据更详细的功能需求可以进一步确定这个数的数据类型，比如 intnum、num；是变量还是可变量等等。最后设计变量的初始值，可以参照 5.3 的方法进行变量定义。

然后分析实现函数功能的程序语句如何编写。函数功能要求获取输入变量所在的区间，因此要使用不等式作为判断三个区间的条件，可以选用 IF 或 TEST 指令完成判断，并在判断出所在区间之后通过 RETURN 指令(详见 6.1.2)返回一个代表判断结果的值。

最后，明确返回值的要求和数据类型。对返回值的要求是：让外界识别通过判断得出的结果。在此，可以将数据在三个区间的对应返回值分别设置为 1、2、3。

这就是编写一个函数时的分析过程，在实际应用时，根据具体情况判断对函数三个要素的要求，进而完成程序设计。

6.1.2　RETURN 指令的用法

上文提到，RETURN 指令(图 6-2)用于函数中可以返回函数的返回值，此指令也可完成 Procedure 型例行程序的执行，两种用法的具体介绍请见下文示例。

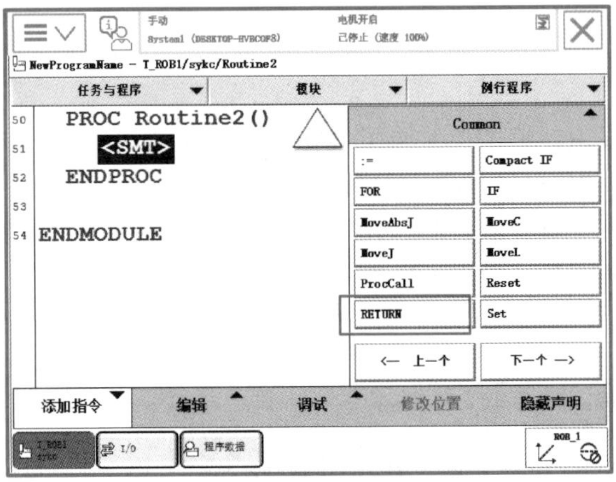

图 6-2 RETURN 指令

例 1：

```
errormessage;
Set do1;
...
PROC errormessage()
IF di1 = 1 THEN
RETURN;
ENDIF
TPWrite"Error";
ENDPROC
```

首先调用 errormessage 程序，如果程序执行到达 RETURN 指令(即 di1 = 1 时)，则直接返回 Set do1 指令行往下执行程序。RETURN 指令在这里直接完成了 errormessage 程序的执行。

例 2：

```
FUNC num abs_ value(num value)
IF value<0 THEN
RETURN -value;
ELSE
RETURN value;
ENDIF
ENDFUNC
```

这里程序是个函数，RETURN 指令使得该函数返回某一数字的绝对值。

6.1.3 任务操作——编写区间判定函数

1. 任务引入

在此任务操作中将编写一个判断任意输入数据所处的区间范围(0~10,11~20 或 21~30)的函数。此函数实现的功能为，当输入数据在 0~10 区间内时，其返回值为 1；输入数据在 11~20 区间内时，其返回值为 2；输入数据在 21~30 区间内时，其回值为 3。

2. 任务要求

掌握如何编写 Fuction 函数。

3. 任务实操

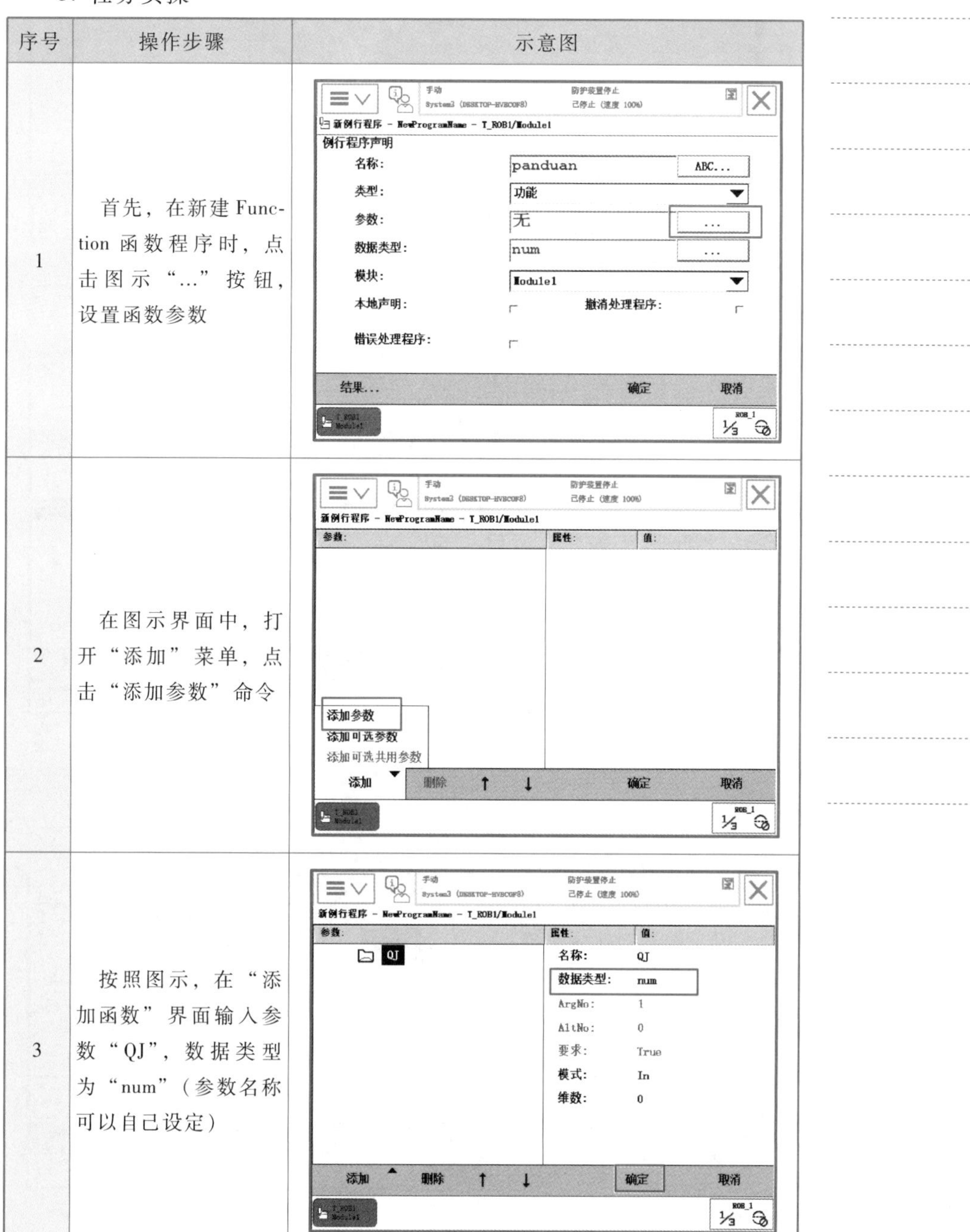

序号	操作步骤	示意图
1	首先，在新建 Function 函数程序时，点击图示“...”按钮，设置函数参数	
2	在图示界面中，打开“添加”菜单，点击“添加参数”命令	
3	按照图示，在“添加函数”界面输入参数“QJ”，数据类型为“num”(参数名称可以自己设定)	

续表

序号	操作步骤	示意图
4	数据类型选择"num"，作为函数返回值的数据类型。完成参数的定义后，点击"确定"按钮，便建立了一个函数程序	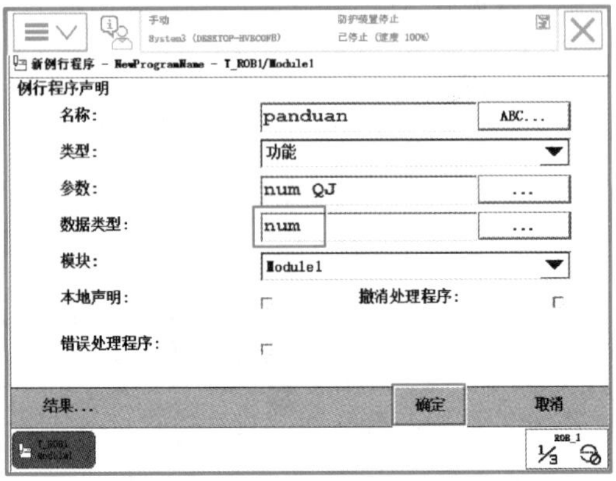 手动 System3 (DESKTOP-HVBCOF8) 防护装置停止 已停止 (速度 100%) 新例行程序 - NewProgramName - T_ROB1/Module1 例行程序声明 名称: panduan ABC... 类型: 功能 参数: num QJ ... 数据类型: num ... 模块: Module1 本地声明: 撤消处理程序: 错误处理程序: 结果... 确定 取消 T_ROB1 Module1 ROB_1 1/3
5	进入刚新建的"panduan"程序中，进行函数的编写	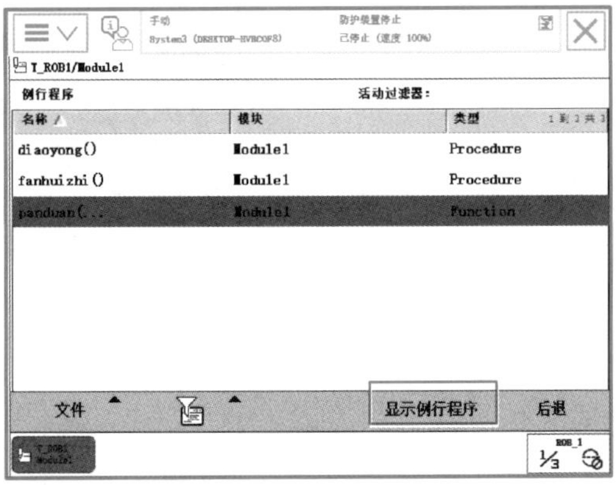 手动 System3 (DESKTOP-HVBCOF8) 防护装置停止 已停止 (速度 100%) T_ROB1/Module1 例行程序 活动过滤器: 名称 / 模块 类型 1 到 3 共 3 diaoyong() Module1 Procedure fanhuizhi() Module1 Procedure panduan(... Module1 Function 文件 显示例行程序 后退 T_ROB1 Module1 ROB_1 1/3
6	现在编写的"panduan"程序想要实现的功能为：判断任意输入数据所处的区间范围，因此需要用到逻辑判断指令。本操作任务中，我们采用逻辑判断指令"IF"完成程序的编写	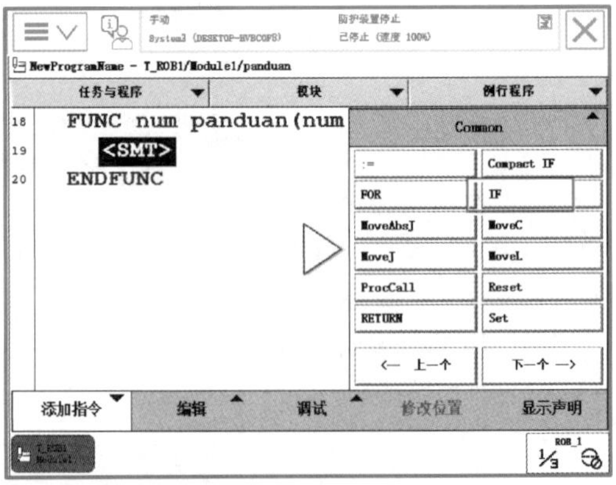 手动 System3 (DESKTOP-HVBCOF8) 防护装置停止 已停止 (速度 100%) NewProgramName - T_ROB1/Module1/panduan 任务与程序 模块 例行程序 18 FUNC num panduan(num 19 <SMT> 20 ENDFUNC Common := Compact IF FOR IF MoveAbsJ MoveC MoveJ MoveL ProcCall Reset RETURN Set <— 上一个 下一个 —> 添加指令 编辑 调试 修改位置 显示声明 T_ROB1 Module1 ROB_1 1/3

续表

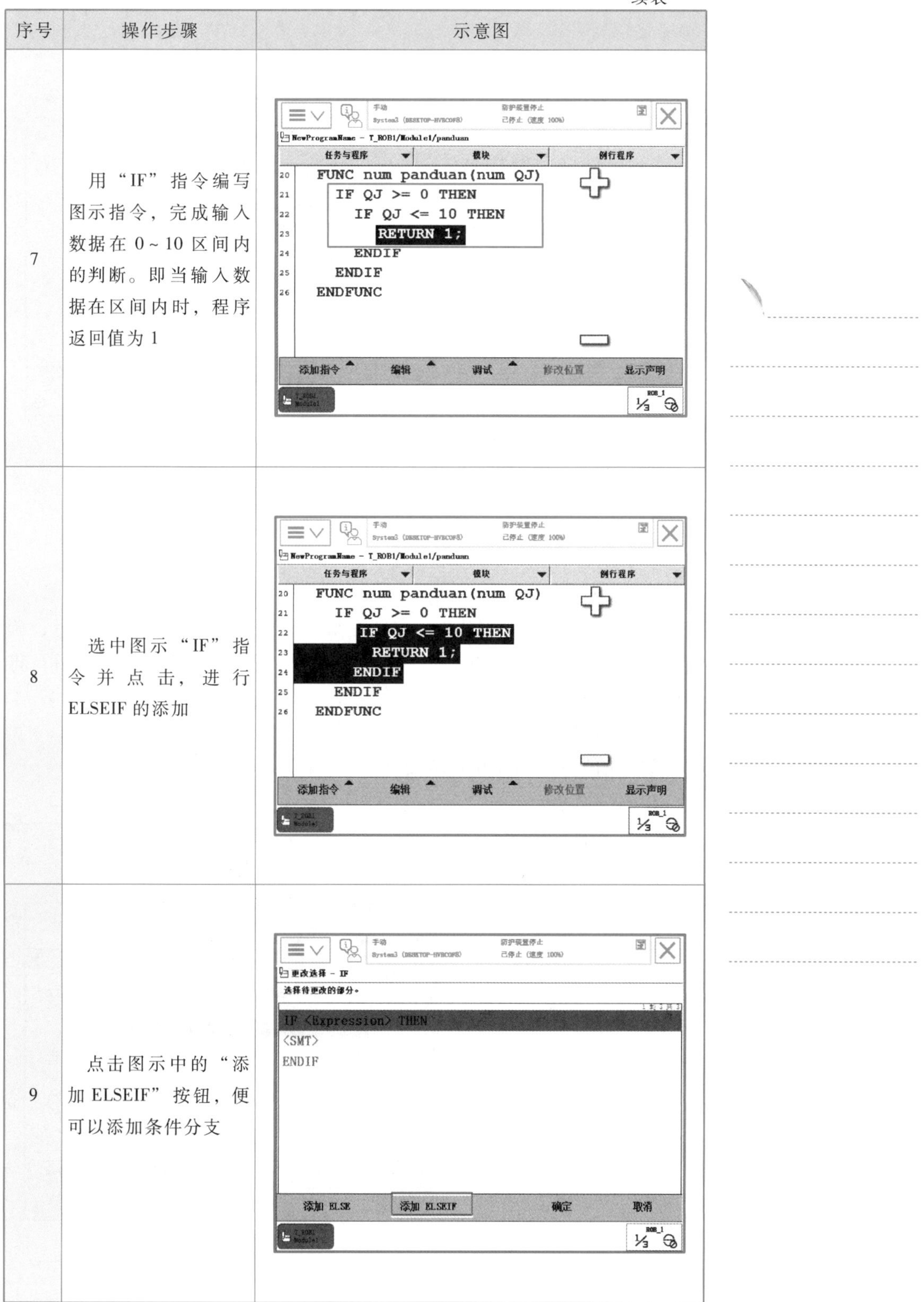

序号	操作步骤	示意图
7	用“IF”指令编写图示指令，完成输入数据在 0~10 区间内的判断。即当输入数据在区间内时，程序返回值为 1	NewProgramName - T_ROB1/Module1/panduan 20 FUNC num panduan(num QJ) 21 IF QJ >= 0 THEN 22 IF QJ <= 10 THEN 23 RETURN 1; 24 ENDIF 25 ENDIF 26 ENDFUNC 添加指令 编辑 调试 修改位置 显示声明
8	选中图示“IF”指令并点击，进行 ELSEIF 的添加	NewProgramName - T_ROB1/Module1/panduan 20 FUNC num panduan(num QJ) 21 IF QJ >= 0 THEN 22 IF QJ <= 10 THEN 23 RETURN 1; 24 ENDIF 25 ENDIF 26 ENDFUNC 添加指令 编辑 调试 修改位置 显示声明

9	点击图示中的“添加 ELSEIF”按钮，便可以添加条件分支	更改选择 - IF
		选择待更改的部分。
		IF <Expression> THEN
		<SMT>
		ENDIF
		添加 ELSE 添加 ELSEIF 确定 取消

续表

序号	操作步骤	示意图
10	通过添加 IF、ELSEIF 以及 RETURN 指令的运用，完成如图所示程序的编写。此“panduan”程序，实现了输入数据“QJ”在 0～10、11～20、21～30 区间范围内的判断	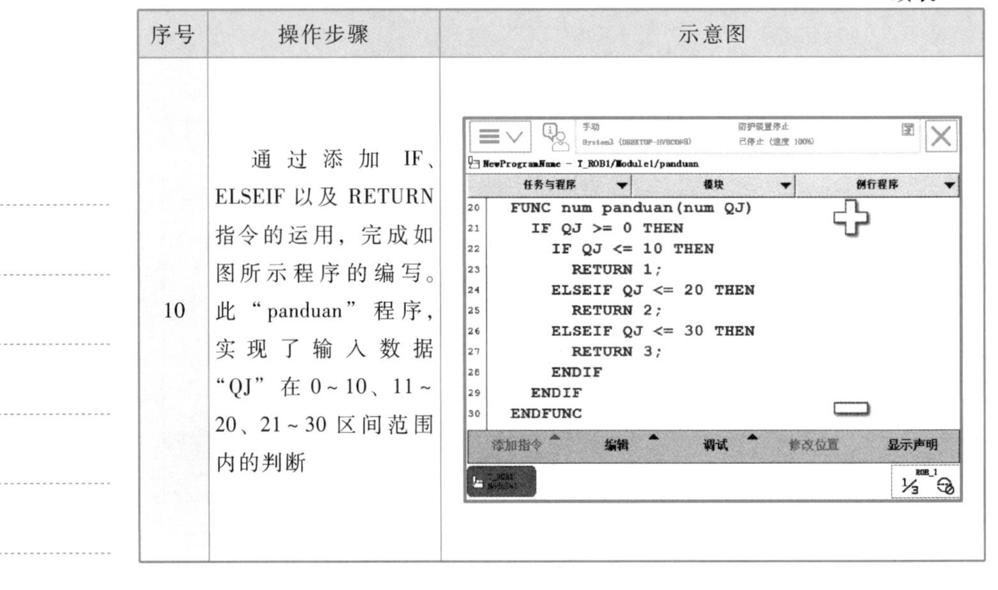

6.1.4 任务操作——调用区间判定函数

1. 任务引入

本操作任务中编写程序，实现在机器人运动到“A10”位置时，调用区间判定函数“panduan”，对输入数据“QJ”进行区间判断后，将其返回值赋值给组信号 go1。

2. 任务要求

掌握如何调用 Fuction 函数。

3. 任务实操

序号	操作步骤	示意图
1	首先，进入需要调用区间判定函数的程序中，找到需要调用函数的语句位置	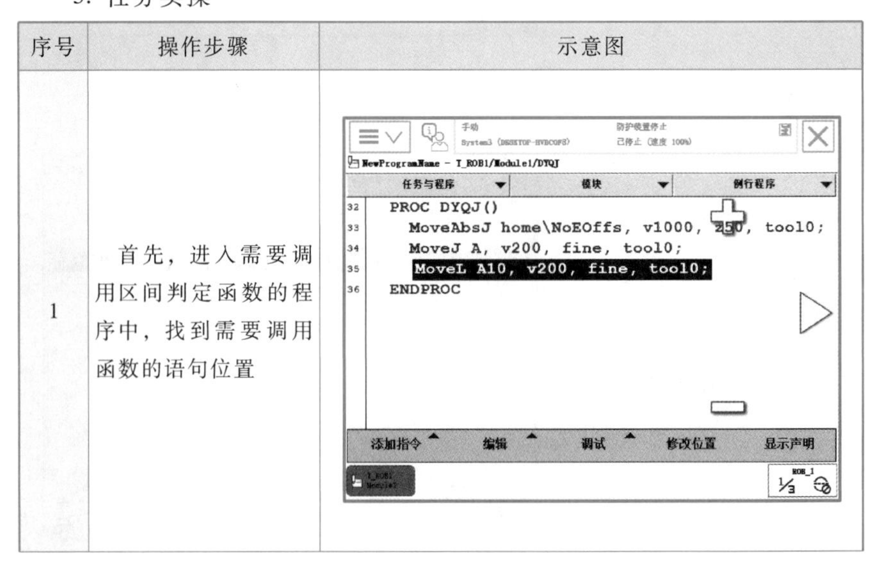

续表

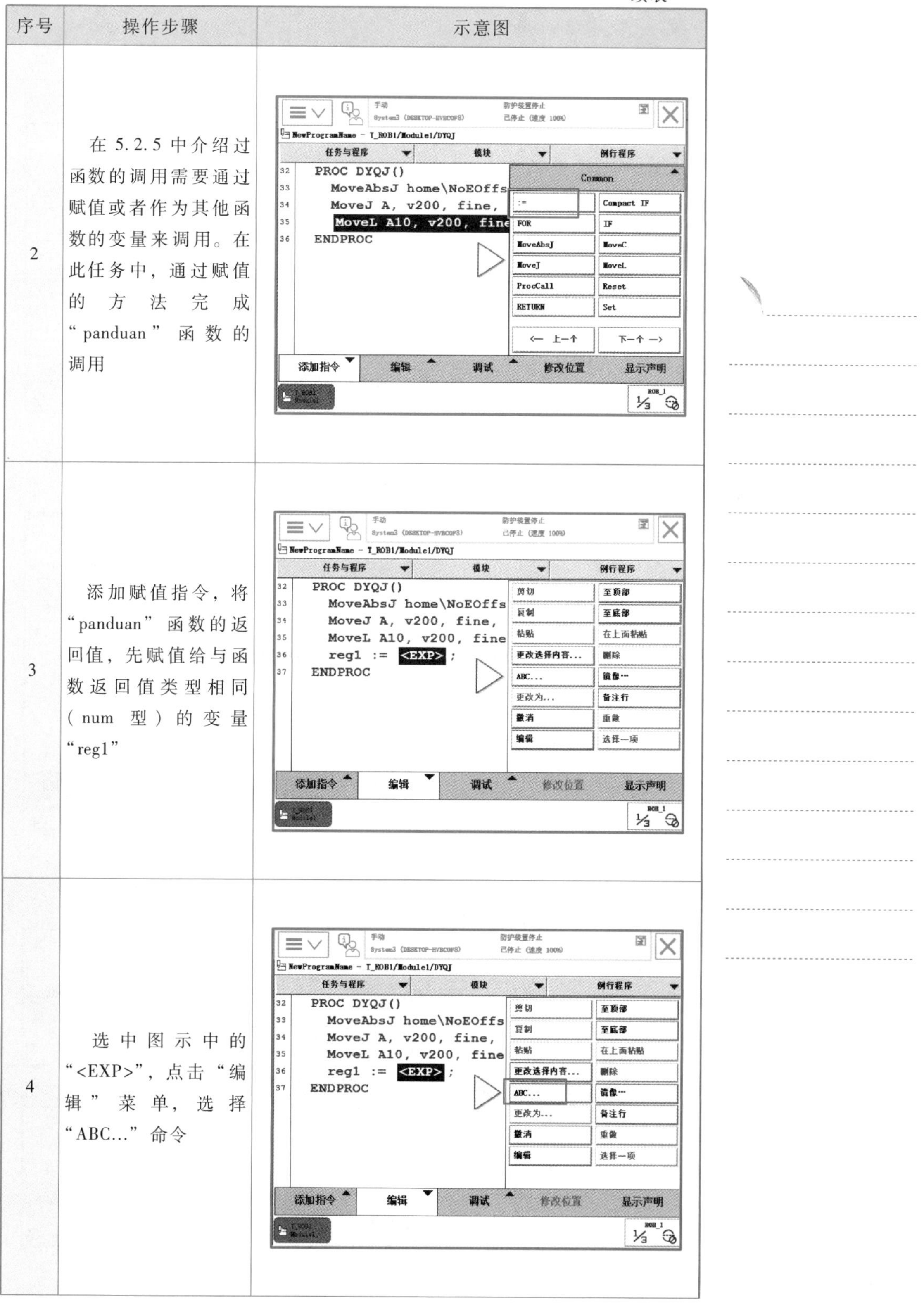

序号	操作步骤	示意图
2	在 5.2.5 中介绍过函数的调用需要通过赋值或者作为其他函数的变量来调用。在此任务中，通过赋值的方法完成“panduan”函数的调用	
3	添加赋值指令，将“panduan”函数的返回值，先赋值给与函数返回值类型相同（num 型）的变量“reg1”	
4	选中图示中的“<EXP>”，点击“编辑”菜单，选择“ABC...”命令	

续表

序号	操作步骤	示意图
5	在编辑界面中，将内容修改为“panduan（QJ）”，点击“确定”按钮	手动 System3 (DESKTOP-HVBCOF8) 防护装置停止 已停止 (速度 100%) 输入面板 panduan(QJ) 1 2 3 4 5 6 7 8 9 0 - = q w e r t y u i o p [ ] CAP a s d f g h j k l ; ' + Shift z x c v b n m , . / Home Int'l ` \ ↑ ↓ ← → End 确定 取消 T_ROB1 Module1 ROB_1 1/3
6	赋值指令语句如图所示，到此完成“panduan”函数的调用。然后，还需要将reg1的值，赋值给组信号	手动 System3 (DESKTOP-HVBCOF8) 防护装置停止 已停止 (速度 100%) NewProgramName - T_ROB1/Module1/DYQJ 任务与程序 模块 例行程序 32 PROC DYQJ() 33 MoveAbsJ home\NoEOffs, v1000, z50, tool0; 34 MoveJ A, v200, fine, tool0; 35 MoveL A10, v200, fine, tool0; 36 reg1 := panduan(QJ); 37 ENDPROC 添加指令 编辑 调试 修改位置 显示声明 T_ROB1 Module1 ROB_1 1/3
7	按照图示，点击“SetGo”命令，进行指令的添加	手动 System3 (DESKTOP-HVBCOF8) 防护装置停止 已停止 (速度 100%) NewProgramName - T_ROB1/Module1/DYQJ 任务与程序 模块 例行程序 32 PROC DYQJ() 33 MoveAbsJ home\NoEO 34 MoveJ A, v200, fine 35 MoveL A10, v200, f 36 reg1 := panduan(QJ 37 ENDPROC I/O SetAO SetDO SetGO WaitAI WaitAO WaitDI WaitDO WaitGI WaitGO ← 上一个 下一个 → 添加指令 编辑 调试 修改位置 显示声明 T_ROB1 Module1 ROB_1 1/3

续表

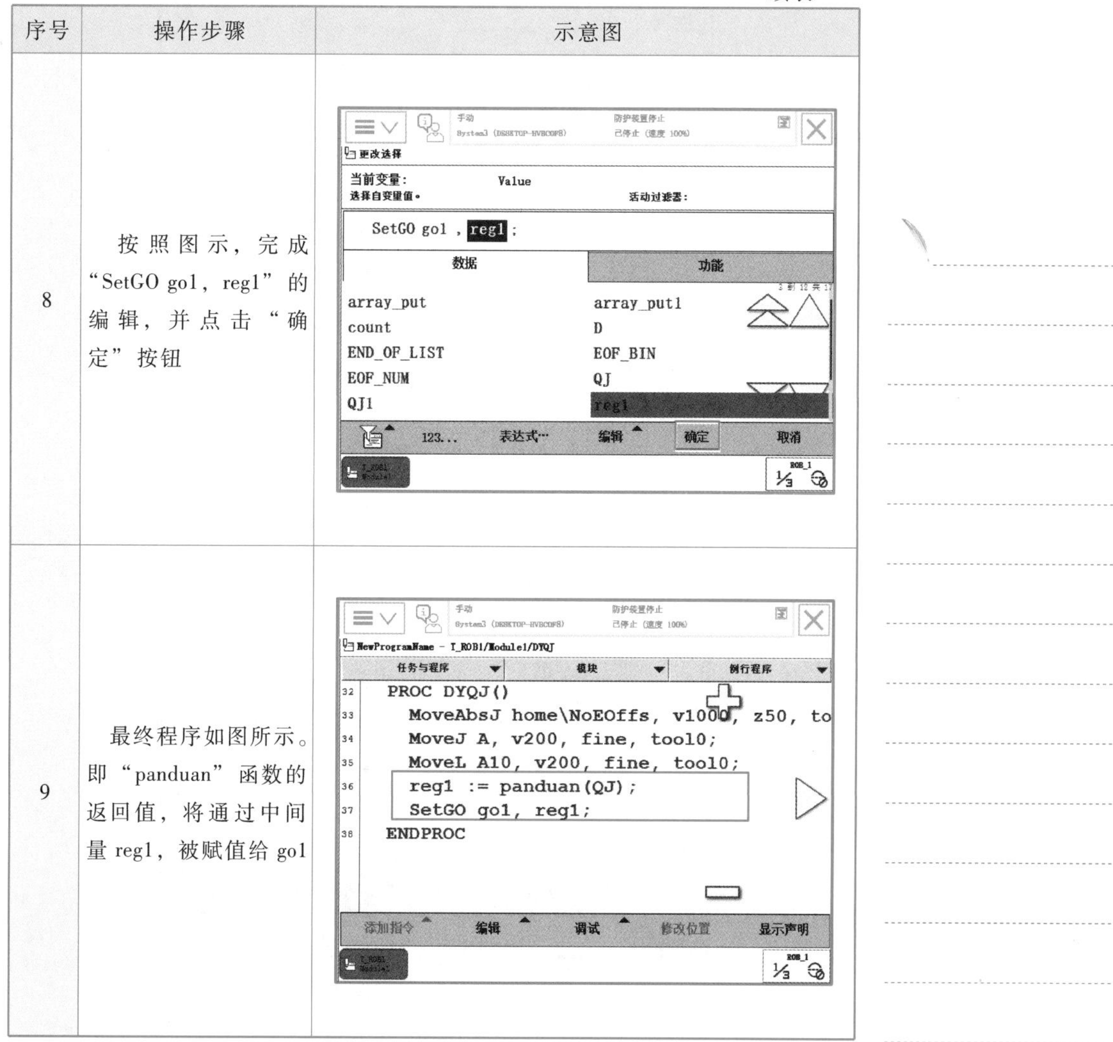

序号	操作步骤	示意图
8	按照图示，完成“SetGO go1，reg1”的编辑，并点击“确定”按钮	
9	最终程序如图所示。即“panduan”函数的返回值，将通过中间量 reg1，被赋值给 go1	

任务 6.2 程序的跳转和标签

6.2.1 Label 指令和 GOTO 指令的用法

Label 指令(图 6-3)用于标记程序中的指令语句，相当于一个标签，一般作为 GOTO 指令(图 6-4)的变元与其成对使用，从而实现程序从某一位置到标签所在位置的跳转。Label 指令与 GOTO 指令成对使用时，注意两者标签 ID 要相同。

如图 6-5 所示，此程序将执行 next 下的指令 4 次，然后停止程序。如果运行此例行程序“biaoqian”，机器人将在 p10 点和 p1 点间来回运动 4 次。

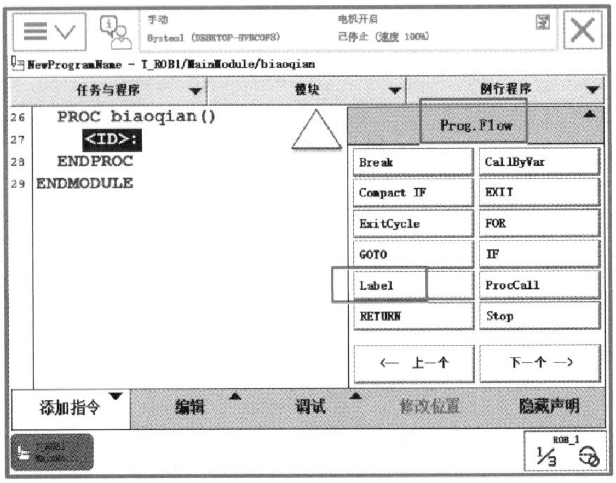

图 6-3 Label 指令

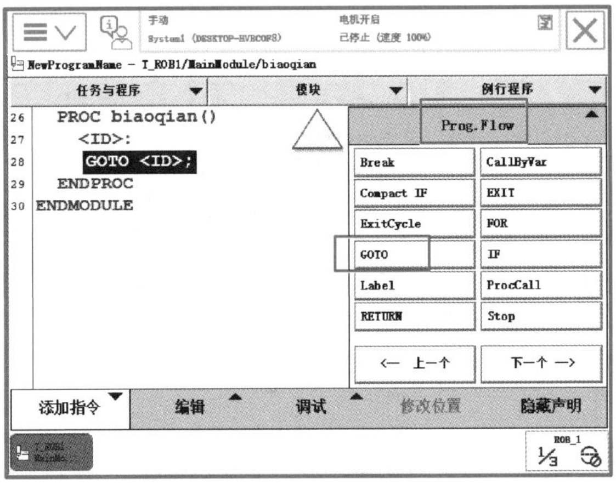

图 6-4 GOTO 指令

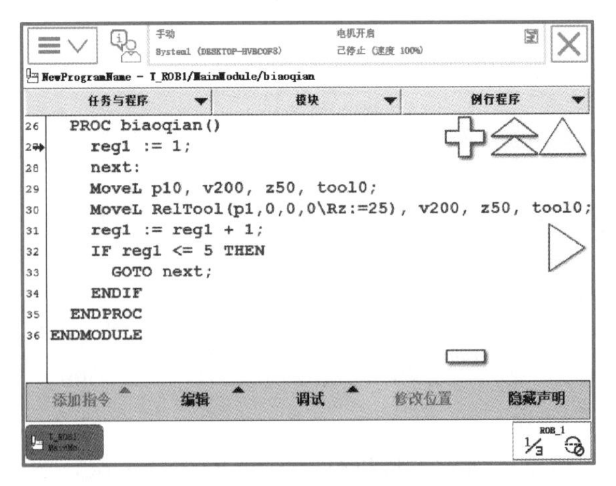

图 6-5 简单运用示例

6.2.2　任务操作——编写跳转程序

1. 任务引入

在此任务操作中编写程序，程序实现对两个变量作比较，如果变量的正负符号相同则执行画圆和画三角；如果符号相反则只画三角。

2. 任务要求

掌握如何编写跳转函数程序。

3. 任务实操

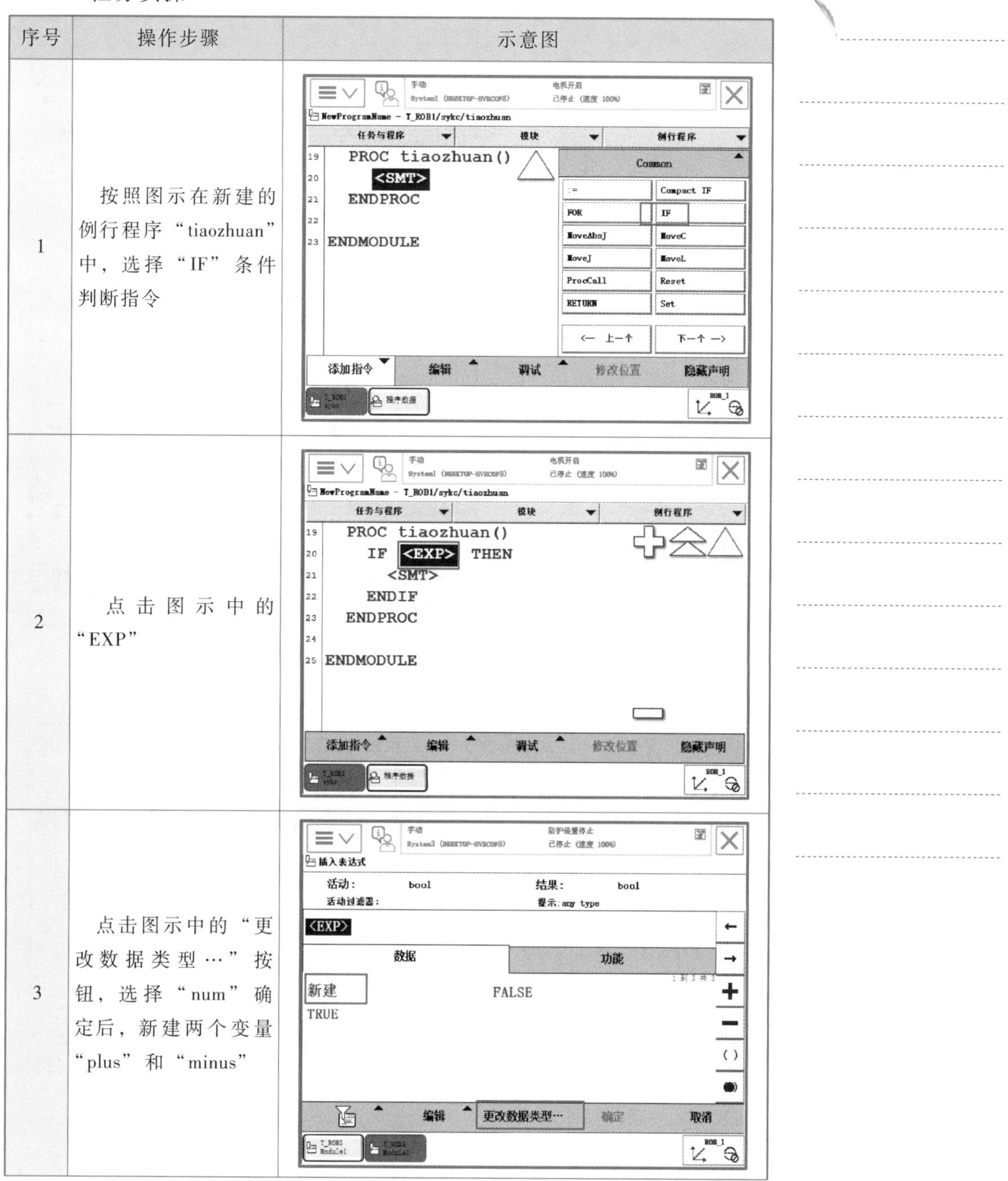

序号	操作步骤	示意图
1	按照图示在新建的例行程序“tiaozhuan”中，选择“IF”条件判断指令	
2	点击图示中的“EXP”	
3	点击图示中的“更改数据类型…”按钮，选择“num”确定后，新建两个变量“plus”和“minus”	

续表

序号	操作步骤	示意图
4	完成图示表达式的编写，并确定	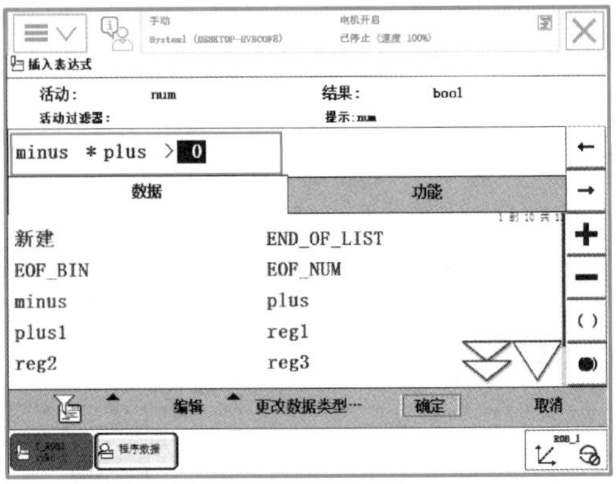 手动 System1 (DESKTOP-HVBCOF8) 电机开启 已停止（速度 100%） 插入表达式 活动: num 结果: bool 活动过滤器: 提示: num minus * plus > 0 数据 功能 新建 END_OF_LIST EOF_BIN EOF_NUM minus plus plus1 reg1 reg2 reg3 编辑 更改数据类型… 确定 取消 T_ROB1 sykc 程序数据 ROB_1
5	点击图示中的"GOTO"指令	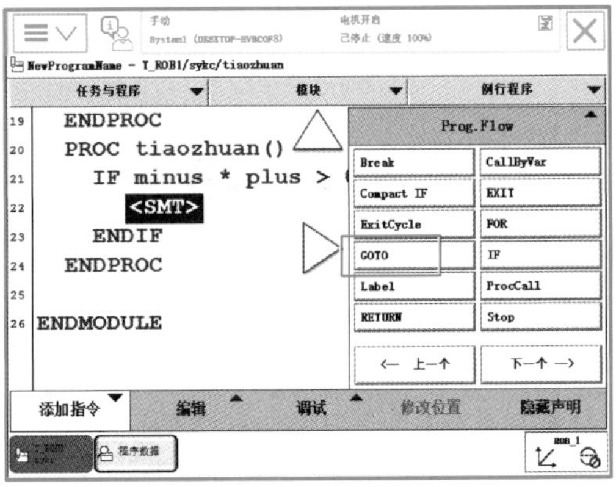 手动 System1 (DESKTOP-HVBCOF8) 电机开启 已停止（速度 100%） NewProgramName - T_ROB1/sykc/tiaozhuan 任务与程序 模块 例行程序 19 ENDPROC 20 PROC tiaozhuan() 21 IF minus * plus > 22 <SMT> 23 ENDIF 24 ENDPROC 25 26 ENDMODULE Prog.Flow Break CallByVar Compact IF EXIT ExitCycle FOR GOTO IF Label ProcCall RETURN Stop ← 上一个 下一个 → 添加指令 编辑 调试 修改位置 隐藏声明 T_ROB1 sykc 程序数据 ROB_1

6	选中"IF..."整个语句段，点击进入图示界面，点击"添加ELSEIF"按钮	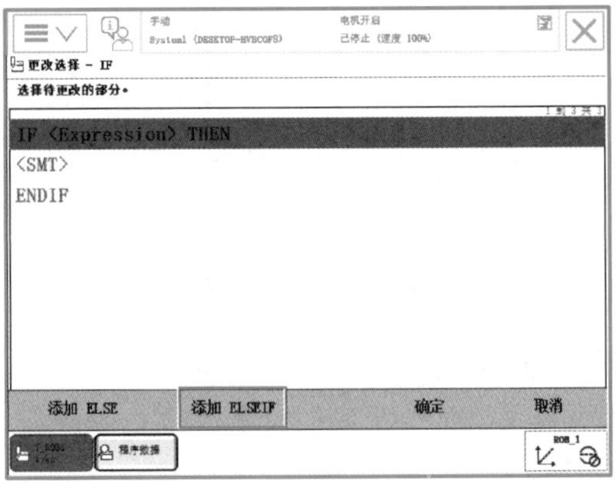 手动 System1 (DESKTOP-HVBCOF8) 电机开启 已停止（速度 100%）
		更改选择 - IF
		选择待更改的部分。
		IF <Expression> THEN
		<SMT>
		ENDIF
		添加 ELSE 添加 ELSEIF 确定 取消
		T_ROB1 sykc 程序数据 ROB_1

续表

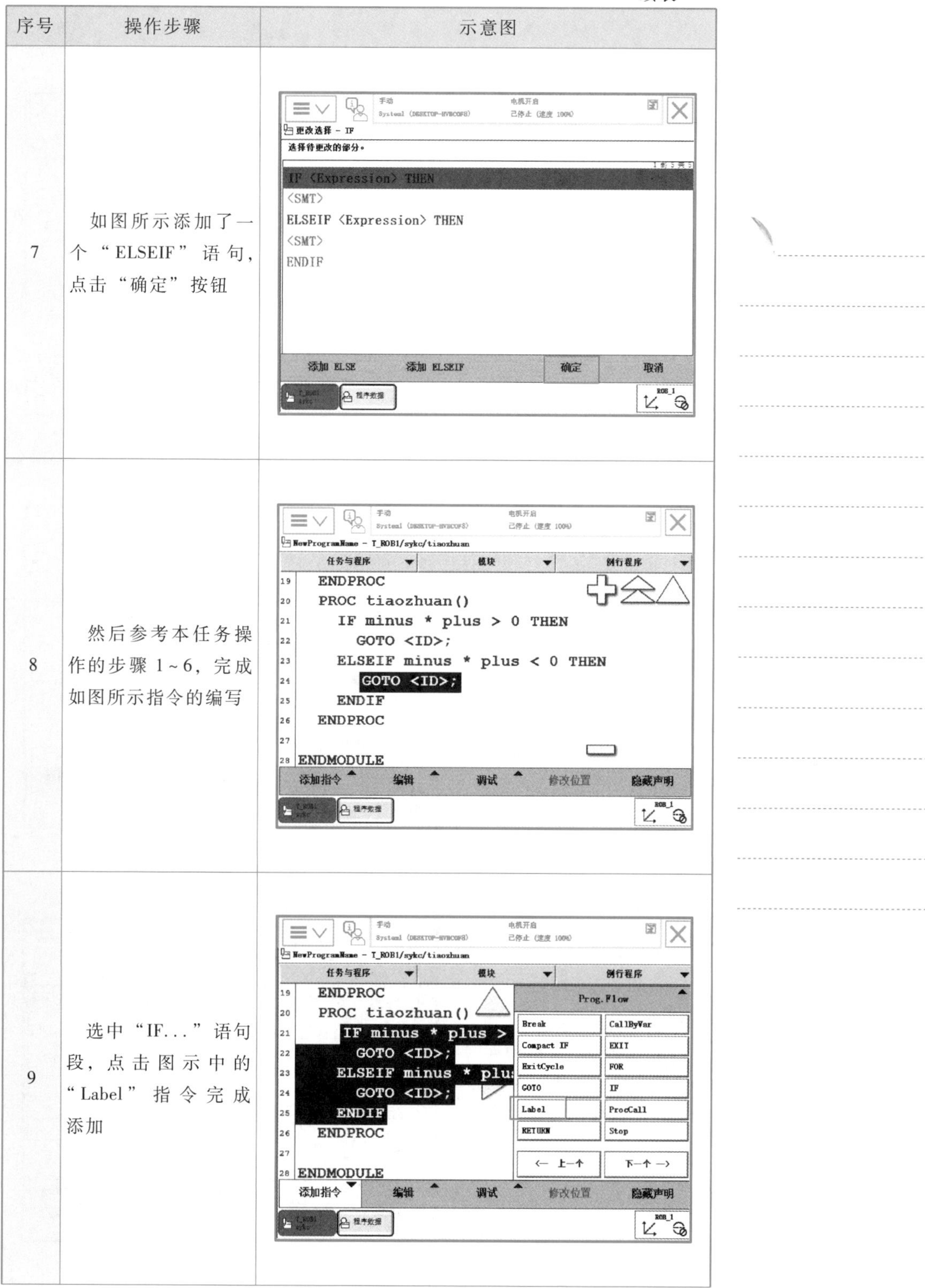

序号	操作步骤	示意图
7	如图所示添加了一个“ELSEIF”语句，点击“确定”按钮	
8	然后参考本任务操作的步骤 1～6，完成如图所示指令的编写	
9	选中“IF...”语句段，点击图示中的“Label”指令完成添加	

续表

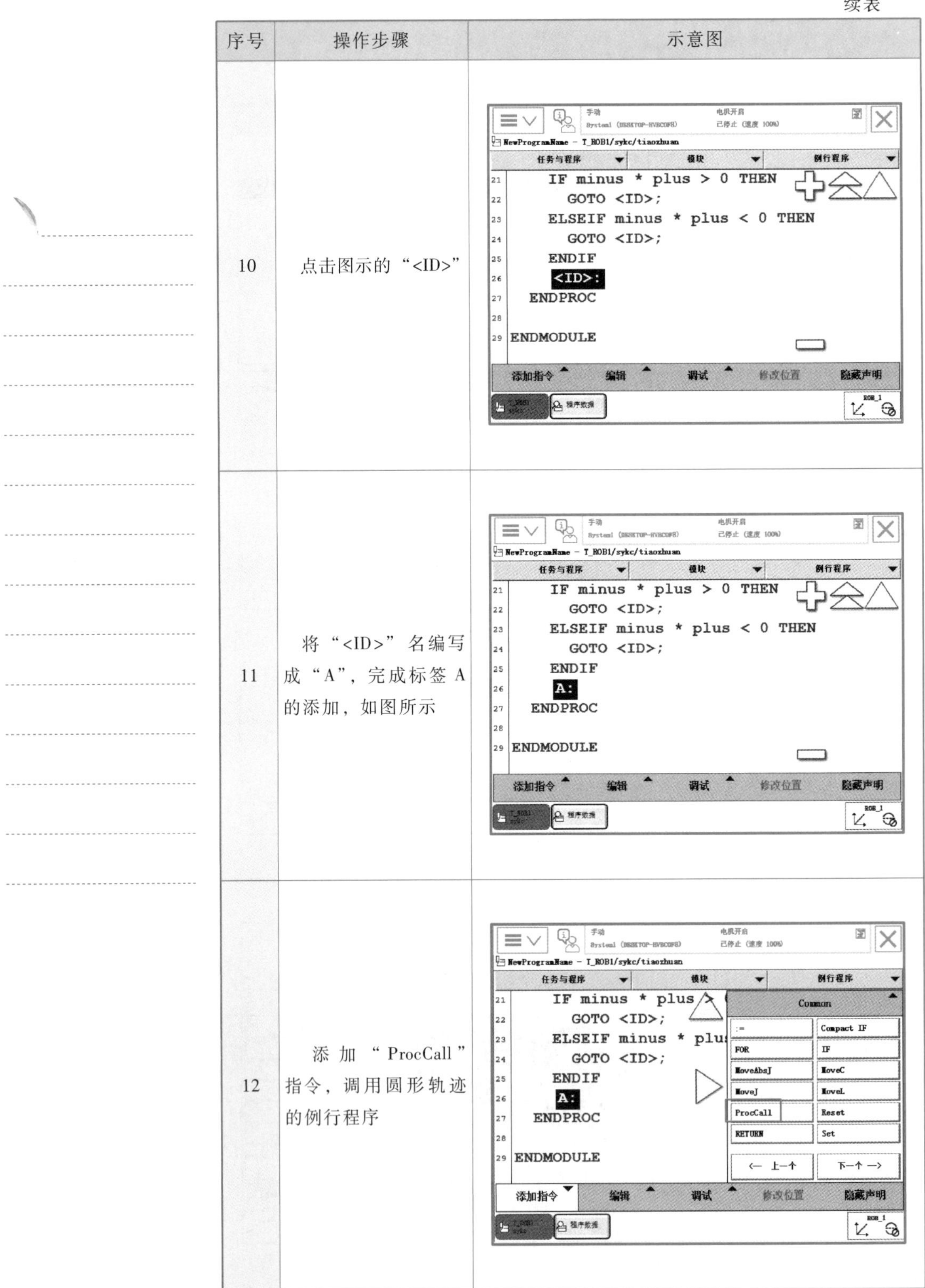

序号	操作步骤	示意图

10	点击图示的“<ID>”	IF minus * plus > 0 THEN
		GOTO <ID>;
		ELSEIF minus * plus < 0 THEN
		GOTO <ID>;
		ENDIF
		<ID>:
		ENDPROC
		ENDMODULE

11	将“<ID>”名编写成“A”，完成标签A的添加，如图所示	IF minus * plus > 0 THEN
		GOTO <ID>;
		ELSEIF minus * plus < 0 THEN
		GOTO <ID>;
		ENDIF
		A:
		ENDPROC
		ENDMODULE

12	添加“ProcCall”指令，调用圆形轨迹的例行程序	IF minus * plus GOTO <ID>; ELSEIF minus * plu GOTO <ID>; ENDIF A: ENDPROC ENDMODULE Common: :=, Compact IF, FOR, IF, MoveAbsJ, MoveC, MoveJ, MoveL, ProcCall, Reset, RETURN, Set

续表

序号	操作步骤	示意图
13	参考本任务操作的步骤 9~12，完成如图所示程序的编写	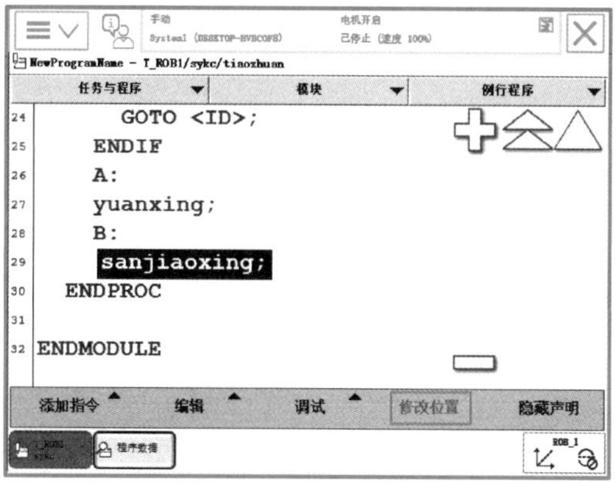
14	要实现同号执行画圆和三角的程序，异号执行画三角形，即 IF 条件大于 0 时，跳转到标签 A，将圆和三角形程序依次执行	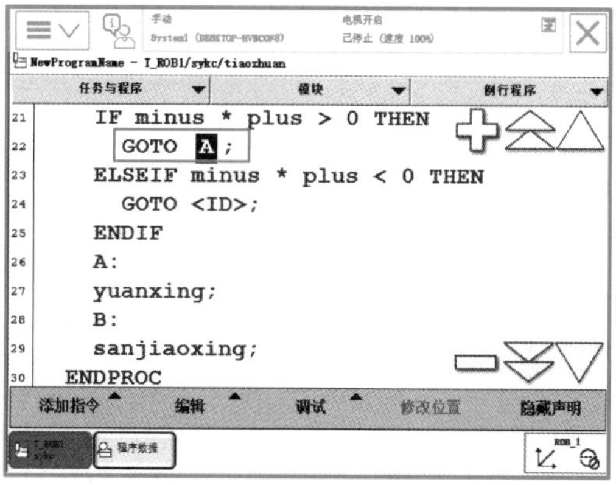
15	IF 条件小于 0 时，跳转到标签 B，只执行“sanjiaoxing”程序，即只画三角形	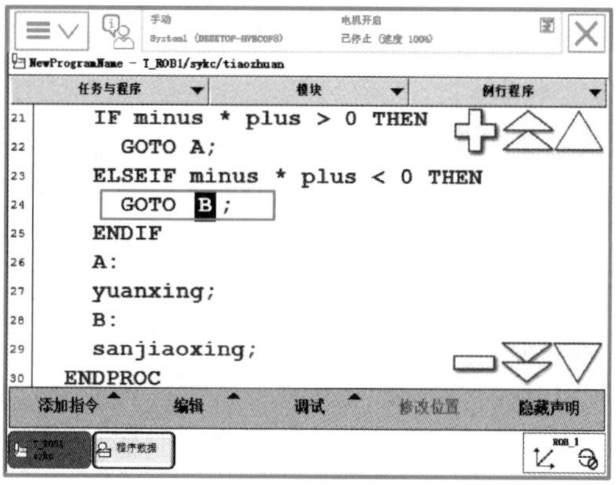

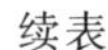
续表

<table>
<tr><th>序号</th><th>操作步骤</th><th>示意图</th></tr>
<tr><td>16</td><td>标签号设置完成好后，即完成了程序的编写，如图所示</td><td>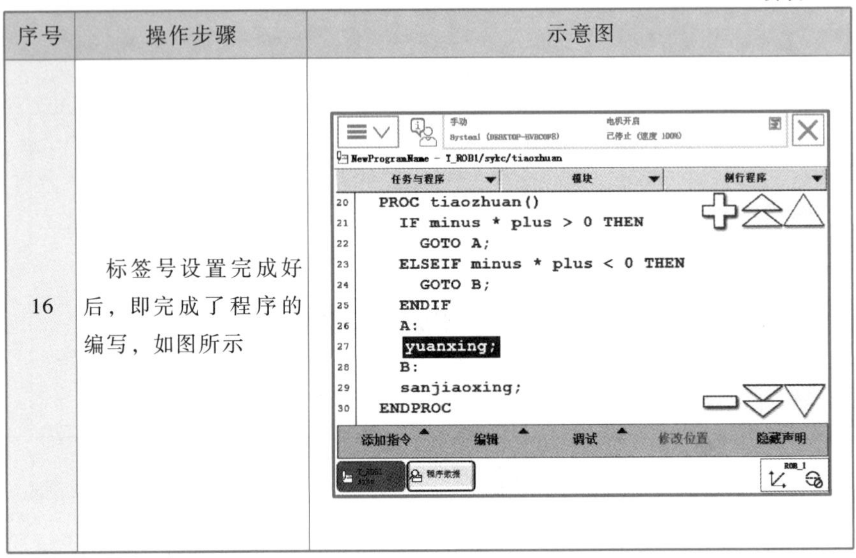</td></tr>
</table>

PPT
中断例行程序

任务 6.3 程序的中断和停止

6.3.1 中断例行程序

在程序执行过程中，当发生需要紧急处理的情况时，需要中断当前执行的程序，跳转程序指针到对应的程序中，对紧急情况进行相应的处理。中断就是指正常程序执行过程暂停，跳过控制，进入中断例行程序的过程。中断过程中用于处理紧急情况的程序，我们称作中断例行程序（TRAP）。中断例行程序经常被用于出错处理、外部信号的响应等实时响应要求高的场合。

完整的中断过程包括：触发中断，处理中断，结束中断。首先，通过获取与中断例行程序关联起来的中断识别号（通过 CONNECT 指令关联，见 6.3.2），扫描与识别号关联在一起的中断触发指令（见 6.3.2）来判断是否触发中断。触发中断原因可以是多种多样的，它们有可能是将输入或输出设为 1 或 0，也可能是下令在中断后按给定时间延时，也有可能是到达指定位置。在中断条件为真时，触发中断，程序指针跳转至与对应识别号关联的程序中进行相应的处理。在处理结束后，程序指针返回至被中断的地方，继续往下执行程序。

中断的整个实现过程，首先通过扫描中断识别号，然后扫描到与中断识别号关联起来的触发条件，判断中断触发的条件是否满足。当触发条件满足后，程序指针跳转至通过 CONNECT 指令与识别号关联起来的的中断例行程序中。

6.3.2 常用的中断相关指令

1. CONNECT 指令

CONNECT 指令(图 6-6)是实现中断识别号与中断例行程序连接的指令。实现中断首先需要创建数据类型为 intnum 的变量作为中断的识别号，识别号代表某一种中断类型或事件，然后通过 CONNECT 指令将识别号与处理此识别号中断的中断例行程序关联。

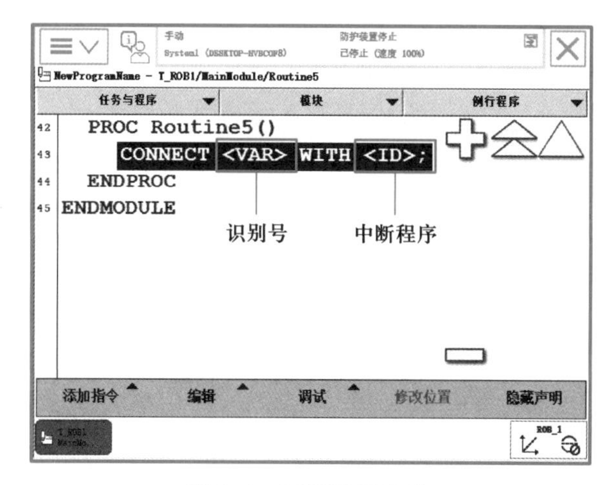

图 6-6 CONNECT 指令

例如：

```
VAR intnum feeder_ error;
TRAP correct_ feeder;
...
PROC main( )
CONNECT feeder_ error WITH correct_ feeder;
```

将中断识别号“feeder_ error”与“correct_ feeder”中断程序关联起来。

2. 中断触发指令

由于触发程序中断的事件是多种多样的，它们有可能是将输入或输出设为 1 或 0，也可能是下令在中断后按给定时间延时，还有可能是机器人运动到达指定位置，因此在 RAPID 程序中包含多种中断触发指令(表 6-1)，可以满足不同中断触发需求。这里以 ISignalDI 为例说明中断触发指令的用法，其他指令的具体使用方法，可以查阅 RAPID 指令、函数和数据类型技术参考手册。

表 6-1 中断触发指令

指令	说明
ISignalDI	中断数字信号输入信号
ISignalDO	中断数字信号输出信号

续表

指令	说明
ISignalGI	中断一组数字信号输入信号
ISignalGO	中断一组数字信号输出信号
ISignalAI	中断模拟信号输入信号
ISignalAO	中断模拟信号输出信号
ITimer	定时中断
TriggInt	固定位置中断[运动(Motion)拾取列表]
IPers	变更永久数据对象时中断
IError	出现错误时下达中断指令并启用中断
IRMQMessage	RAPID 语言消息队列收到指定数据类型时中断

例如：

```
VAR intnum feeder_ error;
TRAP correct_ feeder;
...
PROC main( )
CONNECT feeder_ error WITH correct_ feeder;
ISignalDI di1, 1, feeder_ error;
```

将输入 di1 设置为 1 时，产生中断。此时，调用 correct_ feeder 中断程序。

3. 控制中断是否生效的指令

还有一些指令(表 6-2)可以用来控制中断是否生效。这里以 Idisable 和 IEnable 为例说明，其他指令的具体使用方法，可以查阅 RAPID 指令、函数和数据类型技术参考手册。

表 6-2 控制中断是否生效的指令

指令	说明
IDelete	取消(删除)中断
ISleep	使个别中断失效
IWatch	使个别中断生效
IDisable	禁用所有中断
IEnable	启用所有中断

例如：

```
IDisable;
FOR i FROM1TO 100 DO
```

```
reg1：=reg1+1；
ENDFOR
IEnable；
```

只要在从 1 到 100 进行计数的时候，则不允许任何中断。完毕后，启用所有中断。

6.3.3　程序停止指令

为处理突发事件，中断例行程序的功能有时会设置为让机器人程序停止运行。下面对程序停止指令及简单用法进行介绍。

1. EXIT

用于终止程序执行，随后仅可从主程序第一个指令重启程序。当出现致命错误或永久地停止程序执行时，应当使用 EXIT 指令。Stop 指令用于临时停止程序执行。在执行指令 EXIT 后，程序指针消失。为继续程序执行，必须设置程序指针。

例如：MoveL p1，v1000，z30，tool1；

EXIT；

程序执行停止，且无法从程序中的该位置继续往下执行，需要重新设置程序指针。

2. Break

出于 RAPID 程序代码调试目的，将 Break 用于立即中断程序执行。机械臂立即停止运动。为排除故障，临时终止程序执行过程。

例如：MoveL p1，v1000，z30，tool2；

Break；

MoveL p2，v1000，z30，tool2；

机器人在往 p1 点运动过程中，Break 指令就绪时，机器人立即停止动作。如想继续往下执行机器人运动至 p2 点的指令，不需要再次设置程序指针。

3. Stop

用于停止程序执行。在 Stop 指令就绪之前，将完成当前执行的所有移动。

例如：MoveL p1，v1000，z30，tool2；

Stop；

MoveL p2，v1000，z30，tool2；

机器人在往 p1 点运动的过程中，Stop 指令就绪时，机器人仍将继续完成到 p1 点的动作。如想继续往下执行机器人运动至 p2 点的指令，不需要再次设置程序指针。

6.3.4　任务操作——编写并使用 TRAP 中断例行程序

1. 任务引入

在此任务操作中编写一个中断程序，实现在机器人输入组信号 gi1 = 13 的时候，立即停止动作。

2. 任务要求

掌握如何编写 TRAP 中断例行程序。

3. 任务实操

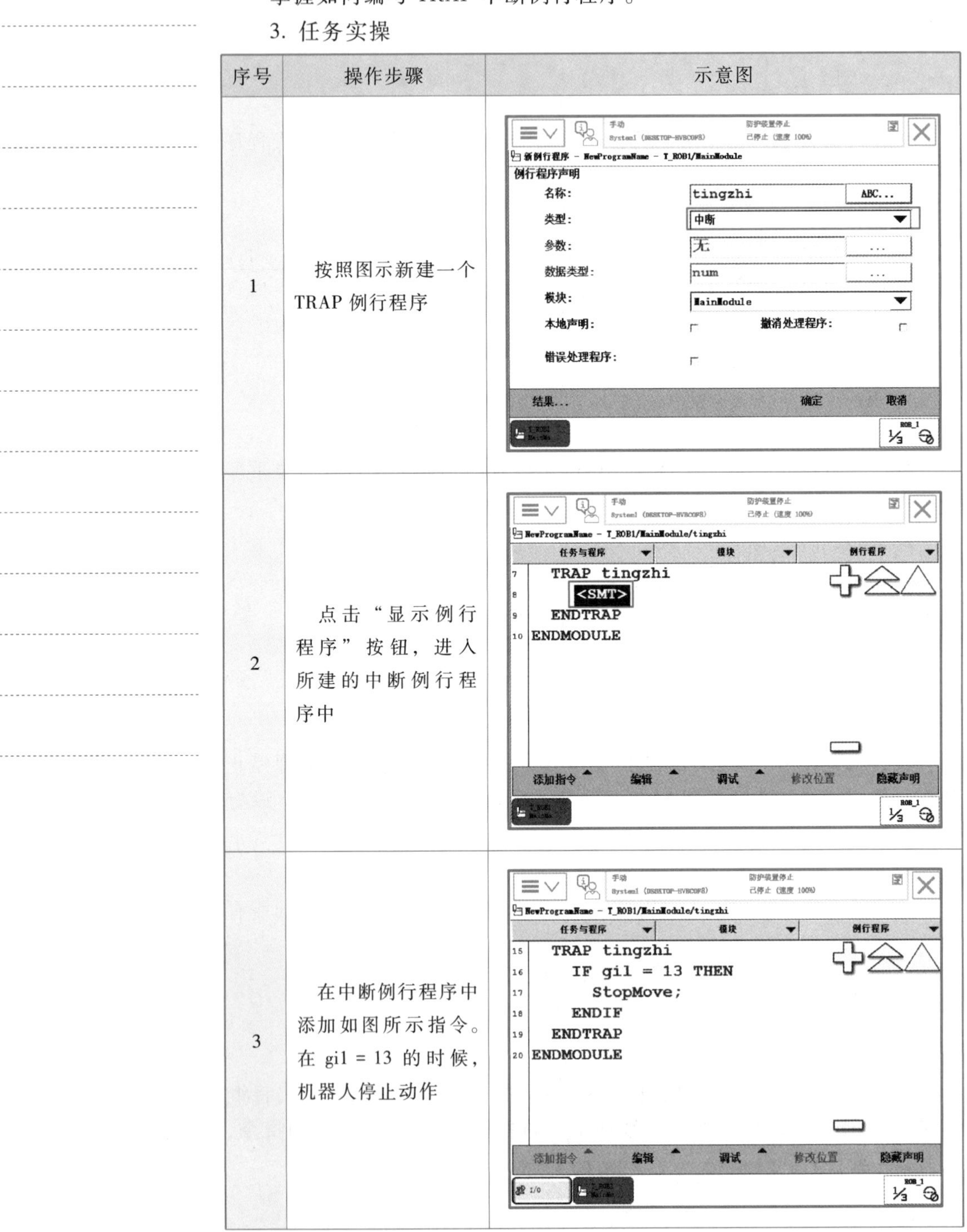

序号	操作步骤	示意图
1	按照图示新建一个 TRAP 例行程序	
2	点击“显示例行程序”按钮，进入所建的中断例行程序中	
3	在中断例行程序中添加如图所示指令。在 gi1 = 13 的时候，机器人停止动作	

续表

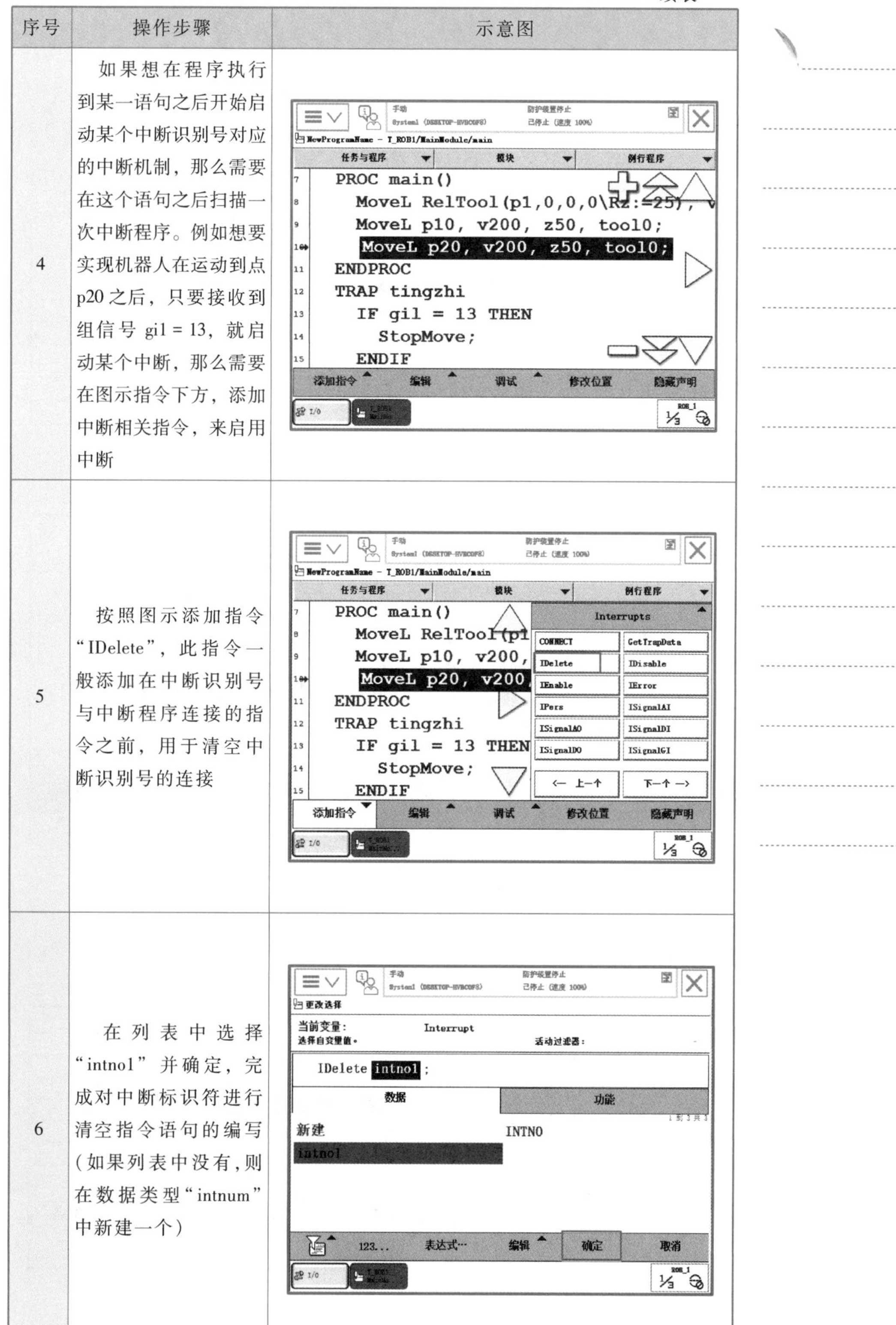

序号	操作步骤	示意图
4	如果想在程序执行到某一语句之后开始启动某个中断识别号对应的中断机制，那么需要在这个语句之后扫描一次中断程序。例如想要实现机器人在运动到点p20之后，只要接收到组信号 gi1 = 13，就启动某个中断，那么需要在图示指令下方，添加中断相关指令，来启用中断	
5	按照图示添加指令“IDelete”，此指令一般添加在中断识别号与中断程序连接的指令之前，用于清空中断识别号的连接	
6	在列表中选择“intno1”并确定，完成对中断标识符进行清空指令语句的编写（如果列表中没有，则在数据类型“intnum”中新建一个）	

续表

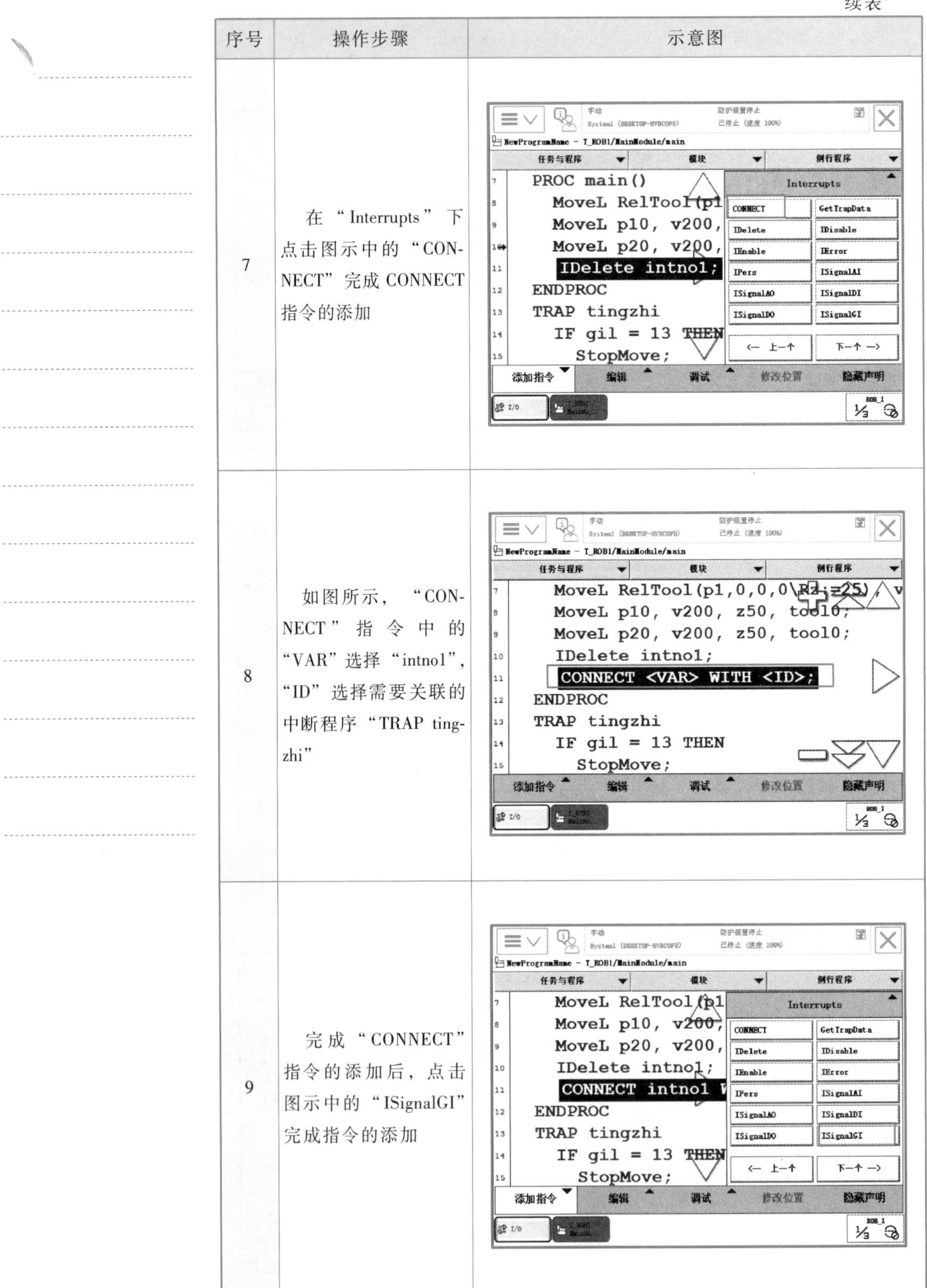

序号	操作步骤	示意图
7	在“Interrupts”下点击图示中的“CONNECT”完成CONNECT指令的添加	
8	如图所示，“CONNECT”指令中的“VAR”选择“intno1”，“ID”选择需要关联的中断程序“TRAP tingzhi”	
9	完成“CONNECT”指令的添加后，点击图示中的“ISignalGI”完成指令的添加	

续表

序号	操作步骤	示意图
10	选择“gi1”，并确定	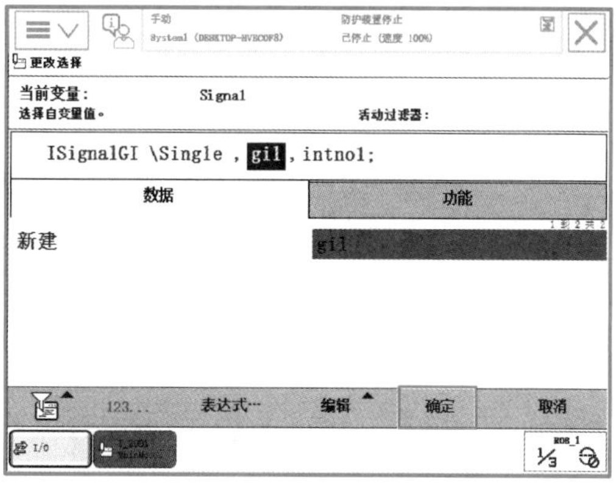
11	选中“ISignalGI”指令点击，进入编辑界面。（ISignalGI 中的 single 参数启用，gi1 只会触发一次中断；若要重复触发中断，则将其关闭）	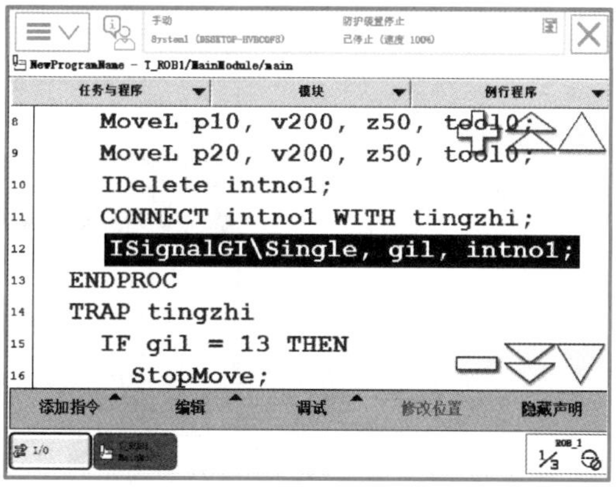
12	点击图示中的“可选变量”按钮	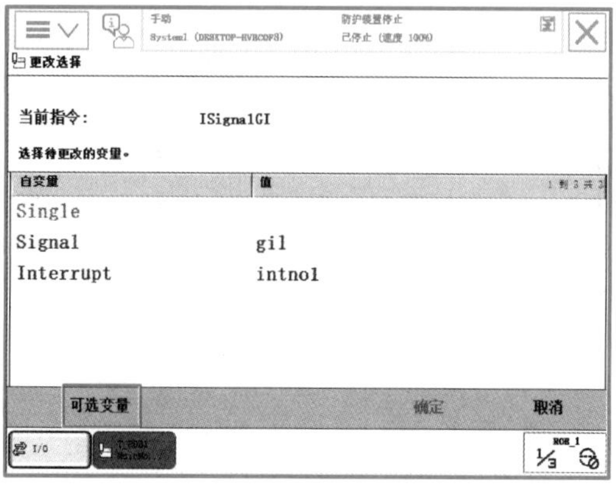

续表

序号	操作步骤	示意图
13	按照图示，点击进入变量界面	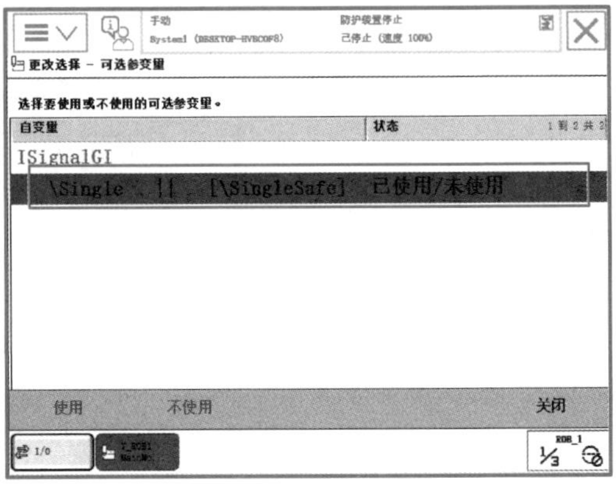
14	在变量界面选择“\ \ Single”，再点击“不使用”按钮	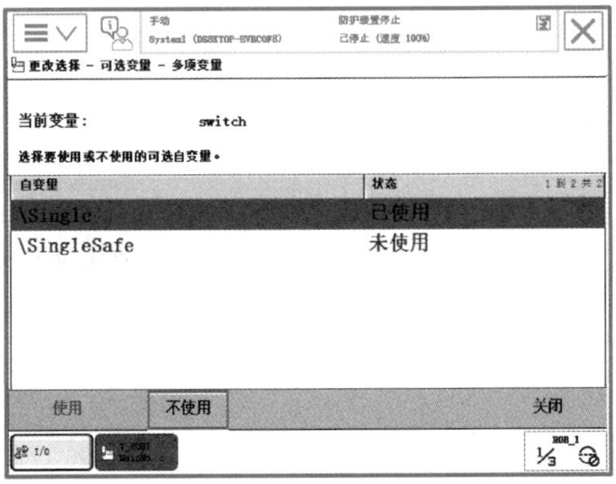
15	关闭返回到图示界面，点击“确定”按钮	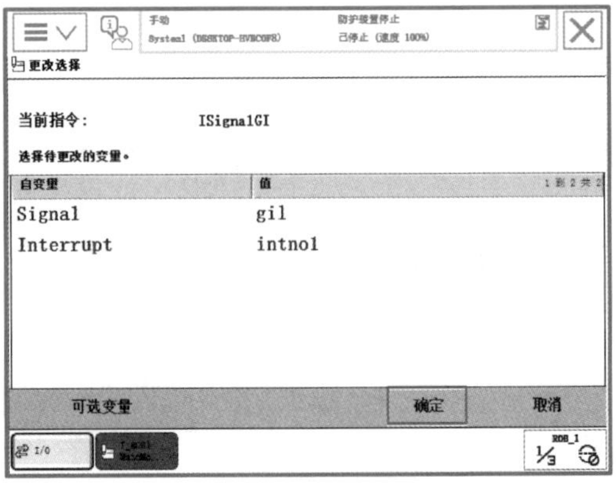

续表

序号	操作步骤	示意图
16	完成设定后，此中断程序将在“main”例行程序执行中生效。即执行程序过程中，触发中断机制后，当监控到 gil = 13 的触发条件满足时，启用中断程序，机器人将停止动作	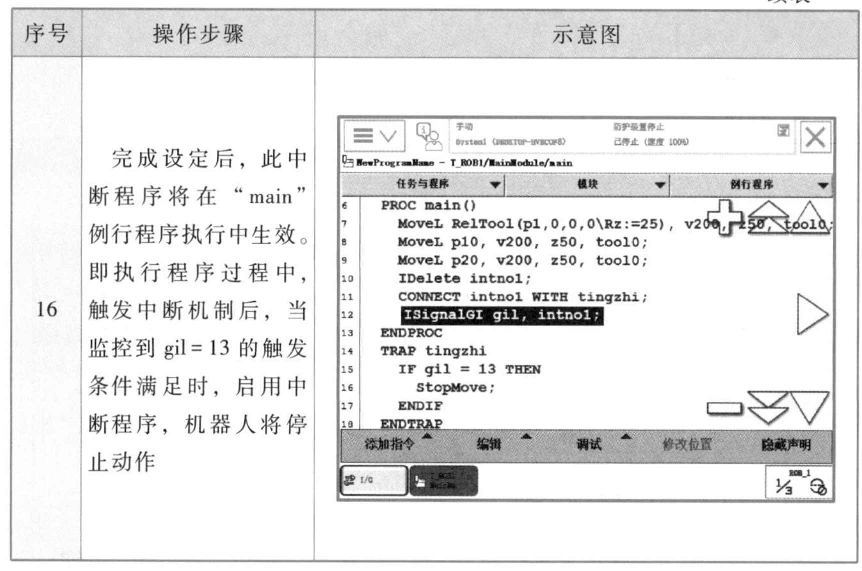

思考题

中断程序能直接调用吗？那么中断程序的调用需要通过哪些指令实现？

任务 6.4　程序的自动运行和导入导出

PPT
程序的手动调试和自动运行

6.4.1　RAPID 程序自动运行的条件

机器人系统的 RAPID 程序编写完成，对程序进行调式满足生产加工要求后，可以选择将运行模式从手动模式切换到自动运行模式下自动运行程序。自动运行程序前，确认程序正确性的同时，还要确认工作环境的安全性。当两者达到标准要求后，方可自动运行程序。

RAPID 程序自动运行的优势：调试好的程序自动运行，可以有效地解放劳动力，因为手动模式下使能器是需要一直处于第一挡，程序才可以运行；另一方面，自动运行程序，还可以有效地避免安全事故的发生，这主要是因为，自动运行下工业机器人处于安全防护栏中，操作人员均位于安全保护范围内。

视频
自动运行搬运码垛程序

6.4.2　任务操作——自动运行搬运码垛程序

1. 任务引入

参照 5.6.4 完成数组码垛程序的编写，单步运行进行调试确保机器人姿态移动的准确性，检查机器人周围环境，保证机器人运行范围内安全无障碍。

2. 任务要求

掌握如何实现搬运码垛程序的自动运行。

3. 任务实操

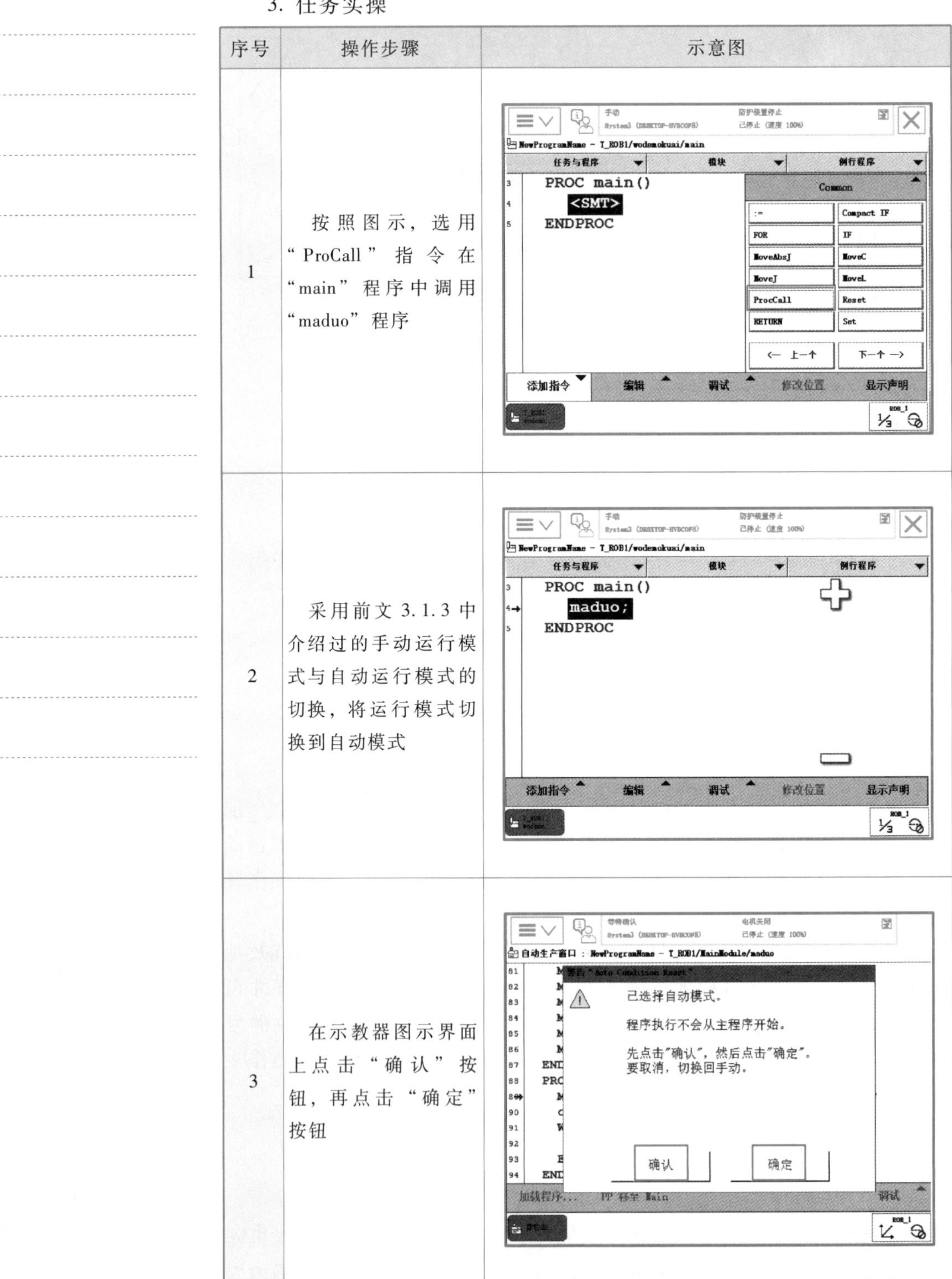

序号	操作步骤	示意图
1	按照图示，选用“ProCall”指令在“main”程序中调用“maduo”程序	
2	采用前文3.1.3中介绍过的手动运行模式与自动运行模式的切换，将运行模式切换到自动模式	
3	在示教器图示界面上点击“确认”按钮，再点击“确定”按钮	

续表

序号	操作步骤	示意图
4	按下电机上电按钮（如图所示）	
5	按下图示框内的程序调试控制按钮"连续"，即可完成，码垛程序将自动连续运行	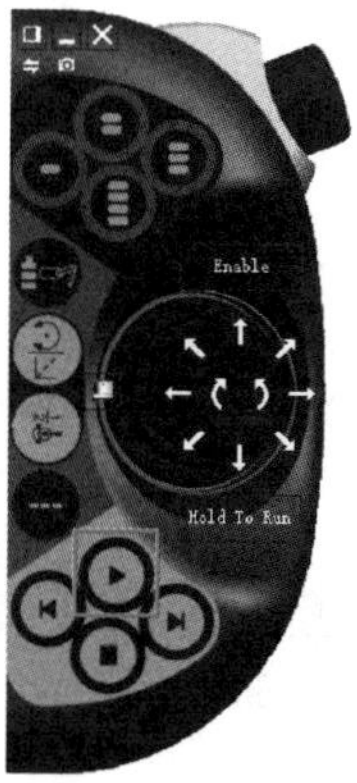

6.4.3　任务操作——导出 RAPID 程序模块至 USB 存储设备

视频

导出 RAPID 程序模块至 USB 存储设备

1. 任务引入

程序在完成调试并且在自动运行确认符合实际要求后，便可对程序模块进行保存，程序模块根据实际需要可以保存在机器人的硬盘或 U 盘上。

2. 任务要求

掌握如何导出 RAPID 程序模块至 USB 存储设备。

3. 任务实操

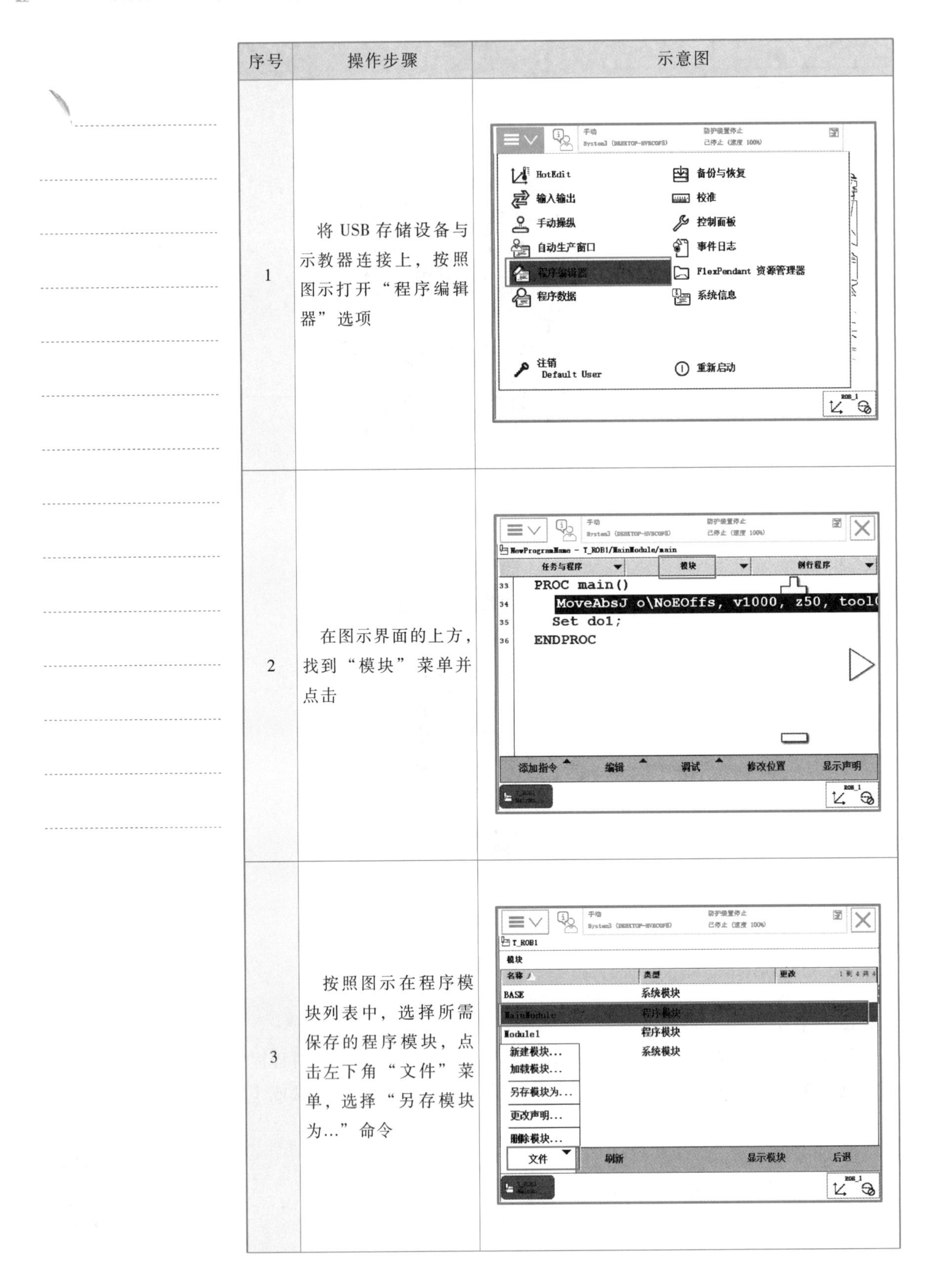

序号	操作步骤	示意图
1	将USB存储设备与示教器连接上，按照图示打开“程序编辑器”选项	
2	在图示界面的上方，找到“模块”菜单并点击	
3	按照图示在程序模块列表中，选择所需保存的程序模块，点击左下角“文件”菜单，选择“另存模块为…”命令	

续表

序号	操作步骤	示意图
4	进入到程序模块导出界面，点击图示框内的图标，可以对程序模块存放路径和名称进行选择和修改	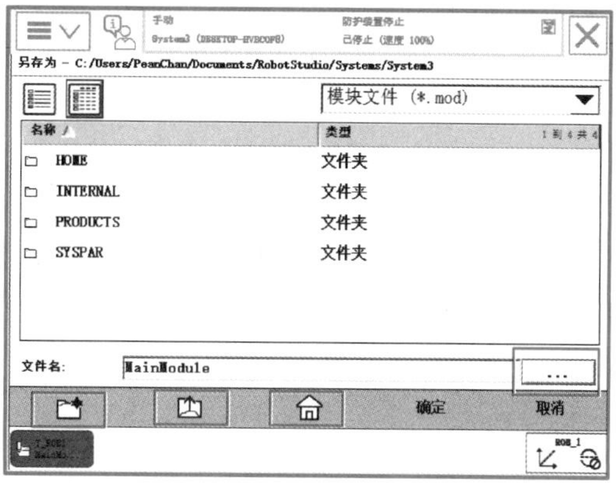
5	选择想要将程序模块存放的盘	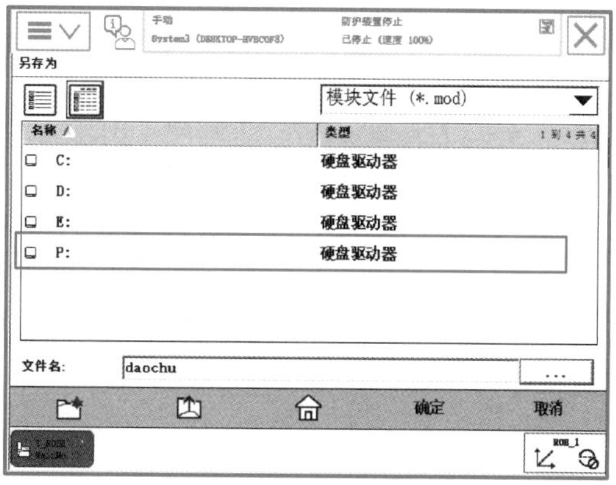
6	选定存放的文件夹，然后点击“确定”按钮，如图所示。到此即完成了 RAPID 程序模块导出至 USB 存储设备的操作	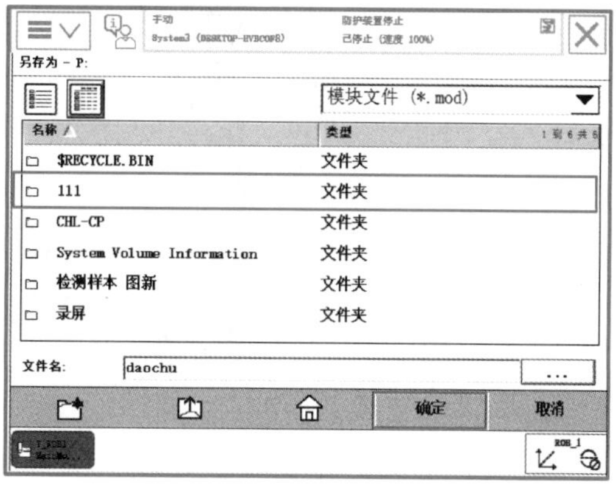

6.4.4 任务操作——从 USB 存储设备导入 RAPID 程序模块

1. 任务引入

工业机器人编程除了在示教器上进行点位示教编程之外，还可以在虚拟仿真软件上使用 RAPID 语言进行编程。用仿真软件编好的程序，进行虚拟仿真测试后，便可导入机器人示教器中进行简单调试后使用。

2. 任务要求

掌握如何从 USB 存储设备导入 RAPID 程序模块。

3. 任务实操

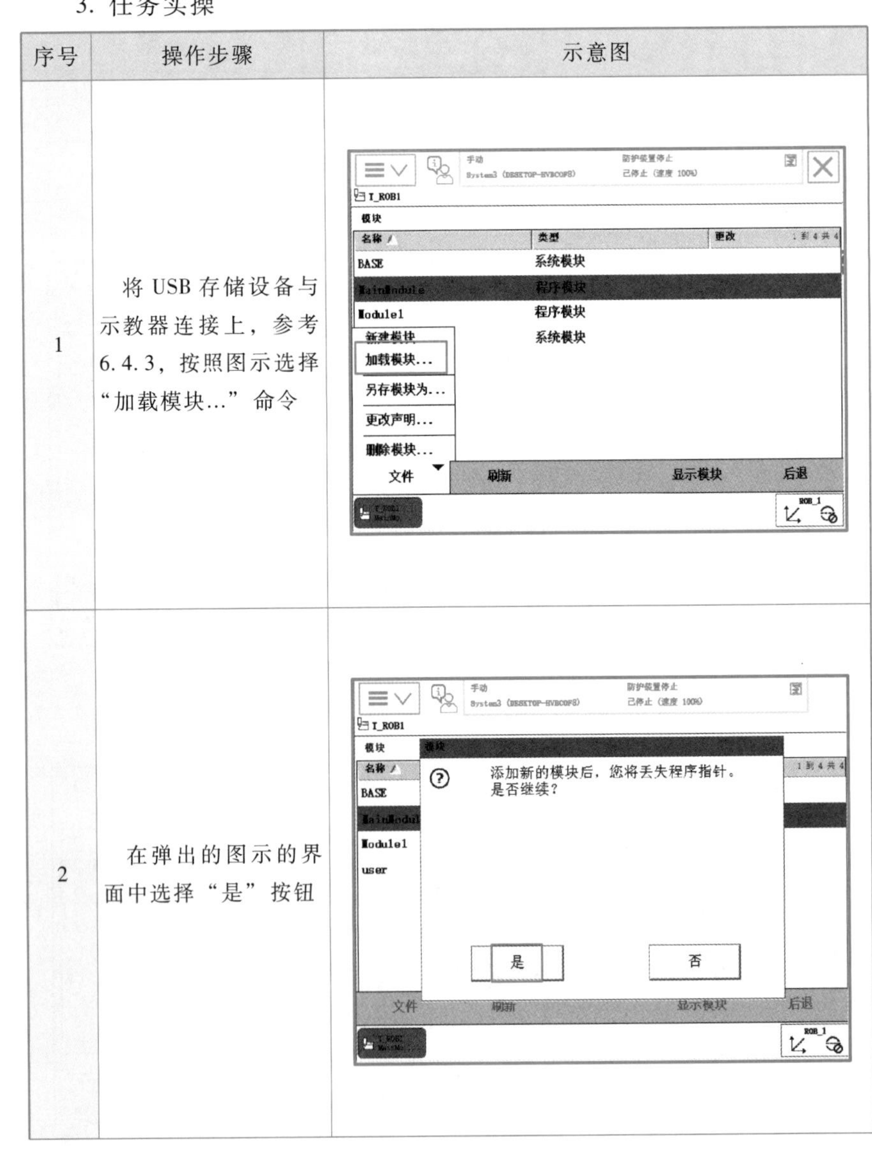

序号	操作步骤	示意图
1	将 USB 存储设备与示教器连接上，参考 6.4.3，按照图示选择“加载模块...”命令	
2	在弹出的图示的界面中选择“是”按钮	

续表

序号	操作步骤	示意图
3	通过点击图示框内的选项，找到需要导入的程序模块所在的盘	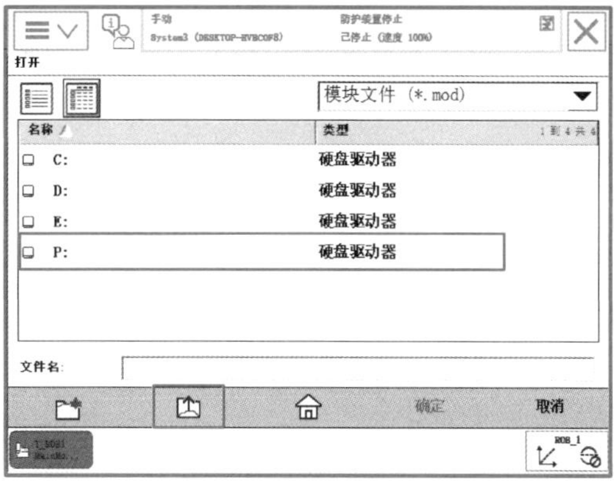 手动 System3 (DESKTOP-HVBCOF8) 防护装置停止 已停止 (速度 100%) 打开 模块文件 (*.mod) 名称 / 类型 1 到 4 共 4 C: 硬盘驱动器 D: 硬盘驱动器 E: 硬盘驱动器 P: 硬盘驱动器 文件名: 确定 取消 ROB_1
4	点击需要导入的程序模块所在的盘，找到程序模块所在文件夹并点击，如图所示	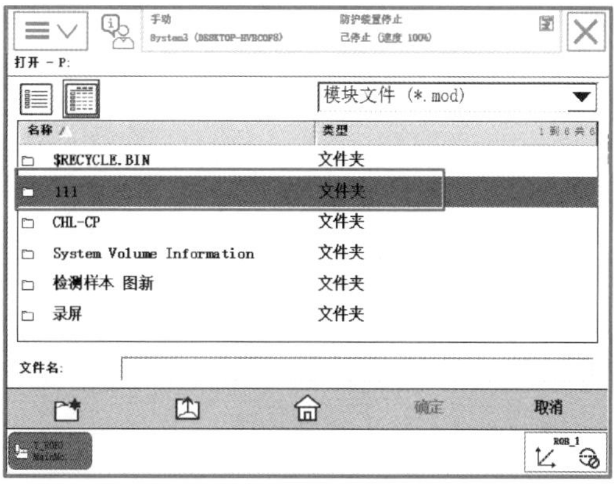 手动 System3 (DESKTOP-HVBCOF8) 防护装置停止 已停止 (速度 100%) 打开 - P: 模块文件 (*.mod) 名称 / 类型 1 到 6 共 6 $RECYCLE.BIN 文件夹 111 文件夹 CHL-CP 文件夹 System Volume Information 文件夹 检测样本 图新 文件夹 录屏 文件夹 文件名: 确定 取消 ROB_1
5	按照图示选择需导入的程序模块，并点击“确定”按钮。到此即完成了从 USB 存储设备导入 RAPID 程序模块的操作	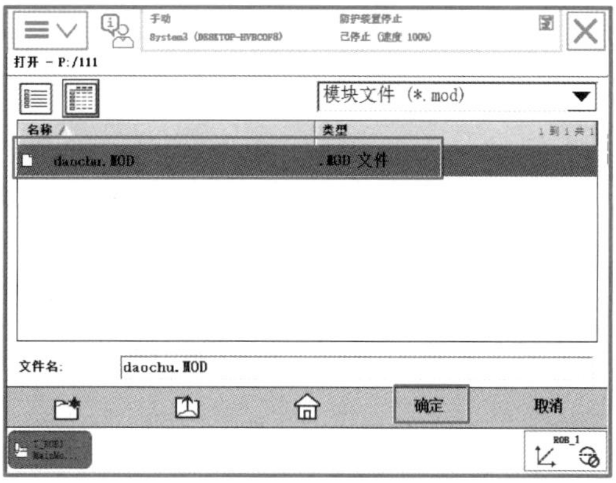 手动 System3 (DESKTOP-HVBCOF8) 防护装置停止 已停止 (速度 100%) 打开 - P:/111 模块文件 (*.mod) 名称 / 类型 1 到 1 共 1 daochu.MOD .MOD 文件 文件名: daochu.MOD 确定 取消 ROB_1

思考题

一、判断题

1. 程序在完成调试并且在自动运行确认符合实际要求后，便可对程序模块进行保存，程序模块根据实际需要可以保存在机器人的硬盘或U盘上。 （ ）

2. 工业机器人编程除了在示教器上进行点位示教编程之外，还可以在虚拟仿真软件上使用RAPID语言进行编程。 （ ）

二、简答题

工业机器人与USB存储设备之间如何实现RAPID程序的导入和导出？

项目七　工业机器人的日常维护

工业机器人在不同工业生产环境中的温度、湿度以及电压等不同，为了保证系统的稳定性，有效地延长使用寿命。在机器人的生产过程中，需要对机器人进行日常的维护。在本项目中将介绍一些简单的机器人日常维护知识，比如机器人本体电池的更换，如何更新转数计数器，如何备份和恢复机器人，顺便了解电池的使用寿命和作用等。

学习任务

- 任务 7.1　转数计数器的更新
- 任务 7.2　更换工业机器人本体电池
- 任务 7.3　工业机器人的备份与恢复
- 任务 7.4　工业机器人的微校

学习目标

■ 知识目标

- 了解转数计数器更新的目的及需要更新的条件。
- 机器人本体电池的作用和使用寿命。
- 了解备份工业机器人的作用。

■ 技能目标

- 掌握工业机器人六轴回机械零点的操作方法。
- 掌握转数计数器的更新方法。
- 掌握机器人本体电池的更换方法。
- 掌握工业机器人的备份和恢复的操作方法。
- 掌握工业机器人的微校方法。

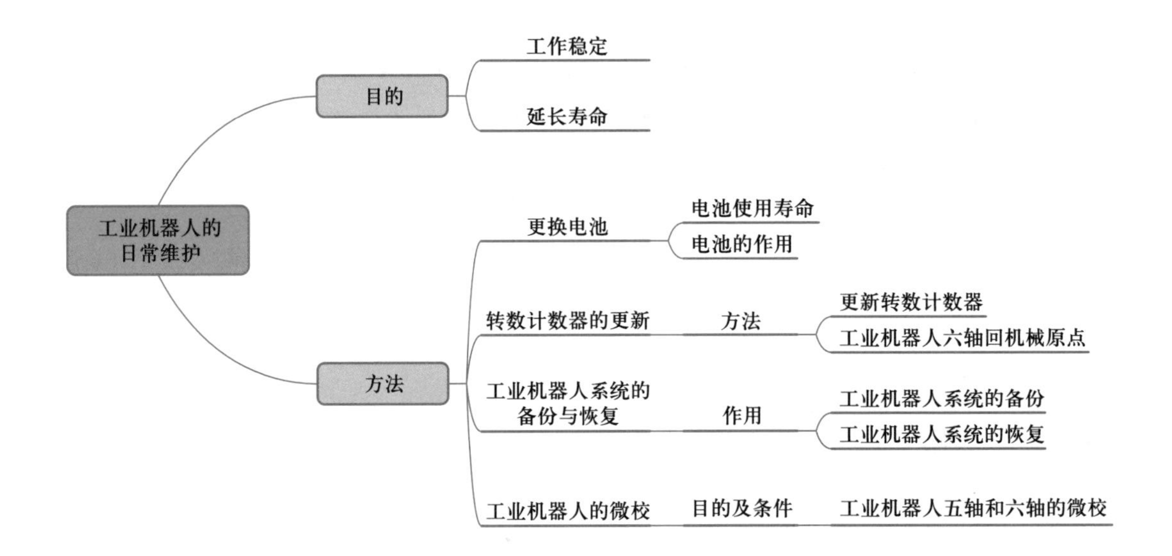
工业机器人的日常维护
目的
工作稳定
延长寿命
方法
更换电池
电池使用寿命
电池的作用
转数计数器的更新
方法
更新转数计数器
工业机器人六轴回机械原点
工业机器人系统的备份与恢复
作用
工业机器人系统的备份
工业机器人系统的恢复
工业机器人的微校
目的及条件
工业机器人五轴和六轴的微校

任务 7.1 转数计数器的更新

PPT
机器人转数计数器更新

7.1.1 转数计数器更新的目的及需要更新的条件

工业机器人在出厂时，对各关节轴的机械零点进行了设定，对应着机器人本体上六个关节轴同步标记，该零点作为各关节轴运动的基准。机器人的零点信息是指，机器人各轴处于机械零点时各轴电机编码器对应的读数(包括转数数据和单圈转角数据)。零点信息数据存储在本体串行测量板上，数据需供电才能保持保存，掉电后数据会丢失。

机器人出厂时的机械零点与零点信息的对应关系是准确的，但由于误删零点信息、转数计数器掉电、拆机维修或断电情况下机器人关节轴被撞击移位，可能会造成零点信息的丢失和错误，进而导致零点失效，丢失运动基准。

将机器人关节轴运动至机械零点(把各关节轴上的同步标记对齐)，然后在示教器进行转数数据校准更新的操作即为转数计数器的更新。在机器人零点丢失后，更新转数计数器可以将当前关节轴所处位置对应的编码器转数数据(单圈转角数据保持不变)设置为机械零点的转数数据，从而对机器人的零点进行粗略的校准。

在遇到下列情况时，需要进行转数计数器更新操作：

① 当系统报警提示“10036 转数计数器更新”时。

② 当转数计数器发生故障，修复后。

③ 在转数计数器与测量板之间断开过之后。

④ 在断电状态下，机器人关节轴发生移动。

⑤ 在更换伺服电机转数计数器电池之后。

7.1.2 任务操作——工业机器人六轴回机械零点

视频
工业机器人六轴回机械零点

1. 任务引入

通常情况下，机器人六轴进行回机械零点操作时，各关节轴的调整顺序依次为轴 4—5—6—3—2—1，(从机器人安装方式考虑,通常情况下机器人与地面配合安装,造成 4～6 轴位置较高)，不同型号的机器人机械零点位置会有所不同，具体信息可以查阅机器人出厂说明书。

2. 任务要求

掌握工业机器人六轴回机械零点的操作。

3. 任务实操

序号	操作步骤	示意图
1	将机器人运动到安全合适的位姿，手动操纵下，选择对应的轴动作模式“轴 4－6”，如图所示	 手动 System3 (DESKTOP-8VBCOF8) 防护装置停止 已停止 (速度 100%) 手动操纵 点击属性并更改 机械单元: ROB_1... 绝对精度: Off 动作模式: 轴 4 -6... 坐标系: 大地坐标... 工具坐标: tool0... 工件坐标: wobj0... 有效载荷: load0... 操纵杆锁定: 无... 增量: 无... 位置 1: 0.00 ° 2: 0.00 ° 3: 0.00 ° 4: 0.00 ° 5: 30.00 ° 6: 0.00 ° 位置格式... 操纵杆方向 5 4 6 对准... 转到... 启动... ROB_1
2	首先将关节轴 4 转到其机械零点刻度位置，如图所示（中线尽量与槽口中点对齐）	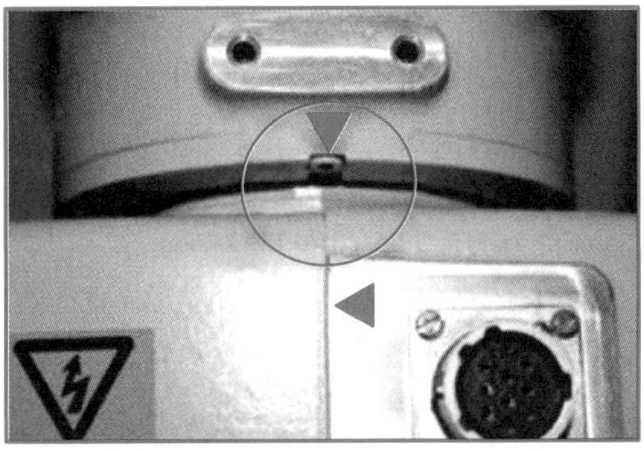
3	调整机器人，将关节轴 5 转到其机械零点刻度位置，如图所示（中线尽量与槽口中点对齐）	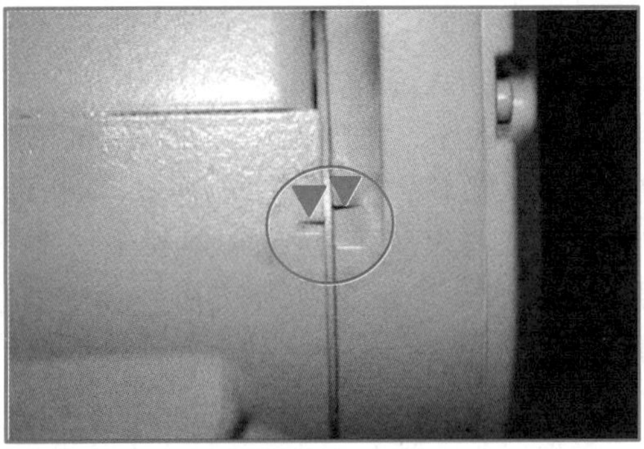

续表

序号	操作步骤	示意图
4	调整机器人，将关节轴 6 转到其机械零点刻度位置，如图所示（刻度线为亮黑色，需仔细查找）	
5	手动操纵下，选择对应的轴动作模式“轴 1-3”，如图所示	
6	调整机器人，将关节轴 3 转到其机械零点刻度位置，如图所示（尽量使得中点对齐）	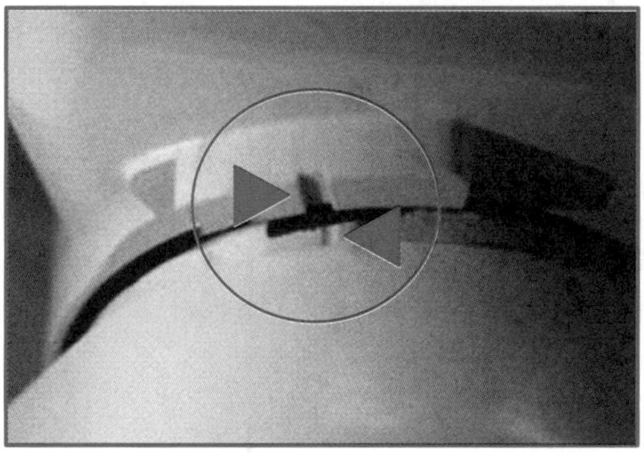

续表

序号	操作步骤	示意图
7	调整机器人，将关节轴 2 转到其机械零点刻度位置，如图所示（尽量使得中点对齐）	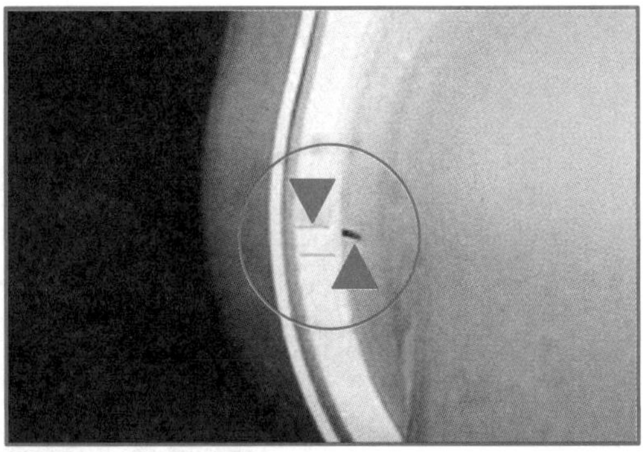
8	调整机器人，将关节轴 1 转到其机械零点刻度位置，如图所示（尽量使得中点对齐）	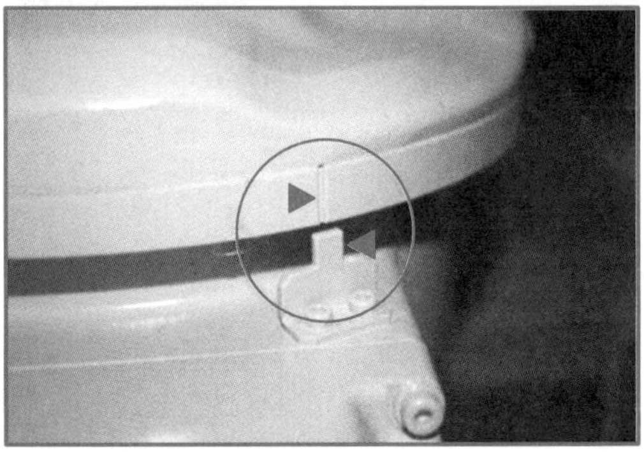

视频

更新转数计数器

7.1.3 任务操作——更新转数计数器

1. 任务要求

掌握工业机器人转数计数器的更新。

2. 任务实操

序号	操作步骤	示意图
1	参照 7.1.2 的步骤将机器人各关节轴调整至机械零点后，点击“主菜单”按钮，如图所示	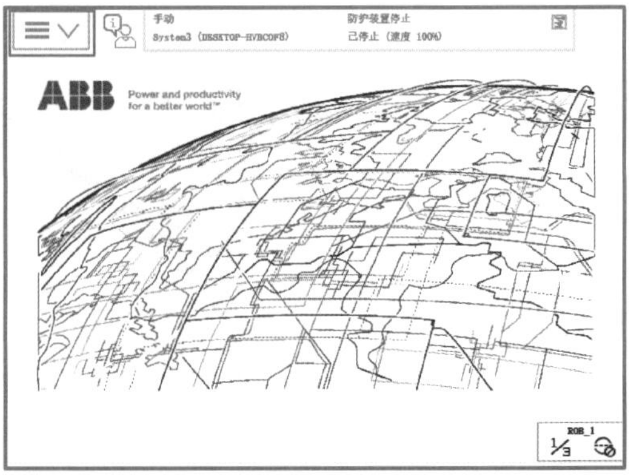

续表

序号	操作步骤	示意图
2	在主菜单界面选择“校准”选项并点击，如图所示	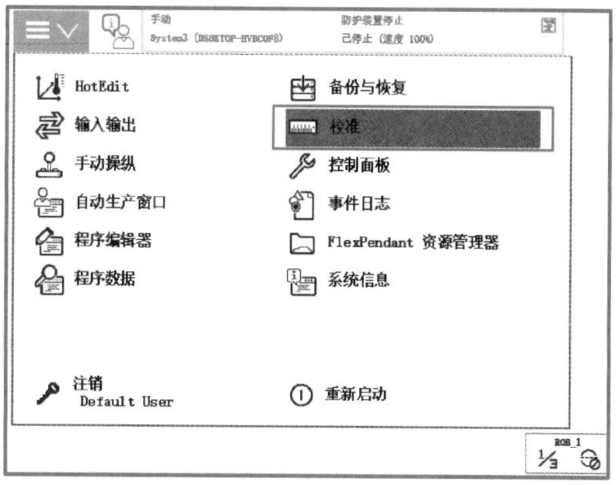
3	选择需要校准的机械单元，点击“ROB_1”选项，如图所示	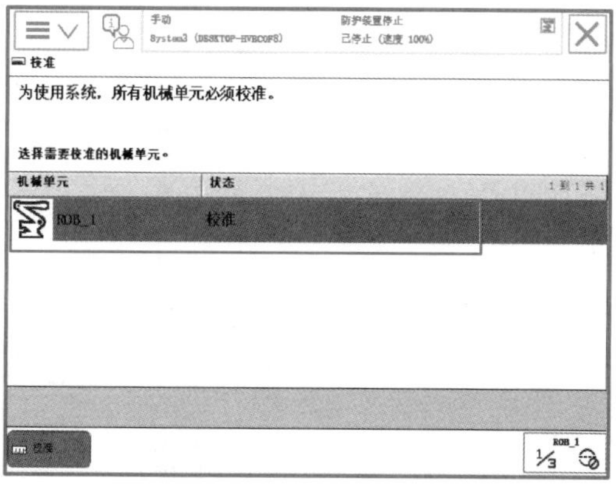
4	按照图示，选择“校准参数”选项卡	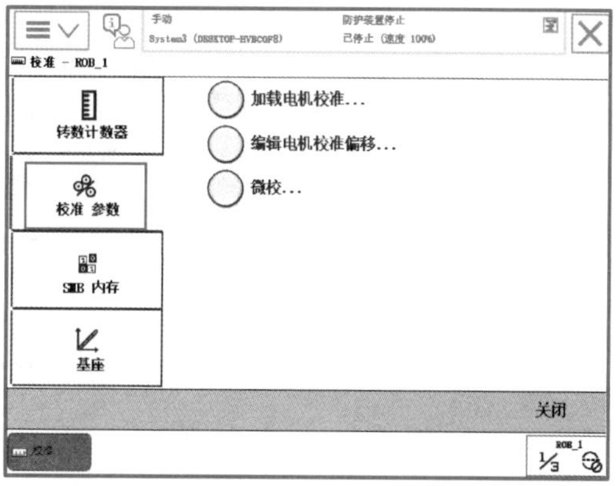

续表

序号	操作步骤	示意图
5	选择“编辑电机校准偏移...”选项，如图所示	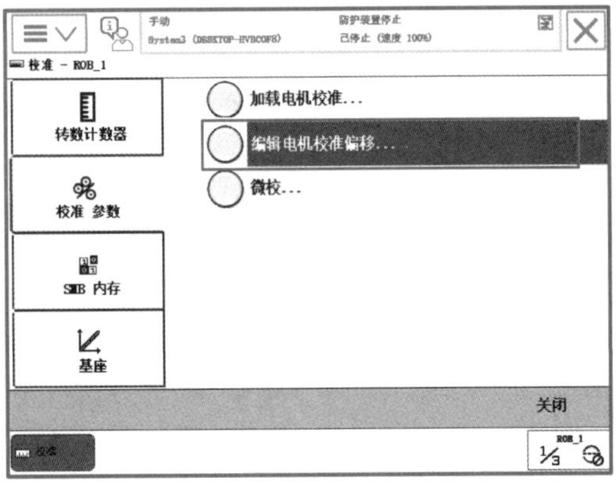
6	在弹出的对话框中点击“是”按钮，如图所示	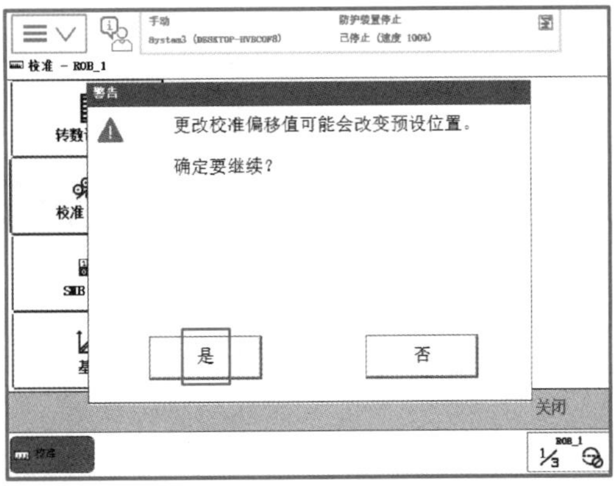
7	在弹出的编辑电机校准偏移界面，对六个轴的偏移参数进行修改，如图所示	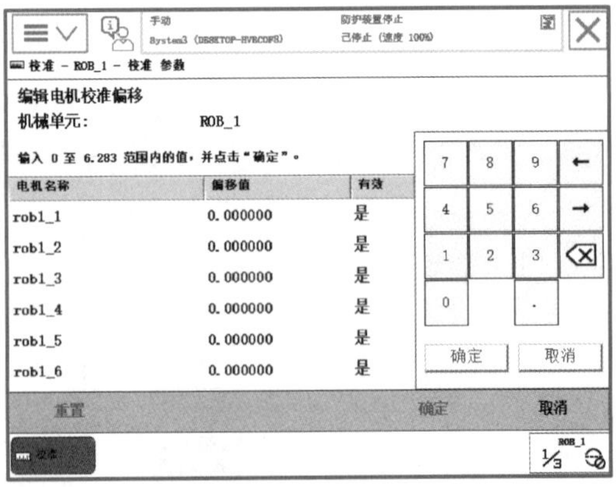

续表

序号	操作步骤	示意图
8	参照机器人本体上电机校准偏移值数据（如图所示），对校准偏移值进行修改	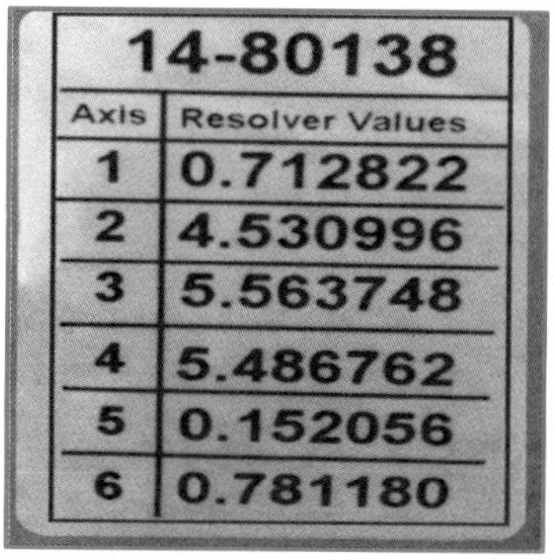 14-80138 Axis / Resolver Values 1 0.712822 2 4.530996 3 5.563748 4 5.486762 5 0.152056 6 0.781180
9	按照图示在电机校准偏移界面，点击对应轴的偏移值，输入机器人本体上的电动机校准偏移值数据，然后点击“确定”按钮	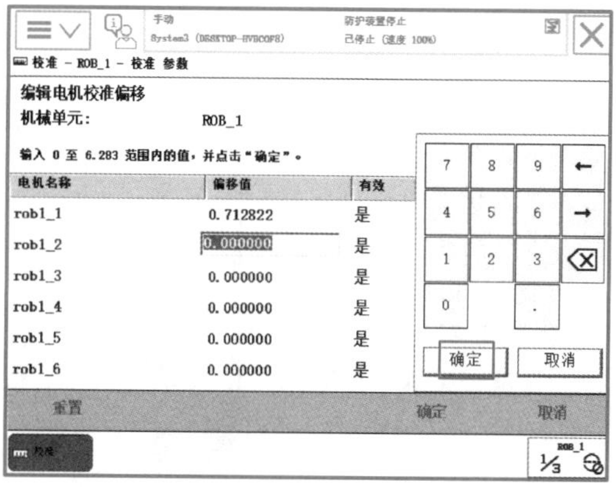 编辑电机校准偏移 机械单元: ROB_1 输入 0 至 6.283 范围内的值，并点击“确定”。 电机名称 偏移值 有效 rob1_1 0.712822 是 rob1_2 0.000000 是 rob1_3 0.000000 是 rob1_4 0.000000 是 rob1_5 0.000000 是 rob1_6 0.000000 是 重置 确定 取消
10	输入所有机器人本体上的电动机校准偏移值数据后，点击“确定”按钮，将重新启动示教器（如果示教器中显示的电机校准偏移值与机器人本体上的标签数值一致，则不需要进行修改，直接点击“取消”按钮，跳到步骤 12），如图所示	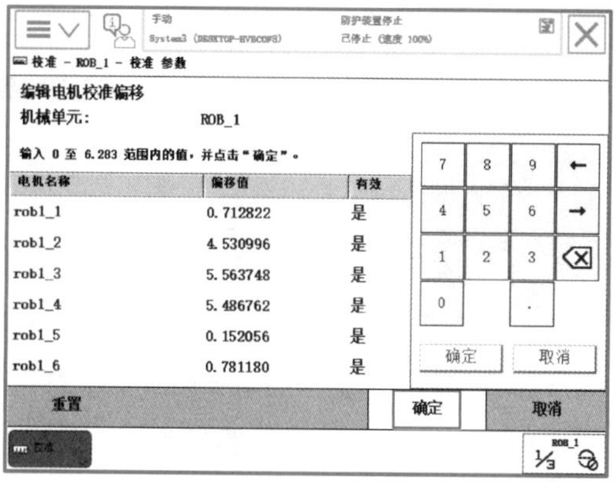 编辑电机校准偏移 机械单元: ROB_1 输入 0 至 6.283 范围内的值，并点击“确定”。 电机名称 偏移值 有效 rob1_1 0.712822 是 rob1_2 4.530996 是 rob1_3 5.563748 是 rob1_4 5.486762 是 rob1_5 0.152056 是 rob1_6 0.781180 是 重置 确定 取消

续表

序号	操作步骤	示意图
11	在弹出的对话框中点击“是”按钮，完成控制器重启，如图所示	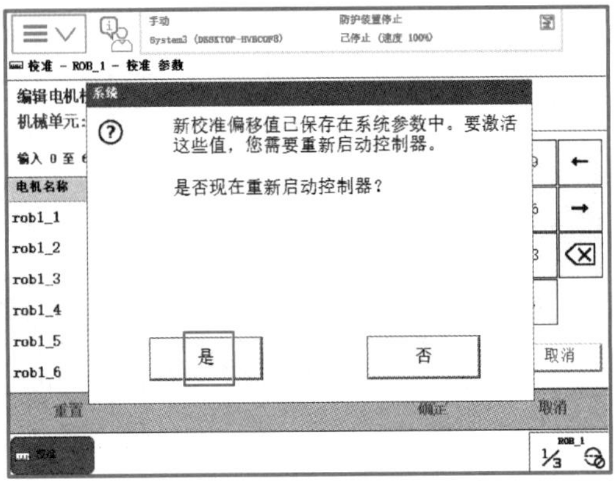 手动 System3 (DESKTOP-HVBCOF8) 防护装置停止 已停止（速度 100%） 校准 - ROB_1 - 校准 参数 编辑电机 机械单元: 输入 0 至 电机名称 rob1_1 rob1_2 rob1_3 rob1_4 rob1_5 rob1_6 系统 新校准偏移值已保存在系统参数中。要激活这些值，您需要重新启动控制器。 是否现在重新启动控制器？ 是 否 取消 重置 确定 取消 ROB_1 1/3
12	重启机器人控制器后，参照步骤1～3，进入校准机械单元界面；选择“转数计数器”选项卡，点击“更新转数计数器”选项，如图所示	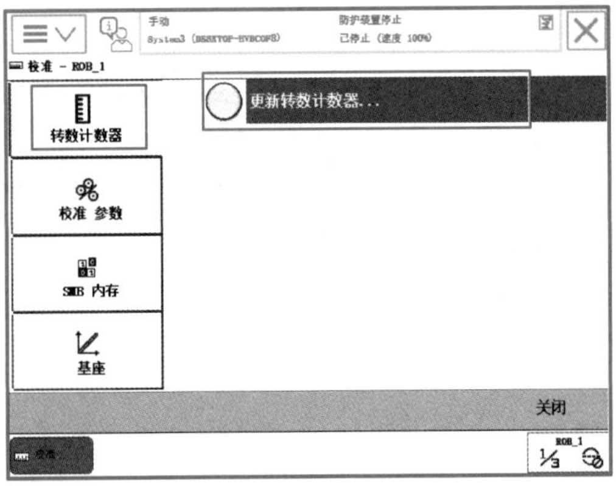 手动 System3 (DESKTOP-HVBCOF8) 防护装置停止 已停止（速度 100%） 校准 - ROB_1 转数计数器 更新转数计数器... 校准 参数 SMB 内存 基座 关闭 ROB_1 1/3
13	在弹出的对话框中点击“是”按钮，如图所示	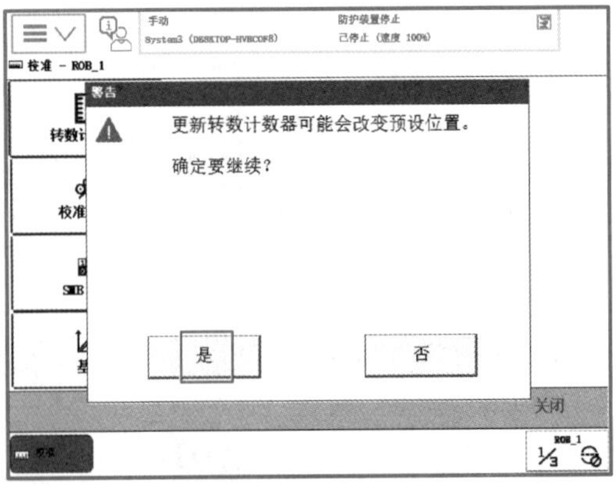 手动 System3 (DESKTOP-HVBCOF8) 防护装置停止 已停止（速度 100%） 校准 - ROB_1 警告 更新转数计数器可能会改变预设位置。 确定要继续？ 是 否 关闭 ROB_1 1/3

续表

序号	操作步骤	示意图
14	校准完成后点击图示右下角的“确定”按钮	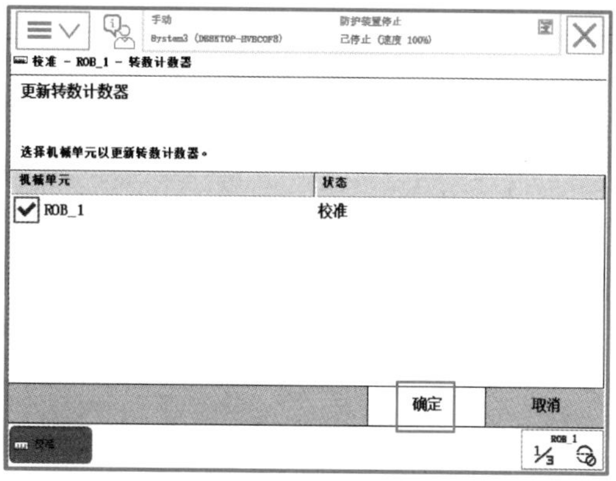 手动 System3 (DESKTOP-HVBCOF8) 防护装置停止 已停止 (速度 100%) 校准 - ROB_1 - 转数计数器 更新转数计数器 选择机械单元以更新转数计数器。 机械单元 状态 ROB_1 校准 确定 取消 ROB_1 1/3
15	在弹出的要更新的轴界面，点击“全选”按钮后再点击右下角的“更新”按钮，如图所示	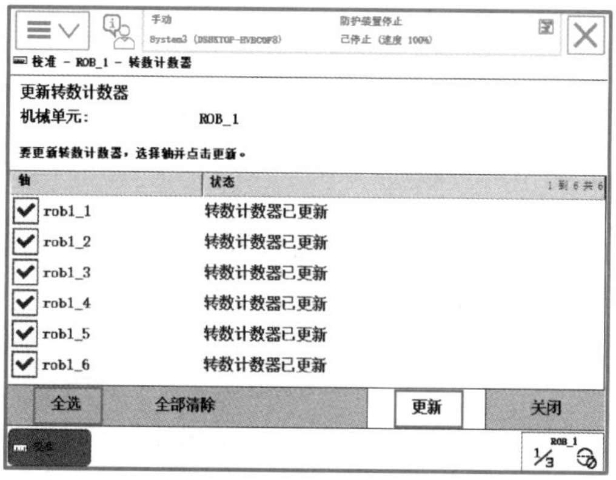 手动 System3 (DESKTOP-HVBCOF8) 防护装置停止 已停止 (速度 100%) 校准 - ROB_1 - 转数计数器 更新转数计数器 机械单元: ROB_1 要更新转数计数器，选择轴并点击更新。 轴 状态 1 到 6 共 6 rob1_1 转数计数器已更新 rob1_2 转数计数器已更新 rob1_3 转数计数器已更新 rob1_4 转数计数器已更新 rob1_5 转数计数器已更新 rob1_6 转数计数器已更新 全选 全部清除 更新 关闭 ROB_1 1/3
16	在弹出的对话框中点击“更新”按钮，如图所示	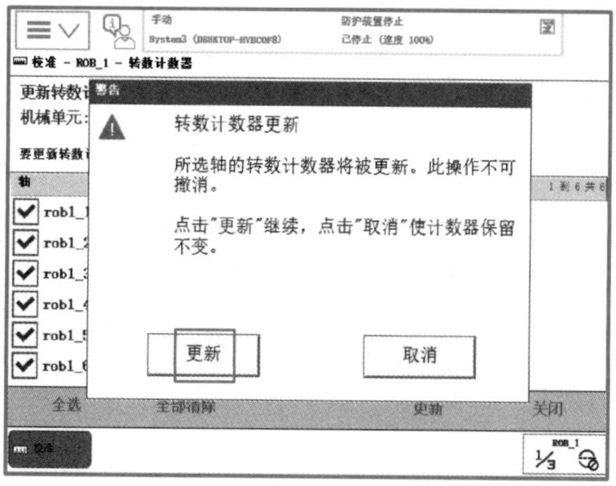 手动 System3 (DESKTOP-HVBCOF8) 防护装置停止 已停止 (速度 100%) 校准 - ROB_1 - 转数计数器 警告 转数计数器更新 所选轴的转数计数器将被更新。此操作不可撤消。 点击"更新"继续，点击"取消"使计数器保留不变。 更新 取消 全选 全部清除 更新 关闭 ROB_1 1/3

续表

序号	操作步骤	示意图
17	等待机器人系统完成更新工作	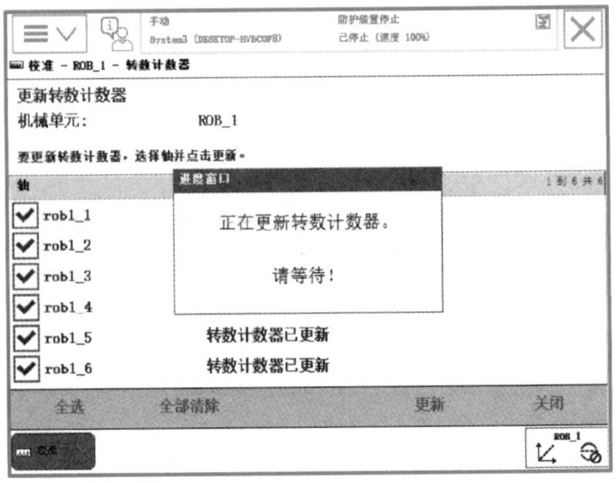 手动 System3 (DESKTOP-HVBCOF8) 防护装置停止 已停止 (速度 100%) 校准 - ROB_1 - 转数计数器 更新转数计数器 机械单元: ROB_1 要更新转数计数器，选择轴并点击更新。 轴 1 到 6 共 6 进度窗口 正在更新转数计数器。 请等待！ rob1_1 rob1_2 rob1_3 rob1_4 rob1_5 转数计数器已更新 rob1_6 转数计数器已更新 全选 全部清除 更新 关闭 ROB_1
18	当界面上显示如图所示“转数计数器更新已成功完成”时，点击“确定”按钮，完成转数计数器的更新	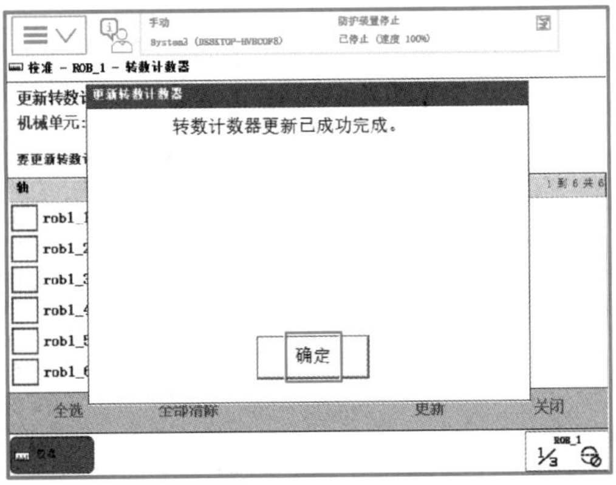 手动 System3 (DESKTOP-HVBCOF8) 防护装置停止 已停止 (速度 100%) 校准 - ROB_1 - 转数计数器 更新转数计数器 机械单元: 要更新转数计 轴 1 到 6 共 6 更新转数计数器 转数计数器更新已成功完成。 rob1_1 rob1_2 rob1_3 rob1_4 rob1_5 rob1_6 确定 全选 全部清除 更新 关闭 ROB_1 1/3

思考题

一、判断题

1. 所有工业机器人的零点都一样，只需要知道一种类型的机器人零点，便可进行六轴回机械零点操作。 （ ）

2. 工业机器人转数计数器更新前，需要对机器人各轴进行回机械零点的操作。

（ ）

二、简答题

为什么需要更新转数计数器？

任务 7.2　更换工业机器人本体电池

7.2.1　工业机器人本体电池的作用和使用寿命

本书所述型号的机器人，其零点信息数据存储在本体串行测量板上，而串行测量板在机器人系统接通外部主电源时，由主电源进行供电；当系统与主电源断开连接后，则需要串行测量板电池（本体电池）为其供电。

如果串行测量板断电，就会导致零点信息丢失，机器人各关节轴无法按照正确的基准进行运动。为了保持机器人机械零点位置数据的存储，需持续保持串行测量板的供电。当串行测量板的电池电量不足时，示教器界面会出现提示，此时需要更换新电池。否则电池电量耗尽，每次主电源断电后再次上电，都需要进行转数计数器更新的操作。

本书所述机器人品牌的串行测量板装置和电池有两种型号：一种具有 2 电极电池触点，另一种具有 3 电极电池触点。对于具有 2 电极触点的串行测量板，如果机器人电源每周关闭 2d，则新电池的使用寿命通常为 36 个月；而如果机器人电源每天关闭 16h，则其使用寿命为 18 个月。3 电极触点的型号具有更长的电池使用寿命。生产中断时间较长的情况下，可通过电池关闭服务例行程序延长使用寿命。

7.2.2　任务操作——工业机器人本体电池的更换

1. 任务要求

掌握如何更换机器人本体电池。

⚠ 提示：更换电池前应关闭机器人所有电力、液压和气压供给！该装置易受静电影响，请做好静电排除措施！

2. 任务实操

序号	操作步骤	示意图
1	参照 7.1.2 的步骤将机器人各关节轴调整至机械零点后，关闭机器人系统，断开主电源（拔掉外部电源）	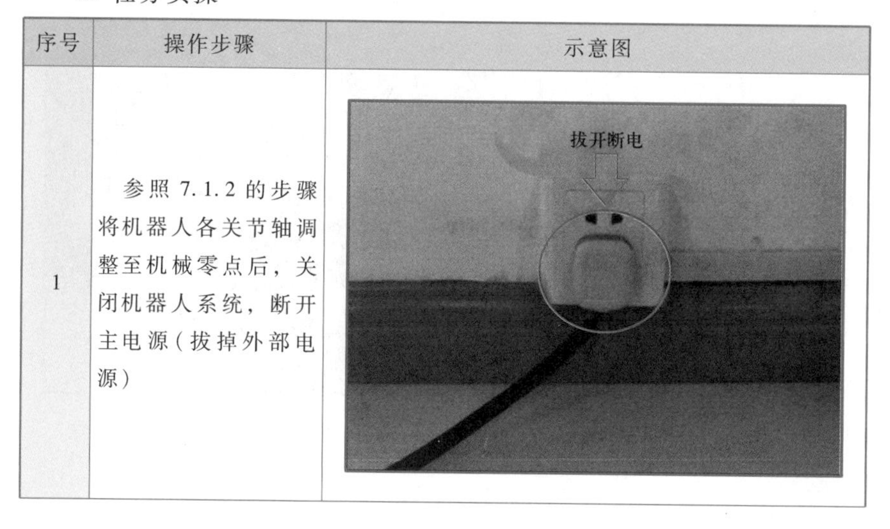

续表

序号	操作步骤	示意图
2	断开主电源后，用内六角扳手拧下连接螺钉，打开接线盒外盖，如图所示	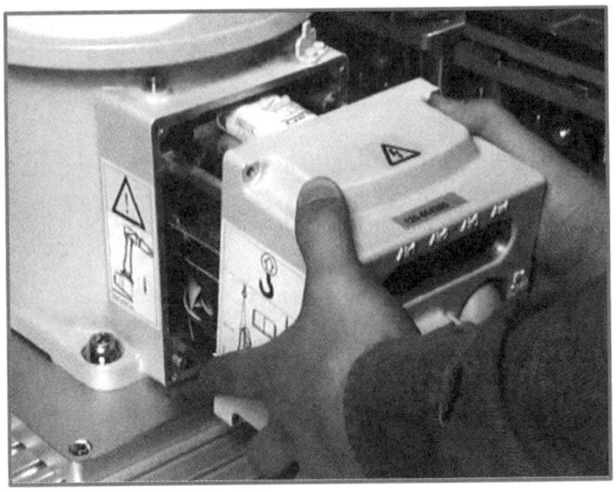
3	找到需要更换的电池组，松开紧固装置；本实操示例机器人电池组的固定解开操作为使用斜口钳解开电池组的扎带，如图所示	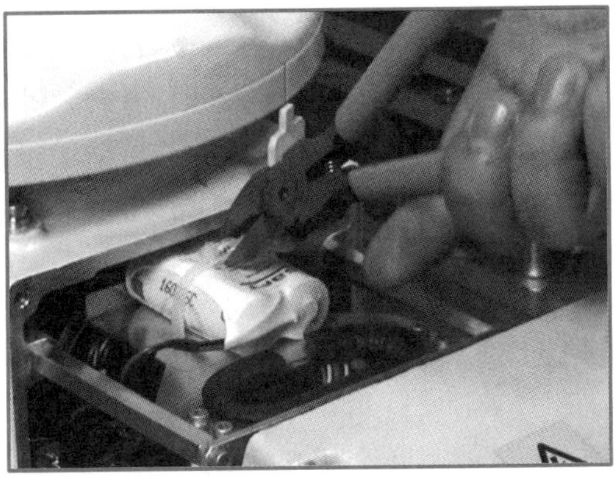
4	断开电池组与串行测量板装置的连接，此实操所述机器人操作方法为拔掉串行测量板上的接线柱，见图中圈内所示位置	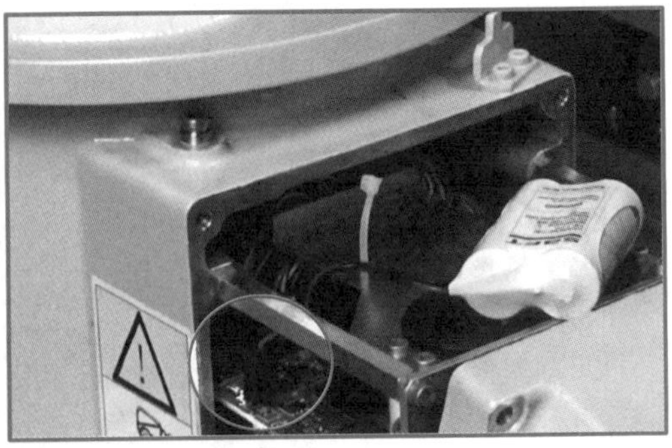

续表

序号	操作步骤	示意图
5	更换新电池，将新电池组与串行测量板装置连接；此实操中即将接线柱插回串行测量板上，如图所示	
6	将新换的电池组，重新固定回紧固装置中；此实操中即使用扎带再次将电池组固定，如图所示	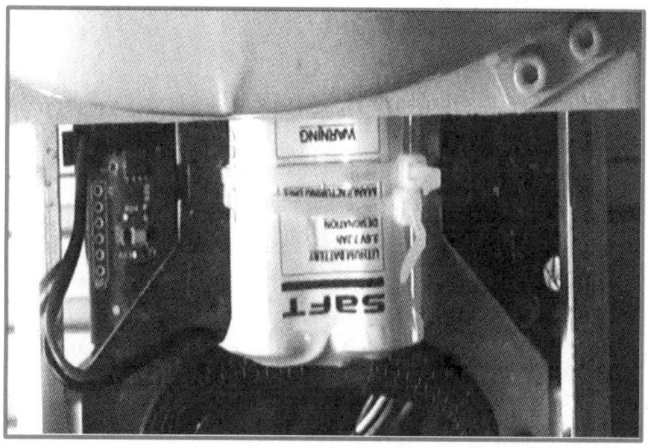
7	更换好的电池组固定完成后，将接线盒外盖安装回原位，即使用内六角扳手将接线盒外盖安装回原处，完成机器人本体电池的更换，如图所示。	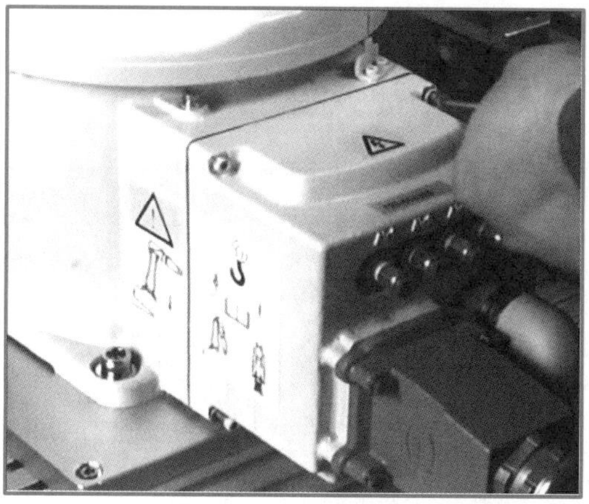

⚠ 提示：不同型号的机器人，更换电池的操作会有细微不同，具体操作流程可以查阅型号相关产品手册说明书。更换电池后，需要对机器人进行转数计数器更新！

思考题

一、填空题

1. 机器人本体电池对(　　)进行供电，保持机器人(　　)。

2. 如果机器人电源每周关闭 2d，则新电池的使用寿命通常为(　　)，而如果机器人电源每天关闭 16h，则其使用寿命为(　　)。3 电极触点的型号具有(　　)电池使用寿命。

二、简答题

什么时候需要更换电池?

系统的备份与恢复

任务 7.3 工业机器人系统的备份与恢复

7.3.1 备份工业机器人系统的作用

在对机器人进行操作前备份机器人系统，可以有效地避免操作人员对机器人系统文件误删所引起的故障。除此之外，在机器人系统遇到无法重启或者重新安装新系统时，可以通过恢复机器人系统的备份文件解决。机器人系统备份文件中，是所有储存在运行内存中的 RAPID 程序和系统参数。

提示：系统备份文件具有唯一性，只能恢复到原来的进行备份操作的机器人中去，否则会引起故障。

7.3.2 任务操作——工业机器人系统的备份

1. 任务要求

掌握如何备份机器人系统。

2. 任务实操

<table>
<tr><th>序号</th><th>操作步骤</th><th>示意图</th></tr>
<tr><td>1</td><td>将 USB 存储设备与示教器连接上，按照图示进入主菜单，在示教器操作界面中选择“备份与恢复”选项并点击</td><td>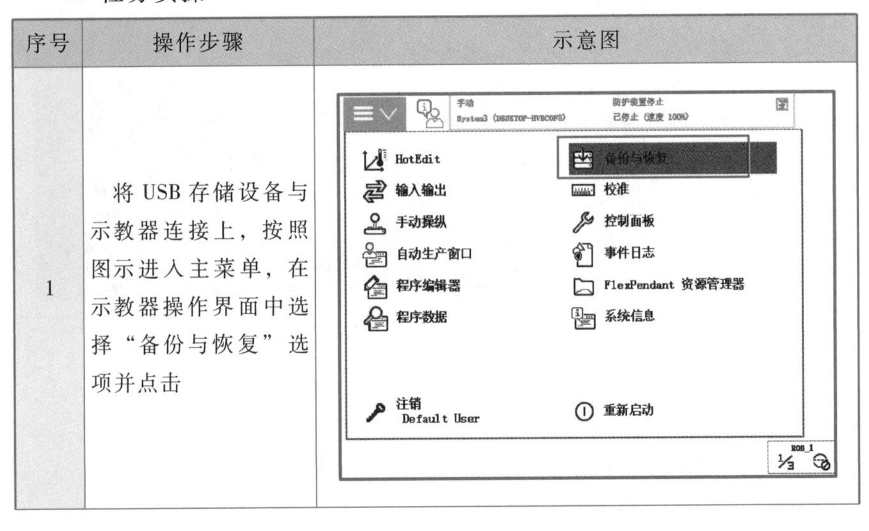
</td></tr>
</table>

续表

序号	操作步骤	示意图
2	按照图示点击“备份当前系统…”选项	
3	进入到备份界面中，如图所示，点击“ABC…”按钮可设置系统备份文件的名称，点击“…”按钮可以选择存放备份文件的位置（机器人硬盘或USB存储设备）	
4	按照图示点击“ABC…”按钮，设置备份文件名称，点击“确定”按钮完成文件名的设置	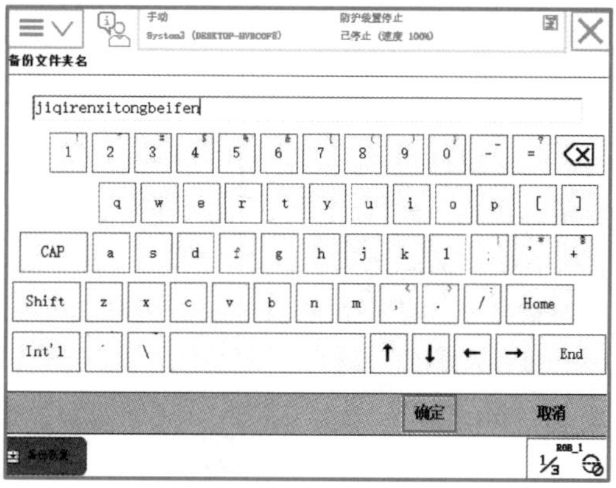

续表

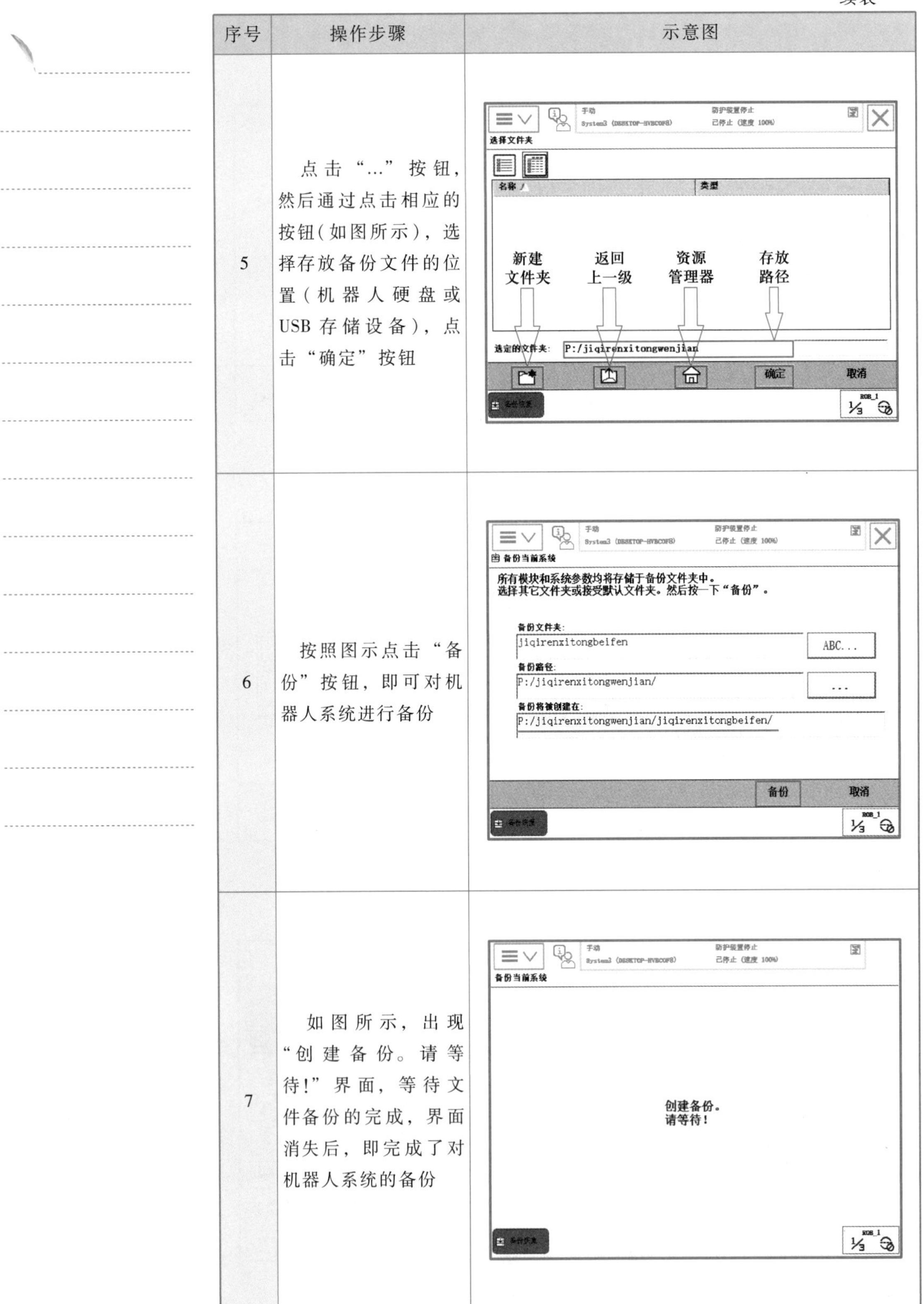

序号	操作步骤	示意图
5	点击“...”按钮，然后通过点击相应的按钮(如图所示)，选择存放备份文件的位置(机器人硬盘或USB存储设备)，点击“确定”按钮	
6	按照图示点击“备份”按钮，即可对机器人系统进行备份	
7	如图所示，出现“创建备份。请等待!”界面，等待文件备份的完成，界面消失后，即完成了对机器人系统的备份	

7.3.3 任务操作——工业机器人系统的恢复

视频

工业机器人系统的恢复

1. 任务要求

掌握如何恢复机器人系统。

2. 任务实操

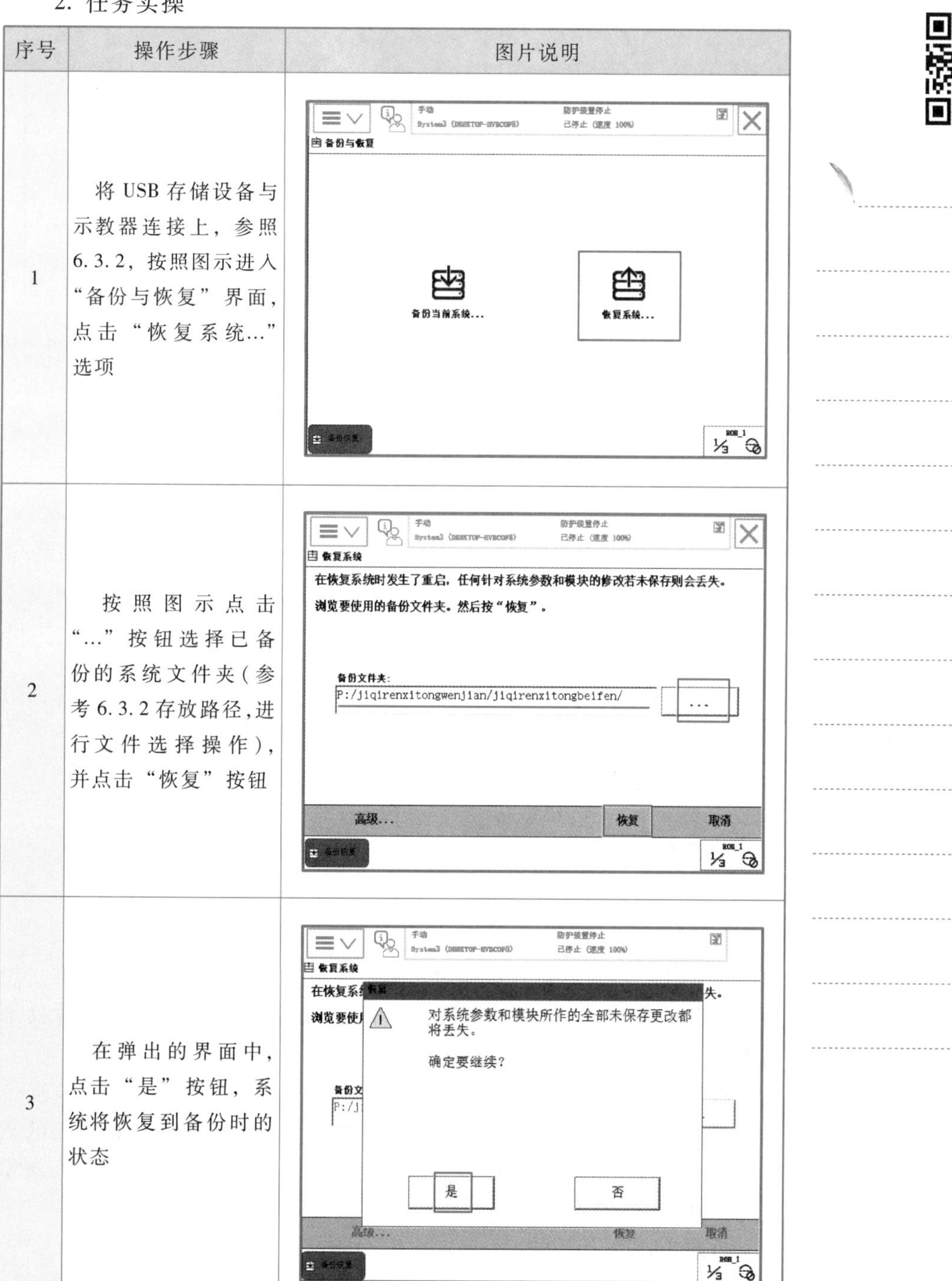

序号	操作步骤	图片说明
1	将 USB 存储设备与示教器连接上，参照 6.3.2，按照图示进入“备份与恢复”界面，点击“恢复系统...”选项	
2	按照图示点击“...”按钮选择已备份的系统文件夹（参考 6.3.2 存放路径，进行文件选择操作），并点击“恢复”按钮	
3	在弹出的界面中，点击“是”按钮，系统将恢复到备份时的状态	

续表

序号	操作步骤	图片说明
4	如图所示，出现“正在恢复系统。请等待！”界面，恢复系统会重新启动示教器，重启后完成机器人系统的恢复	 恢复系统 正在恢复系统。 请等待！

思考题

一、填空题

1. 在机器人系统遇到(　　)时，可以通过恢复机器人系统的(　　)解决。

2. 对机器人系统进行备份的对象，是所有储存在运行内存中的(　　)和(　　)。

二、简答题

机器人系统的备份有什么意义？

任务 7.4　工业机器人的微校

7.4.1　微校的目的及需要微校的条件

转数计数器的更新，只能对机器人的各关节轴进行粗略的校准。想要对机器人的各关节轴进行更为精确的校准，我们可以通过微校来实现。

微校是通过释放机器人电机抱闸，手动将机器人轴旋转到校准位置，重新定义零点位置实现校准的方法。微校时，可以仅对机器人的某一轴进行校准。在微校过程中，还需要用到示教器上的生成机器人新零位的校准程序。

机器人在发生以下任一情况时，必须进行校准：

① 编码器值发生更改，当更换机器人上影响校准位置的部件时，如电机或传输部件，编码器值会更改。

② 编码器内存记忆丢失(原因:电池放电、出现转数计数器错误、转数计数器和测量电路板间信号中断、控制系统断开时移动机器人轴)。

③ 重新组装机器人，例如在碰撞后或更改机器人的工作范围时，需要重新校准新的编码器值。

工业机器人的微校方法为：将需要进行微校的轴的校准针脚上的阻尼器卸下来，然后按住“松开抱闸”按钮，手动将机器人各关节轴按特定方向(表 7-1)转动，直至其上的校准针脚(图 7-1～图 7-3)相互接触(校准位置对准)后，释放松开抱闸按钮，此时完成了机械位置的校正。然后在示教器上选择微校，进行对应关节轴的微校操作。一般地，机器人的五轴和六轴是需要通过校准工具，一起进行微校的。其他几个关节轴，无须使用工具便可以单独进行轴的微校。在 7.4.2 中，我们将以工业机器人五轴和六轴的微校为例，具体介绍微校的操作方法和步骤。

表 7-1 关节轴微校旋转方向

关节轴	旋转方向及角度
轴 1	-170.2°
轴 2	-115.1°
轴 3	75.8°
轴 4	-174.7°
轴 5	-90°
轴 6	90°

⚠ 提示：不同型号的工业机器人的校准针脚位置，会有所不同；不同厂家的工业机器人校准方法也会有所差异，具体的可以查阅所需校准的工业机器人的产品手册。

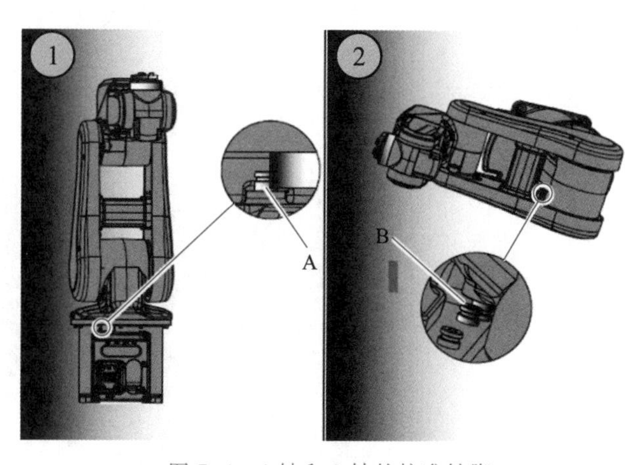

图 7-1 1 轴和 2 轴的校准针脚

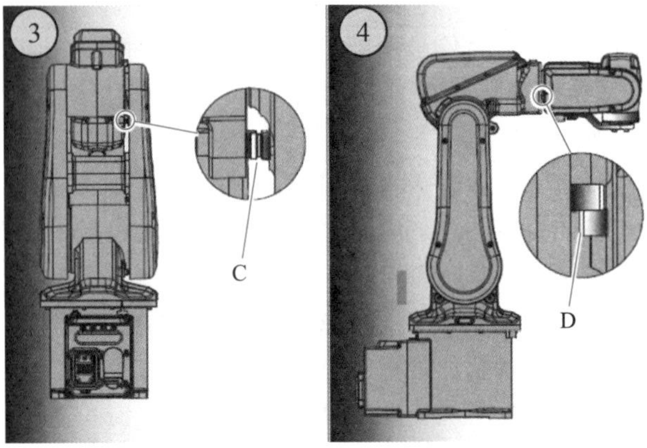

图 7-2　3 轴和 4 轴的校准针脚

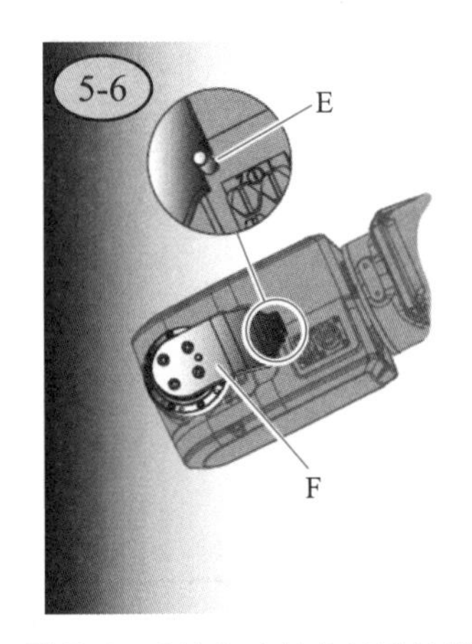

图 7-3　5 轴和 6 轴的校准针脚

7.4.2　任务操作——工业机器人五轴和六轴的微校

1. 任务要求

使用校准工具，完成工业机器人五轴和六轴的微校。

2. 任务实操

序号	操作步骤	示意图
1	此次五轴和六轴微校所需要用到的工具，如图所示	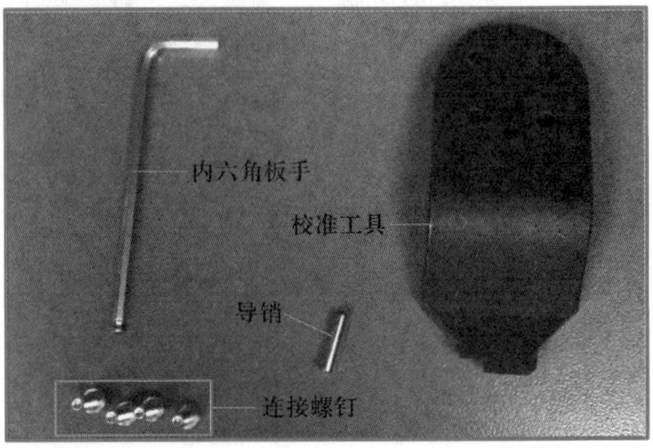 内六角扳手 校准工具 导销 连接螺钉

续表

序号	操作步骤	示意图
2	使用内六角扳手，将校准工具通过导销和连接螺钉，安装到机器人轴 6 上，如图所示	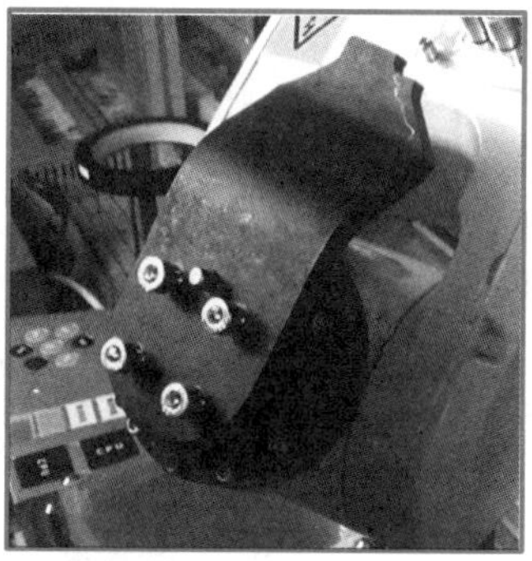
3	按照图示方法，一人托住机器人	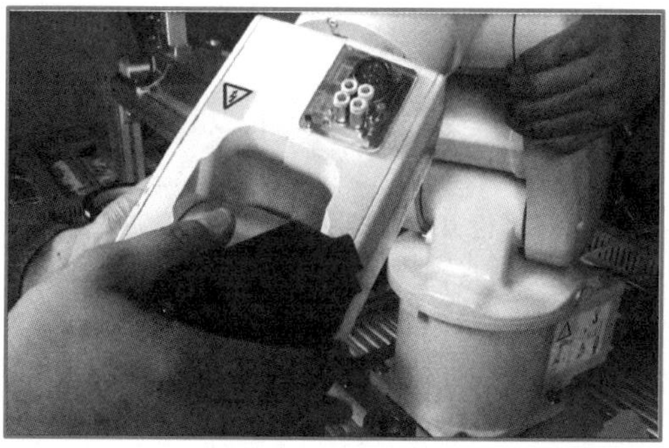
4	另一人按住“松开抱闸”按钮	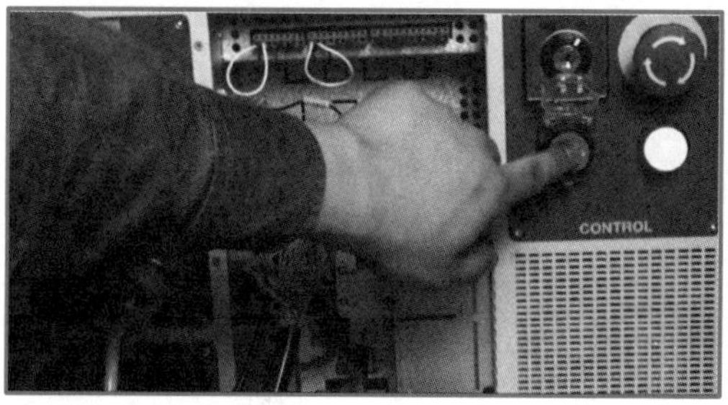

续表

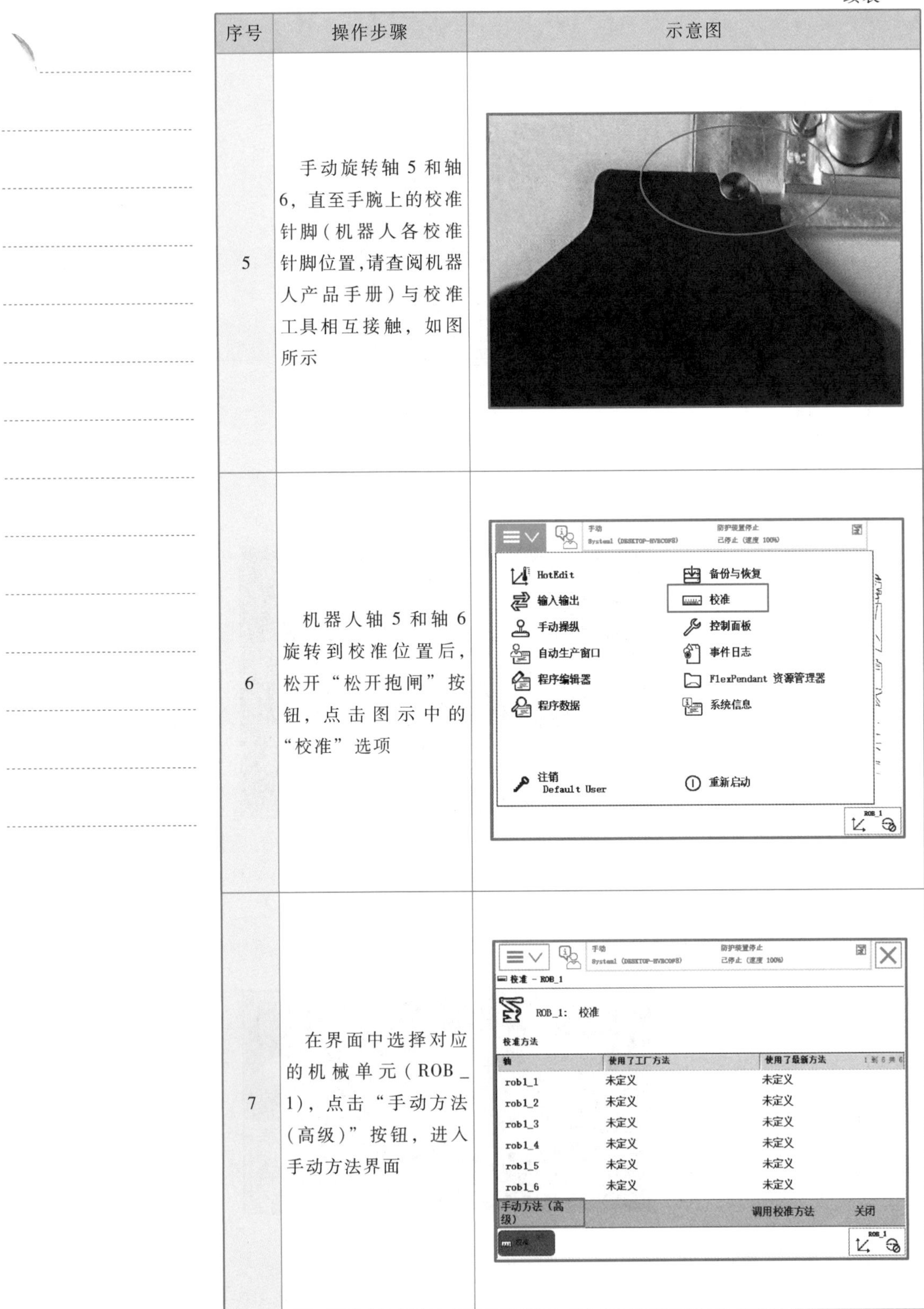

序号	操作步骤	示意图
5	手动旋转轴 5 和轴 6，直至手腕上的校准针脚（机器人各校准针脚位置，请查阅机器人产品手册）与校准工具相互接触，如图所示	
6	机器人轴 5 和轴 6 旋转到校准位置后，松开“松开抱闸”按钮，点击图示中的“校准”选项	
7	在界面中选择对应的机械单元（ROB_1），点击“手动方法（高级）”按钮，进入手动方法界面	

续表

序号	操作步骤	示意图
8	在界面中，选择“校准参数”选项卡，然后点击“微校...”选项	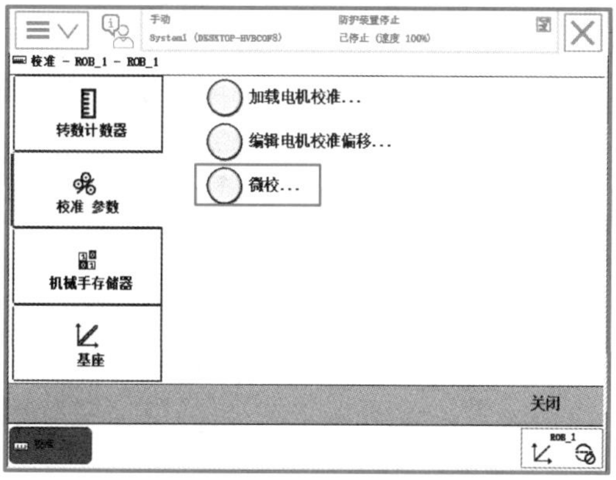 手动 System1 (DESKTOP-HVBCOF8)　防护装置停止 已停止（速度 100%） 校准 - ROB_1 - ROB_1 转数计数器 校准 参数 机械手存储器 基座 加载电机校准... 编辑电机校准偏移... 微校... 关闭 校准 ROB_1
9	在弹出的图示界面中，点击“是”按钮	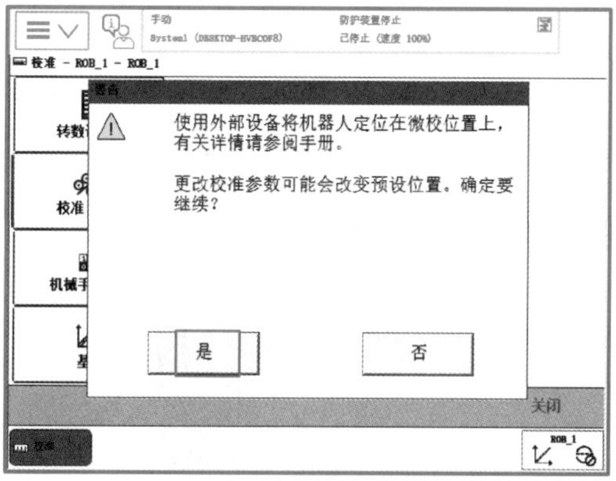 手动 System1 (DESKTOP-HVBCOF8)　防护装置停止 已停止（速度 100%） 校准 - ROB_1 - ROB_1 警告 使用外部设备将机器人定位在微校位置上，有关详情请参阅手册。 更改校准参数可能会改变预设位置。确定要继续？ 是　否 关闭 校准 ROB_1
10	按照图示，勾选上需要进行微校的轴 5 和轴 6，并点击“校准”按钮	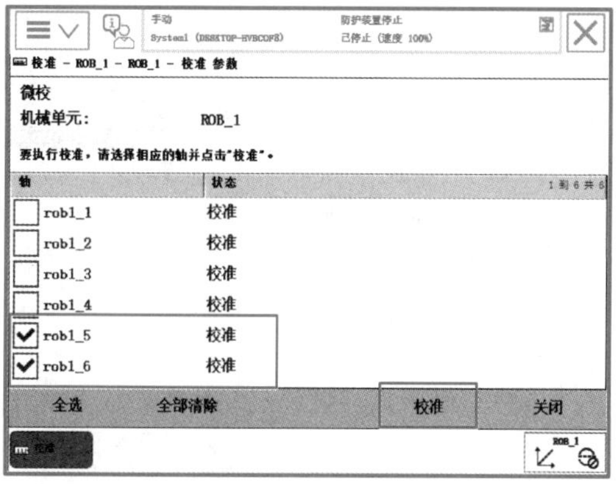 手动 System1 (DESKTOP-HVBCOF8)　防护装置停止 已停止（速度 100%） 校准 - ROB_1 - ROB_1 - 校准 参数 微校 机械单元:　ROB_1 要执行校准，请选择相应的轴并点击"校准"。 轴　状态　1 到 6 共 6 rob1_1　校准 rob1_2　校准 rob1_3　校准 rob1_4　校准 rob1_5　校准 rob1_6　校准 全选　全部清除　校准　关闭 校准 ROB_1

续表

序号	操作步骤	示意图
11	弹出图示界面，点击“校准”按钮	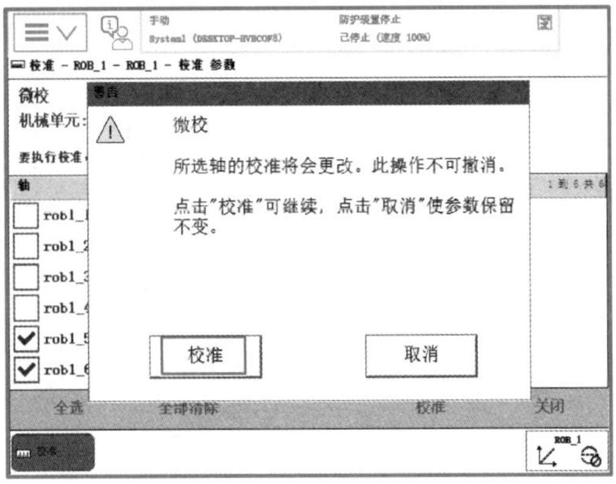
12	点击图示界面中的“确定”按钮	
13	手动模式下运行如下程序：MoveAbsJ jpos20 \ \ NoEOffs, v1000, fine, tool0；轴5和轴6上的同步标记现在应匹配（其中jpos20的位置值为[0，0，0，0，0，0]，[9E9，9E9，9E9，9E9，9E9，9E9]）	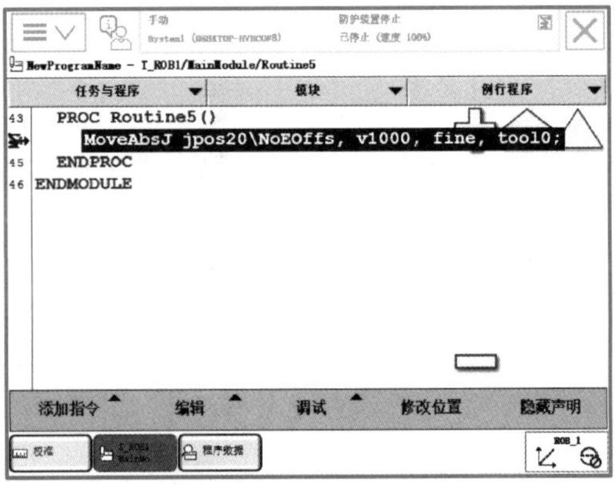

续表

序号	操作步骤	示意图
14	然后在手动方法界面，选择如图所示的“更新转数计数器...”选项	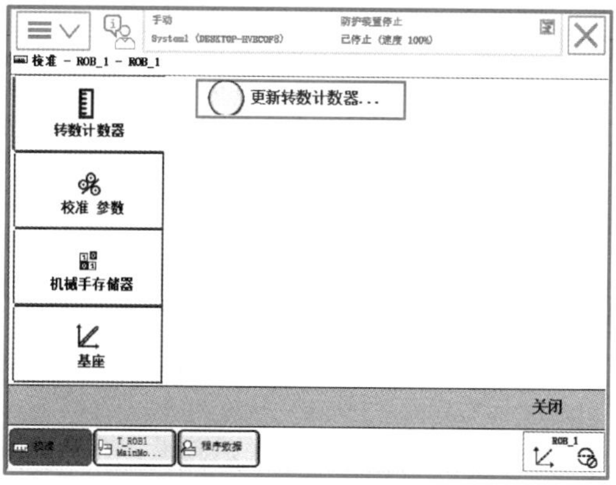
15	点击图示弹出界面中的“是”按钮	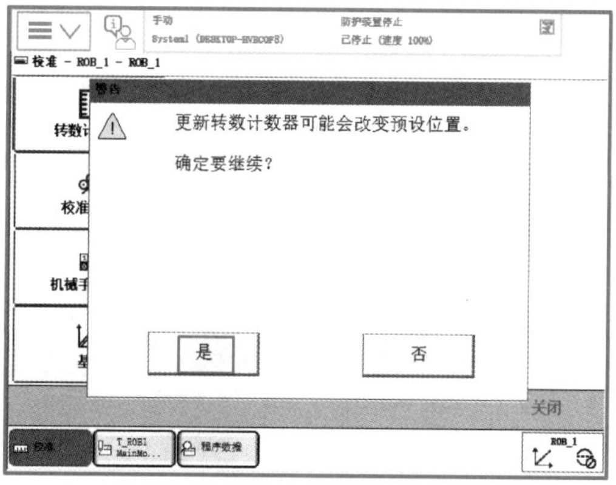
16	点击“确定”按钮，确定机械单元为“ROB_ 1”	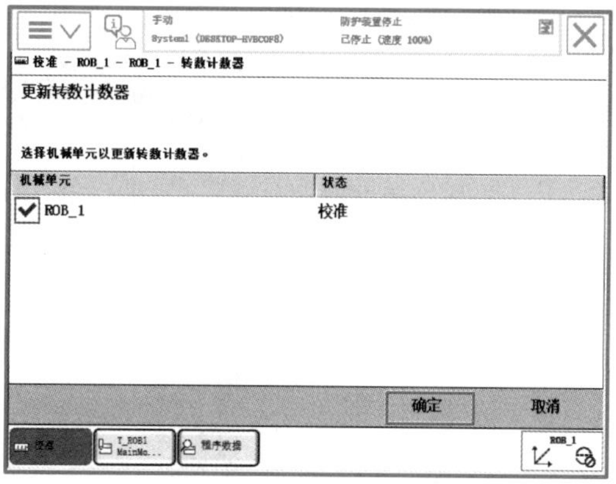

续表

序号	操作步骤	示意图
17	勾选上刚进行了微校的轴 5 和轴 6，并点击“更新”按钮	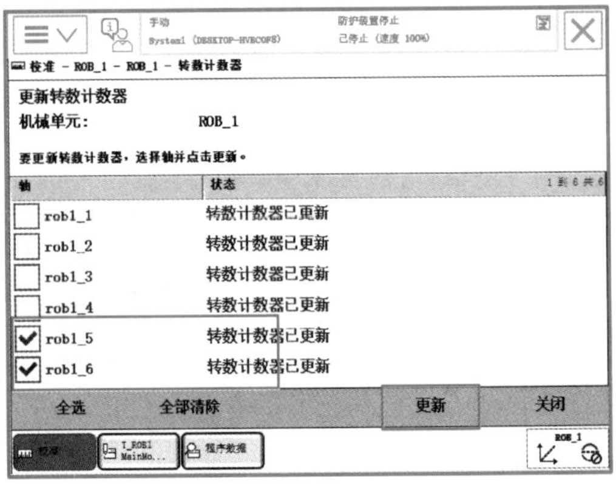
18	在弹出的界面中，点击“更新”按钮	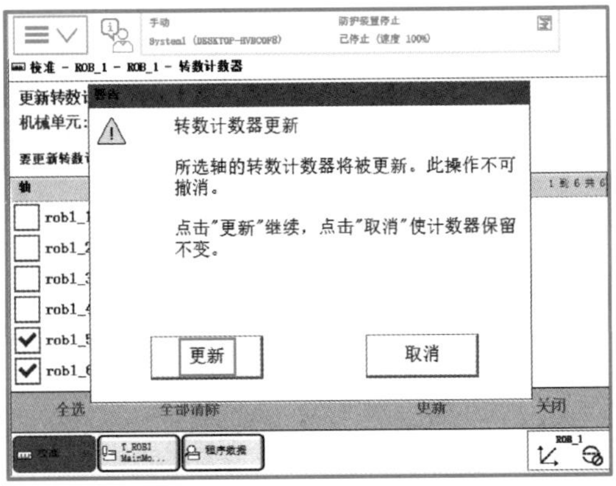
19	点击“确定”按钮，完成更新转数计数器的操作	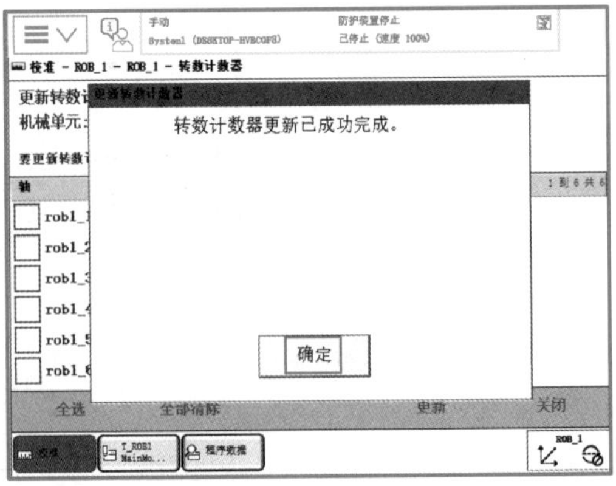

续表

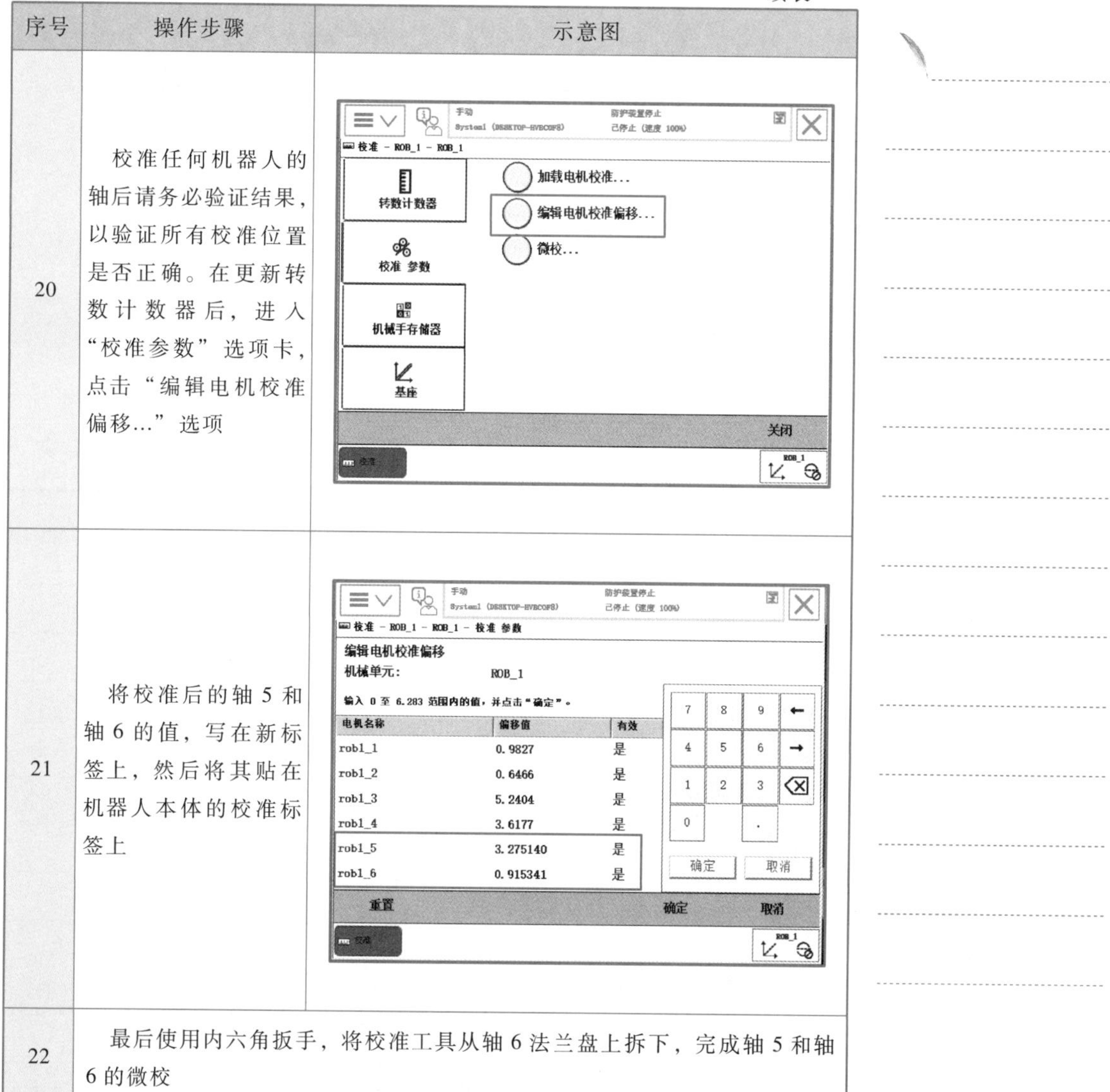

序号	操作步骤	示意图
20	校准任何机器人的轴后请务必验证结果，以验证所有校准位置是否正确。在更新转数计数器后，进入“校准参数”选项卡，点击“编辑电机校准偏移...”选项	
21	将校准后的轴 5 和轴 6 的值，写在新标签上，然后将其贴在机器人本体的校准标签上	
22	最后使用内六角扳手，将校准工具从轴 6 法兰盘上拆下，完成轴 5 和轴 6 的微校	

思考题

1. 什么是转数计数器更新？在什么状况下，需要更新转数计数器？
2. 工业机器人各关节轴的机械零点位于何处？更新转数计数器时，为什么需要进行六轴回机械零点的操作？
3. 更换机器人本体电池时，应该注意哪些事项？

附录Ⅰ　RAPID 常见指令与函数

1. 程序执行的控制

（1）程序的调用

指令	说明
ProcCall	调用例行程序
CallByVar	通过带变量的例行程序名称调用例行程序
RETURN	返回原例行程序

（2）例行程序内的逻辑控制

Compact IF	如果条件满足，就执行一条指令
IF	当满足不同的条件时，执行对应的程序
FOR	根据指定的次数，重复执行对应的程序
WHILE	如果条件满足，重复执行对应的程序
TEST	对一个变量进行判断，从而执行不同的程序
GOTO	跳转到例行程序内标签的位置
Label	跳转标签

（3）停止程序执行

Stop	停止程序执行
EXIT	停止程序执行并禁止在停止处再开始
Break	临时停止程序的执行，用于手动调试
ExitCycle	中止当前程序的运行并将程序指针 PP 复位到主程序的第一条指令，如果选择了程序连续运行模式，程序将从主程序的第一句重新执行

2. 变量指令

变量指令主要用于以下的方面：对数据进行赋值、等待、注释指令和程序模块控制指令。

（1）赋值指令

：=	对程序数据进行赋值

(2) 等待指令

WaitTime	等待一个指定的时间程序再往下执行
WaitUntil	等待一个条件满足后程序继续往下执行
WaitDI	等待一个输入信号状态为设定值
WaitDO	等待一个输出信号状态为设定值

(3) 程序注释

comment	对程序进行注释

(4) 程序模块加载

Load	从机器人硬盘加载一个程序模块到运行内存
UnLoad	从运行内存中卸载一个程序模块
Start Load	在程序执行的过程中，加载一个程序模块到运行内存中
Wait Load	当 Start Load 使用后，使用此指令将程序模块连接到任务中使用
CancelLoad	取消加载程序模块
CheckProgRef	检查程序引用
Save	保存程序模块
EraseModule	从运行内存删除程序模块

(5) 变量功能

TryInt	判断数据是否是有效的整数
OpMode	读取当前机器人的操作模式
RunMode	读取当前机器人程序的运行模式
NonMotionMode	读取程序任务当前是否无运动的执行模式
Dim	获取一个数组的维数
Present	读取带参数例行程序的可选参数值
IsPers	判断一个参数是不是可变量
IsVar	判断一个参数是不是变量

(6) 转换功能

StrToByte	将字符串转换为指定格式的字节数据
ByteTostr	将字节数据转换成字符串

3. 运动设定

(1) 速度设定

MaxRobspeed	获取当前型号机器人可实现的最大 TCP 速度
VelSet	设定最大的速度与倍率
SpeedRefresh	更新当前运动的速度倍率
Accset	定义机器人的加速度
WorldAccLim	设定大地坐标中工具与载荷的加速度
PathAccLim	设定运动路径中 TCP 的加速度

(2) 轴配置管理

ConfJ	关节运动的轴配置控制
ConfL	线性运动的轴配置控制

(3) 奇异点的管理

SingArea	设定机器人运动时，在奇异点的插补方式

(4) 位置偏置功能

PDispOn	激活位置偏置
PDispSet	激活指定数值的位置偏置
PDispOff	关闭位置偏置
EOffsOn	激活外轴偏置
EOffsSet	激活指定数值的外轴偏置
EOffsOff	关闭外轴位置偏置
DefDFrame	通过三个位置数据计算出位置的偏置
DefFrame	通过六个位置数据计算出位置的偏置
ORobT	从一个位置数据删除位置偏置
DefAccFrame	从原始位置和替换位置定义一个框架

(5) 软伺服功能

SoftAct	激活一个或多个轴的软伺服功能
SoftDeact	关闭软伺服功能

(6) 机器人参数调整功能

TuneServo	伺服调整
TuneReset	伺服调整复位
PathResol	几何路径精度调整
CirPathMode	在圆弧插补运动时，工具姿态的变换方式

（7）空间监控管理

WZBoxDef	定义一个方形的监控空间
WZCylDef	定义一个圆柱形的监控空间
WZSphDef	定义一个球形的监控空间
WZHomejointDef	定义一个关节轴坐标的监控空间
WZLimjointDef	定义一个限定为不可进入的关节轴坐标监控空间
WZLimsup	激活一个监控空间并限定为不可进入
WZDOSet	激活一个监控空间并与一个输出信号关联
WZEnable	激活一个临时的监控空间
WZFree	关闭一个临时的监控空间

注：这些功能需要选项“world zones”配合。

4. 运动控制

（1）机器人运动控制

MoveC	TCP 圆弧运动
MoveJ	关节运动
MoveL	TCP 线性运动
MoveAbsJ	轴绝对角度位置运动
MoveExtJ	外部直线轴和旋转轴运动
MoveCDO	TCP 圆弧运动的同时触发一个输出信号
MoveJDO	关节运动的同时触发一个输出信号
MoveLDO	TCP 线性运动的同时触发一个输出信号
MoveCSync	TCP 圆弧运动的同时执行一个例行程序
MoveJSync	关节运动的同时执行一个例行程序
MoveLSync	TCP 线性运动的同时执行一个例行程序

（2）搜索功能

SearchC	TCP 圆弧搜索运动
SCarchL	TCP 线性搜索运动
SearchExtJ	外轴搜索运动

(3) 指定位置触发信号与中断功能

TriggIO	定义触发条件在一个指定的位置触发输出信号
TriggInt	定义触发条件在一个指定的位置触发中断程序
TriggCheckIO	定义一个指定的位置进行 I/O 状态的检查
TrjggEquip	定义触发条件在一个指定的位置触发输出信号，并对信号响应的延迟进行补偿设定
TriggRampAO	定义触发条件在一个指定的位置触发模拟输出信号，并对信号响应的延迟进行补偿设定
TriggC	带触发事件的圆弧运动
TriggJ	带触发事件的关节运动
TriggL	带触发事件的线性运动
TriggLIOs	在一个指定的位置触发输出信号的线性运动
StepBwdPath	在 RESTART 的事件程序中进行路径的返回
TriggStopProc	在系统中创建一个监控处理，用于在 STOP 和 QSTOP 中需要信号复位和程序数据复位的操作
TriggSpeed	定义模拟输出信号与实际 TCP 速度之间的配合

(4) 出错或中断时的运动控制

StopMove	停止机器人运动
StartMove	重新启动机器人运动
StartMoveRetry	重新启动机器人运动及相关的参数设定
StopMoveReset	对停止运动状态复位，但不重新启动机器人运动
StorePath①	储存已生成的最近路径
RestoPath①	重新生成之前储存的路径
ClearPath	在当前的运动路径级别中，清空整个运动路径
PathLevel	获取当前路径级别
SyncMoveSuspend①	在 StorePath 的路径级别中暂停同步坐标的运动
SyncMoveResume①	在 StorePath 的路径级别中重返同步坐标的运动
IsStopMoveAct	获取当前停止运动标志符

注：①这些功能需要选项“Path recovery”配合。

(5) 外轴的控制

DeactUnit	关闭一个外轴单元
ActUnit	激活一个外轴单元
MechUnitLoad	定义外轴单元的有效载荷
GetNextMechUnit	检索外轴单元在机器人系统中的名字
IsMechUnitActive	检查外轴单元状态是激活/关闭

（6）独立轴控制

IndAMove	将一个轴设定为独立轴模式并进行绝对位置方式运动
IndCMove	将一个轴设定为独立轴模式并进行连续方式运动
IndDMove	将一个轴设定为独立轴模式并进行角度方式运动
IndRMove	将一个轴设定为独立轴模式并进行相对位置方式运动
IndReset	取消独立轴模式
Indlnpos	检查独立轴是否已到达指定位置
Indspeed	检查独立轴是否已到达指定的速度

注：这些功能需要选项“Independent movement”配合。

（7）路径修正功能

CorrCon	连接一个路径修正生成器
Corrwrite	将路径坐标系统中的修正值写到修正生成器
CorrDiscon	断开一个已连接的路径修正生成器
CorrClear	取消所有已连接的路径修正生成器
CorfRead	读取所有已连接的路径修正生成器的总修正值

注：这些功能需要选项“Path offset or RobotWare-Arc sensor”配合

（8）路径记录功能

PathRecStart	开始记录机器人的路径
PathRecstop	停止记录机器人的路径
PathRecMoveBwd	机器人根据记录的路径做后退运动
PathRecMoveFwd	机器人运动到执行 PathRecMoveFwd 这个指令的位置上
PathRecValidBwd	检查是否已激活路径记录和是否有可后退的路径
PathRecValidFwd	检查是否有可向前的记录路径

注：这些功能需要选项“Path recovery”配合。

(9) 输送链跟踪功能

WaitWObj	等待输送链上的工件坐标
DropWObj	放弃输送链上的工件坐标

注：这些功能需要选项“Conveyor tracking”配合。

(10) 传感器同步功能

WaitSensor	将一个在开始窗口的对象与传感器设备关联起来
SyncToSensor	开始/停止机器人与传感器设备的运动同步
DropSensor	断开当前对象的连接

注：这些功能要选项“Sensor synchronization”配合。

(11) 有效载荷与碰撞检测

MotlonSup	激活/关闭运动监控
LoadId	工具或有效载荷的识别
ManLoadId	外轴有效载荷的识别

注：这些功能需要选项“collision detection”配合

(12) 关于位置的功能

Offs	对机器人位置进行偏移
RelTool	对工具的位程和姿态进行偏移
CalcRobT	从 jointtarget 计算出 robtarget
Cpos	读取机器人当前的 X、Y、Z
CRobT	读取机器人当前的 robtarget
CJointT	读取机器人当前的关节轴角度
ReadMotor	读取轴电动机当前的角度
CTool	读取工具坐标当前的数据
CWObj	读取工件坐标当前的数据
MirPos	镜像一个位置
CalcJointT	从 robtarget 计算出 jointtarget
Distance	计算两个位置的距离
PFRestart	检查确认断电时路径是否中断
CSpeedOverride	读取当前使用的速度倍率

5. 输入/输出信号的处理

机器人可以在程序中对输入/输出信号进行读取与赋值，以实现程序控制的需要。

（1）对输入/输出信号的值进行设定

InvertDO	对一个数字输出信号的值置反
PulseDO	数字输出信号进行脉冲输出
Reset	将数字输出信号置为 0
Set	将数字输出信号置为 1
SetAO	设定模拟输出信号的值
SetDO	设定数字输出信号的值
SetGO	设定组输出信号的值

（2）读取输入/输出信号值

AOutput	读取模拟输出信号的当前值
DOutput	读取数字输出信号的当前值
Goutput	读取组输出信号的当前值
TestDI	检查一个数字输入信号已置 1
ValidIO	检查 I/O 信号是否有效
WaitDI	等待一个数字输入信号的指定状态
WaitDO	等待一个数字输出信号的指定状态
WaitGI	等待一个组输入信号的指定值
WaitGO	等待一个组输出信号的指定值
WaitAI	等待一个模拟输入信号的指定值
WaitAO	等待一个模拟输出信号的指定值

（3）I/O 模块的控制

IODisable	关闭一个 I/O 模块
IOEnable	开启一个 I/O 模块

6. 通信功能

（1）示教器上人机界面的功能

TPErase	清屏
TPWrite	在示教器操作界面写信息
ErrWrite	在示教器事件日记中写报警信息并储存
TPReadFK	互动的功能键操作
TPReadNum	互动的数字键盘操作
TPShow	通过 RAPID 程序打开指定的窗口

(2) 通过串口进行读写

Open	打开串口
Write	对串口进行写文本操作
Close	关闭串口
WriteBin	写一个二进制数的操作
WriteAnyBin	写任意二进制数的操作
WriteStrBin	写字符的操作
Rewind	设定文件开始的位置
ClearIOBuff	清空串口的输入缓冲
ReadAnyBin	从串口读取任意的二进制数
ReadNum	读取数字量
Readstr	读取字符串
ReadBin	从二进制串口读取数据
ReadStrBin	从二进制串口读取字符串

(3) Sockets 通信

SocketCreate	创建新的 socket
SocketConnect	连接远程计算机
Socketsend	发送数据到远程计算机
SocketReceive	从远程计算机接收数据
SocketClose	关闭 socket
SocketGetStatus	获取当前 socket 状态

7. 中断程序

(1) 中断设定

CONNECT	连接一个中断符号到中断程序
ISignalDI	使用一个数字输入信号触发中断
ISignalDO	使用一个数字输出信号触发中断
ISignalGI	使用一个组输入信号触发中断
ISignalGO	使用一个组输出信号触发中断
ISignalAI	使用一个模拟输入信号触发中断
ISignalAO	使用一个模拟输出信号触发中断
ITimer	计时中断
TriggInt	在一个指定的位置触发中断

续表

IPers	使用一个可变量触发中断
IError	当一个错误发生时触发中断
IDelete	取消中断

（2）中断的控制

ISleep	关闭一个中断
IWatch	激活一个中断
IDisable	关闭所有中断
IEnable	激活所有中断

8. 系统相关的指令

时间控制

ClkReset	计时器复位
ClkStrart	计时器开始计时
ClkStop	计时器停止计时
ClkRead	读取计时器数值
CDate	读取当前日期
CTime	读取当前时间
GetTime	读取当前时间为数字型数据

9. 数学运算

（1）简单运算

Clear	清空数值
Add	加或减操作
Incr	加1操作
Decr	减1操作

（2）算术功能

AbS	取绝对值
Round	四舍五入
Trunc	舍位操作
Sqrt	计算二次根
Exp	计算指数值 e^x

续表

Pow	计算指数值
ACos	计算圆弧余弦值
ASin	计算圆弧正弦值
ATan	计算圆弧正切值[-90,90]
ATan2	计算圆弧正切值[-180,180]
Cos	计算余弦值
Sin	计算正弦值
Tan	计算正切值
EulerZYX	从姿态计算欧拉角
OrientZYX	从欧拉角计算姿态

附录Ⅱ　RAPID 语言的保留字

ALIAS	AND	BACKWARD	CASE
CONNECT	CONST	DEFAULT	DIV
DO	ELSE	ELSEIF	ENDFOR
ENDFUNC	ENDIF	ENDMODULE	ENDPROC
ENDRECORD	ENDTEST	ENDTRAP	ENDWHILE
ERROR	EXIT	FALSE	FOR
FROM	FUNC	GOTO	IF
INOUT	LOCAL	MOD	MODULE
NOSTEPIN	NOT	NOVIEW	OR
PERS	PROC	RAISE	READONLY
RECORD	RETRY	RETURN	STEP
SYSMODULE	TEST	THEN	TO
TRAP	TRUE	TRYNEXT	UNDO
VAR	VIEWONLY	WHILE	WITH
XOR			

参 考 文 献

[1] 叶晖，管小清．工业机器人实操与应用技巧[M]．北京：机械工业出版社，2010.

[2] 魏丽君，吴海波．工业机器人技术[M]．北京：高等教育出版社，2017.

[3] 许文稼，张飞．工业机器人技术基础[M]．北京：高等教育出版社，2017.

[4] 吴海波，刘海龙．工业机器人现场编程(ABB)[M]．北京：高等教育出版社，2017.